农业工程技术集成理论与方法

朱 明 著

中 国 农 业 出 版 社

序

农业工程技术的主要任务就是运用现代工业技术成果、工业生产方式、工程建设手段和工程管理方法将农业生物技术、农艺措施、农业生产过程和农业经营管理紧密结合，通过综合、集成、组装和创新，制定系统优化的规划方案，建设为农产品生产提供最适宜的环境条件和农业资源得到最充分利用的基础设施，提供先进适用的技术装备，形成农产品的专业化、规模化、标准化生产和产业化经营，提高土地产出率、资源利用率和劳动生产率，提高农产品质量、生产规模和经济效益，服务于农业产业结构调整、农民增收和农业可持续发展，实现农产品的有效增值，提高农业竞争力，促进农业现代化。农业工程技术既服务于农业生产各个环节，又服务于农业产前、产中、产后全过程，还服务于农村基础设施建设、乡村与小城镇建设和农业生态环境建设，是为大农业服务的应用型技术。

近年来，党中央、国务院高度重视农业基础设施建设，大幅度增加了农业投入，对于农业持续增产、农民持续增收发挥了重要作用。但从总体看，农业基础设施薄弱、抵御自然灾害和市场风险能力差、农业综合生产能力不强的问题依然突出，已成为传统农业向现代农业跨越的主要制约因素。另外，我国大规模的现代农业建设刚刚开始，发展迅速，如果不能及时提供所需要的农业工程技术成果，不能科学地、系统地提出现代农业基础设施和装备条件建设的整体方案和重大项目，将极大影响国家和各级政府、社会与企业以及农民对农业基础设施与装备条件的投入，投资的效益和效果也将大打折扣，并且很可能造成投资浪费。

因此，以集成创新为特色，围绕农田基础设施与装备工程、农产品生产设施与装备工程（包括农业机械化工程和设施农业工程）、农产品产地加工与贮藏设施与装备工程、农产品流通设施与装备工程、农产品生产环境保护设施与装备工程、现代农业公共服务设施与装备工程（包括农业信息化工程和农业仪器装备工程）等开展系统、集成研究，逐步形成我国农业基础设施与装备条件建设等农业工程领域发展与建设的技术路线、技术方案、建设模式、建设标准等基础性研究成果和关键集成技术，着力提高现代农业的设施装备水平，为现代农业工程建设提供重要技术支撑，为农产品高产、优质、高效、生态、安全生产和可持续发展提供坚实基础和可靠保障，具有重要而现实的意义。

本书在由作者任首席专家主持开展的国家公益性行业（农业）科研专项课题“现代农业产业工程集成技术与模式研究”的基础上，提出并形成了一套比较系统的农业工程技术集成理论与方法，为农业基础设施和物质装备条件建设领域的技术成果集成化和工程化，重点区域和重点产业农业基础设施和物质装备条件建设的模式构建与优化等提供了理论基础和方法依据。研究成果具有很强的创新性、针对性和学术价值。现推荐给从事相关研究和实践的广大科技、管理和教学工作者作为参考书，共同促进我国现代农业建设。

中国工程院院士 罗锡文

2013.2

前　　言

农业工程技术是综合应用工程、生物、信息和管理科学原理与技术而形成的一门多学科交叉的综合性科学与技术。农业工程技术以复杂的农业系统为对象，研究农业生物、工程措施、环境变化等的相互作用规律，并以先进的工程和工业手段促进农业生物的繁育、生长、转化和利用。农业工程技术是实现农业现代化的重要物质基础和科技保障，也是建设现代农业和新农村最关键的科学技术领域之一。农业工程技术的发展对于促进农业生产和增长方式以及农民生活方式的根本性变革，高效集约节约使用自然资源和生产要素，保护生态环境，实现经济社会可持续发展等均发挥着十分重要和不可替代的作用。

农业工程技术研究领域按学科类型分，大体可归纳为以下几个方面：

1. 农业机械化工程。综合应用机械、农学、经济、资源环境和管理知识，研究机器与土壤和作物间相互作用规律、资源与环境相互作用规律、农牧业机器设计与运用的理论与技术、农牧业机械化生产与管理理论与技术、农牧业机械设计制造理论与技术以及机器使用修理、农业机械化战略规划与政策等。

2. 农业水土工程。以土壤学与作物学、水文气象学、水力学、工程力学为理论基础和技术基础，重点研究灌溉排水理论与新技术、农业水资源可持续利用理论与技术、农业水土环境保护与修复理论及关键技术、农业水土工程建设理论与新技术、高新技术在农业水土工程现代化管理中的应用和农业水土工程经济政策及技术标准等。

3. 农业生物环境工程。主要研究农业生物与环境因子及环境工程间相互作用的规律，并利用高效、经济、节能的工程技术手段为动植物生长发育提供最有利的环境条件，涉及可控环境下的动植物生产工艺模式、动植物生长环境、农业建筑设施、节能型环境调控、农业废弃物资源化无害化利用等。

4. 农业电气信息与自动化工程。重点研究农村电力系统自动化理论与技术，农村电网新技术、新装备，应用于农业生物生产过程和农业装备的自动控制与管理及农业资源与灾害监测的农业信息技术，基于农业智能化的信息与网络技术，农村电气化和农业信息化发展战略等。

5. 农产品加工工程。重点研究农产品收获后的干燥、保鲜、清选、分级、包装与贮藏等商品化处理技术，粮、棉、油等农产品加工工艺和装备，种子、饲料、肥料等加工工艺和装备，农产品加工理论与新原理、新技术和新设备，农产品质量分析检测与安全性评价仪器装备等。

6. 农村能源工程。主要研究对象是农村地区所特有、可以就近开发利用的能源资源。研究内容包括农村生活节能和农村生产节能理论与技术，农业废弃物能源化利用，太阳能、风能、地热能等新能源和可再生能源的开发与利用，农村能源经济、政策、规划与标准等。

7. 土地利用工程。以生态系统平衡为理论依据，因地制宜地采用工程措施和生物措施，对土地进行科学评价、开发、利用、治理和保护。研究内容主要包括水蚀、沙化土壤的防治，盐渍化、沼泽化、贫瘠化土壤的改良，污染土壤的修复，耕地保护与利用，以及土地的集约节约利用等。

8. 农业系统工程。运用运筹学、控制理论、经济计量学、投入产出分析、系统模拟等理论和方法，研究农业区划、农业发展战略和发展规划、农业生产力布局、农机具优化设计与合理配备、农村建筑优化设计、水利工程和土地利用工程优化规划设计等。

基于近百年来农业工程科学技术在农业生产中广泛应用所引发的农业生产方式和农民生活方式的根本性变革，农业生产效益和生产能力的大幅度提高、农村社会的不断进步以及对世界农业发展和食物安全的突出贡献，1999 年底，美国工程院评选出的 20 世纪对人类社会进步起巨大推动作用的 20 项工程技术中，“电气化”、“水利化”和“农业机械化”

分别列居第1位、第4位、第7位，这些领域恰恰是农业工程科学研究和技术应用核心，这一评价客观反映出农业工程科学技术在人类社会发展和农业现代化进程中的重要地位和作用。

过去半个多世纪以来，我国以不足世界7%的耕地养活了超过世界22%的人口并进入了小康社会，农业工程技术的发展和应用起到了重要作用，为我国农业农村经济发展和现代农业建设提供了大量现代化的设施装备。农业机械化和农业电气化改变了我国农业的生产方式；现代农业水利工程和设施为我国农业的高产稳产奠定了基础；设施农业保持高速发展，从根本上解决了我国城镇居民的菜篮子问题；农村沼气和省柴节煤炉灶的推广为提高我国农民生活品质、保护生态环境发挥了重要作用；农产品加工对于我国农业增效、农民增收和农产品竞争力增强显示了突出成效并具有巨大潜力；农业信息工程技术快速应用于农业生物生产过程和农业装备的自动控制及经营管理，用于为农业的市场服务，成为农业科技创新最活跃的领域之一。农业工程技术在我国的应用和发展提高了我国农业从业人员的素质、农业生产过程的工业化水平和农产品的产量、质量与产值，提高了农民收入，改善了农民生活水平，促进转移了2亿多农村劳动力，推进了我国的城镇化进程，奠定了我国农业现代化的基础，对国家粮食安全和国民经济的可持续发展作出了重要贡献。

农业机械化作为提高劳动生产率、土地产出率和资源利用率最有效的手段，体现了改变农业生产方式、节本增效、抵御自然灾害、改善生态环境、转移农村劳动力、提高农民收入水平的综合效果。实现机械化生产可以比传统农业的劳动生产率几十倍、上百倍地提高，可以有效实现节水、节肥、节种、节药、节能和资源综合利用，减少产后损失，降低生产成本。

农业水土工程和土地利用工程为农田水利建设、高标准农田建设、中低产田改造、土地整理、地力培肥等农田基础设施建设提供技术保障，通过农田基础设施建设可以大大提高土地质量和土地生产力水平、农业抗灾能力、农业综合生产能力、土地集约化水平、土地利用率和土地产出率。通过节水灌溉和水资源科学管理与合理利用，有效提高水资源利用率，为实现农业水利化和灌溉水零增长的目标作出贡献。

基于农业生物环境工程的设施农业集中体现了新型农业生产方式。设施园艺可以实现农产品周年生产或调整、延长生产周期，有效弥补露地生产的不足，在可控环境条件下可以生产出高品质的园艺产品。设施园艺产业可以比露地园艺产业的产值提高10倍以上，比大田作物产值提高25倍以上。使人均占有耕地面积较少的农民获得较高收益。设施养殖通过集约化生产能够保障提供各种畜禽产品，并可以有效实现粮食就地转化，增加农民收入。设施农业已成为调整农村产业结构、稳定和发展农村经济、增加农民收入的重要产业，在保障、丰富城镇居民菜篮子和肉蛋奶供应等方面发挥着重要作用。

农业信息化正在全面改造传统农业，为现代农业提供了新的发展平台。基于信息和知识管理农业生产系统的精细农作新理念，将扩展到精细园艺、精细养殖、精细加工（产前、产后）、精细管理等更为宽广的农业生产和经营领域，从而建立起基于现代信息科学技术基础上的“精细农业”技术体系。采用“三电合一”的模式发展农村信息化，开展多样、交互、个性化的农业信息服务，基于互联网、物联网技术的农产品生产全程管理系统和农产品质量安全追溯体系将使农业信息化的作用与影响更加广泛和深入。

农产品加工业已发展成为我国国民经济中的重要产业。通过发展农产品加工业，可以有效减少农产品产后损失，提高农产品附加值，促进农民增收，促进农业结构调整，提高农产品国际竞争力，有利于加快区域经济发展和吸纳农村剩余劳动力就业，是农业产业化经营的核心环节。发展农产品加工业还是实施城镇化战略的关键措施，农产品产后加工的巨大空间为农民在相关二、三产业就业开拓了新的渠道。

以生物质能源为特色的农村能源产业可以将农业副产品、剩余物、废弃物变废为宝。有效利用农业生物质资源，有利于解决资源、能源短

缺和环境污染问题，实现农业生产的良性循环；有利于拓展农业功能，使农业不仅单纯地提供食品和纤维，还可以提供清洁和可再生的能源；有利于治理环境污染，建设生态文明。生物质能源的生产是劳动密集型产业，可以吸纳农村劳动力转移就业，促进农民增收。

我国正处于由传统农业向现代农业转变的关键时期，农业基础设施薄弱、物质装备条件落后、产地加工手段缺乏、市场体系建设滞后、生态环境恶化、农业信息化与检验检测仪器装备水平不高等方面的问题依然非常突出，已成为传统农业向现代农业跨越的主要制约因素。从世界范围看，我国农业工程建设与发达国家相比还有很大差距，主要表现在：农田集中度低且地力逐年下降，农田有效灌溉率较低；农业机械化刚刚进入中期发展阶段，综合机械化水平还远低于发达国家；高效种植、健康养殖及节能减排等对设施农业提出了新的工程科技需求；农产品加工贮藏技术与装备水平低、基础弱，农产品原料品质难以保证，农产品收获后损失巨大，农产品增值潜力还没有得到充分体现；农产品现代物流体系尚未建立，农民卖难问题依然突出；农产品生产环境状况仍在恶化，外部对农业的污染和农业对外部的污染互相渗透，农业面源污染形势严峻；农业信息化和农产品质量安全监测等农业公共服务尚不到位。这些问题如果得不到很好的解决，农业现代化的目标就难以实现。

现代农业是一个综合的系统，其主要内涵包括生产布局规模化、产品生产标准化、生产经营组织化、科学技术集成化、基础设施工程化、作业过程机械化、生产经管信息化、资源利用高效化、产地环境生态化和新型农民职业化。现代农业建设是一项庞大的系统工程，要按照工业化、信息化、城镇化、农业现代化同步推进和城乡一体化要求，将现代农业建设与国家社会经济发展总目标，与工业化、信息化、城镇化进程相协调、相一致，实现相互促进、相互支持、同步发展。要推进产业统筹，实现种养加、产供销等产业间的有机结合与协调发展，促进农业产业链和农产品价值链的有效提升。

现代农业建设对农业科技提出了新的任务和要求，农业生物技术、农业工程技术和农业经营管理技术是现代农业三大技术支柱，三者缺一不可，三者同等重要。农业工程技术具有系统工程的背景和解决问题的综合方法，能够通过优化集成和组装配套，将生物技术、信息技术、工程技术和经营管理技术有机组合，形成集成技术和整体解决方案，是农业科技成果转化的最直接载体和最有效形式。因此，根据农业工程技术特点，按照农业工程科技发展规律，通过加强农业工程技术系统性、整体性、综合性和协同性研究，提出农业工程技术集成的理论与方法，逐步获得我国农业设施与装备条件建设的关键技术、技术路线、建设模式、建设标准等工程技术成果。通过研究成果的集成化、模块化、标准化和工程化转化，实现现代农业建设由粗放型向精细化转变，由经验型向科学化提升，由分散型向系统化整合，使农机农艺更好融合、生物技术和工程措施更加紧密结合，与现代农业产业技术体系等相配套，为我国现代农业建设提供全面的科技支撑，显得十分重要和迫切。

为此，自2009年以来，由作者任首席专家主持开展的“现代农业产业工程集成技术与模式研究”国家公益性农业行业科技专项课题，在指导专家和课题组同仁的共同努力下，围绕农田基础设施与装备工程、农产品生产设施与装备工程（包括农业机械化工程和设施农业工程）、农产品产地加工贮藏设施与装备工程、农产品流通设施与装备工程、农产品生产环境保护设施与装备工程、现代农业公共服务设施与装备工程（包括农业信息化工程和农业仪器装备工程）六大农业工程技术领域开展了系统研究，取得丰硕成果。本书也是部分成果的一种体现形式，在内容研究和书稿撰写过程中，得到了课题指导专家汪懋华院士、罗锡文院士、梅方权研究员、白人朴教授、张百良教授、马克伟研究员、胡南强研究员和课题组成员康绍忠院士、卢凤君教授、郧文聚研究员、杨敏丽教授、赵春江研究员、齐飞研究员、李笑光研究员、沈瑾研究员、周新群研究员、程勤阳高级工程师、张玉华研究员、李保明教授、李洪文教授、韩鲁佳教授、应义斌教授、郭红宇高级工程师、詹惠龙研究员等的大力指导、支持、帮助和贡献，还有翟治芬博士、魏晓明博士、丁小

明高级工程师、孙静博士、石艳琴博士等也提供了具体帮助。在此，表示最诚挚和最衷心的感谢！

农业工程是一个复杂的系统，农业工程技术涉及面广、融合度高、综合性强，农业工程技术集成创新是新的课题，许多问题尚需深入研究，书中内容和观点定有不足不妥之处，欢迎读者不吝指正。

朱 明

2013年1月

目　录

第一章　国内外农业工程技术的研究进展与趋势

第一节　世界农业工程科技的发展

一、世界农业工程学科的发展

世界农业工程学科的建立，可以追溯到百年前以美国农业工程师学会成立（1907）为标志。20世纪初，为适应农业现代化的需要，美国一些高等院校相继设立了农业工程系，研究方向涉及农业动力机器、农业机械、农业机械化、农业电气化、农产品加工、农业生物环境控制与农业建筑、水土控制、食品工程、森林工程等。在农业工程科研教育事业发展的带动下，1940年美国基本实现了农业机械化，较早建成了高度发达的农业。1953年，前苏联和原联邦德国分别基本实现了农业机械化。日本从20世纪50年代加快了农业机械化的发展，用17年的时间实现了整地、排灌、植保、脱粒、运输和加工机械化，之后又用10年解决了水稻育秧、插秧、收获、烘干等机械作业问题。

20世纪末，美国工程院组织美国工程科技界，评选20世纪对人类社会作出最伟大贡献的20项工程科技成就，其中："电气化（包括农村电气化）"被评为第一位，"农业机械化"被评为第七位。其评价中指出："农业机械化在全世界范围内显著改变了食品的生产和分配；促进了资本、技术向农业的转移；使大量农村人口迁移到城市，对工作性质、消费者的经济状况、妇女的社会地位、家庭规模和性质、选择职业的自由等，都产生了深刻而持久的影响"。

自20世纪80年代末开始，为适应经济与产业结构的变化，进一步突出农业工程科学技术与生物科学、食品科学、资源环境科学的融合，许多发达国家积极拓展了工程科学技术为农业可持续发展的研究活动领域，将"农业工程"学科名称改为"农业生物系统工程"、"生物系统工程"、"生物资源工程"等学科名称，"美国农业工程师学会（ASAE）"在20世纪90年代改名为"农业、生物工程师学会（ASABE）"。但在发展中国家，由于农业发展所处的历史阶段，仍然继续采用"农业工程"学科的名称。

二、世界农业工程科技的发展现状

从 19 世纪末 20 世纪初以来，随着世界经济的迅速发展和工业化进程的加快，各国的传统农业都逐步向现代农业转变，农业工程科技得到了长足的发展。但由于世界经济发展的不平衡性，以及各国农业发展水平的差异，加之在人口、资源、环境等方面的不同情况，世界各国的农业工程科技发展和应用状况各不相同。

（一）农业工程基础设施建设投入大，发展充分

在以美国、澳大利亚、加拿大、俄罗斯等国家为代表的经济、科技和自然资源都占据优势的规模型农业中，农业工程基础设施建设投入大，发展充分。体现在农业机械化、电气化程度高，农田水利和水土保持工程建设完善，农业生态和环境工程建设得到高度重视。同时，各种高新和尖端科技在农业工程中加快运用，为发展“节劳型”农业提供保障。如 20 世纪 20 年代以来，美国依靠科技进步，实行农业机械化以替代大量劳动力，改良土壤，兴修水利，投入大量现代科技要素，使农作物产量迅速提高。美国棉花大面积机械化采摘，其杂质含量和用工花费低于我国手工采摘的棉花，生产效率高，收获产品质量好。进入 20 世纪 80 年代后，美国将一些高新科学技术应用到农业工程中，推动了农业工程的发展。其中如计算机与信息技术的发展对改善农业生产的分散性、地域性起到很大作用。利用全球定位系统（GPS）、遥感系统（RS）及地理信息系统（GIS）的“3S”等高新技术，可以独立地，也可以相互补充地为信息化农业提供强大的技术支撑，快速而准确地获取农业系统的多维信息，综合地管理和处理属性数据和空间数据，精确地指导农业生产，为农业可持续发展服务，使从事生物性生产的农业的分散性、地域性、变异性、经验性以及稳定性和可控程度差等弱质性得到全面改善，美国农业的劳动生产率、土地产出率再次大幅度提高。如今，美国农业已发展成为高效农业，是世界上最大的农产品出口创汇国。又如在农作物和禽、畜、渔产品选育优良品种之后，以现代化的农业工程技术建设的良种基地、无毒种苗基地可以为农户供应大量的优良种苗。例如，奥地利的育种机械系列产品行销全球，支持了许多国家的良种基地机械化，尤以育种专用联合收获机驰名；美国孟山都公司的成套育种装备与设施也成效巨大；全美 60%～70%的奶牛通过胚胎移植技术获得，生物技术和工程技术的结合使良种牛胚胎移植研究走出了实验室并形成产业，每年移植成功多达 20 万头以上；数以万吨计的植物良种的大规模加工、精选、包衣以及育苗工厂化都受到了各国政府的高度重视。

（二）先进的农业工程技术和综合性农业工程措施得以充分运用

在以荷兰、以色列、日本等国家为代表的科技先导型农业中，先进的农业工程技术和综合性农业工程措施得以充分运用，极大地提高了土地、水资源等自然资源的利用效率，是发展“节地型”农业模式的关键，如荷兰的设施农业工程建设和以色列的节水农业工程就是其范例。荷兰是欧洲人口密度最大，土地资源最稀缺，因地势低洼历史上常遭水涝的国家，人均耕地仅 0.06hm^2，不到世界平均水平的 1/5，而且地处高纬度，日照短、气温低，种植条件差。荷兰政府以高度密集的现代技术，大力发展以设施农业为特色的现代农业工程，大规模建设玻璃温室和配套工程设施，全国建成 10 000hm^2 的园艺温室，占全国农业可耕地面积的 0.5%，而年营业额却达 160 亿荷兰盾（相当于 78 亿 USD），平均每 hm^2 温室年创产值 78 万 USD，约占全国农业总产值的 20%，年出口额达 39 亿 USD，占全国出口额的 50%。另外，荷兰每年 60%的最终农产品销往国外，目前已成为世界农产品第三大出口国。以色列国土面积狭小，土地贫瘠干旱，全国 60%以上为干旱地区，50%的国土降雨量少于 150mm，地表淡水严重匮乏。为了解决水资源紧缺的状况，以色列大力建设以滴灌、喷灌为主的农业水利工程，实施节水灌溉，强化水资源管理，农业发展取得了巨大成就。目前，以色列棉花单产已居世界领先水平，平均籽棉单产达 5 000～5 500kg/hm^2，其原因除育种和植保技术的因素外，棉田全过程生产机械化与全面采用大田肥、水同施和自动控制滴灌起到了关键性的作用。1997 年以色列棉田滴灌面积几乎达到 100%，同时对大田水土工程措施和田间土层水肥传输扩散规律、提高水资源有效利用率、改善地表小气候和控制对深层水土环境的污染等方面研究给予高度重视。设施农业的产量达到露地的几十倍，甚至上百倍，水的利用率达到 90%左右。有人形容以色列是“本来缺水，可是到处都是水”，这充分说明以色列设施农业发达程度，水资源的利用程度达到了相当高的水平。

（三）农业工程技术在发展中国家得到快速发展

在以中国、巴西、印度等发展中国家为代表的快速转变型农业中，农业工程得到迅速发展并发挥了巨大作用。在许多发展中国家进行的农业“绿色革命”，使先进的农业生物技术和农业工程技术相结合，共同服务于农业的现代化进程，取得了巨大的成功。如今，中国、印度、孟加拉、巴基斯坦等一批人口众多的发展中国家已经程度不同地实现了农产品的基本自给或略有结余。

在非洲一些国家为代表的发展滞后型农业中，农业技术相对落后，农业工程发展需要进一步地投入和推动。

第二节　我国农业工程科技的发展现状

一、我国农业工程学科的发展

1932年由美国康乃尔大学农业工程硕士 C. H. Riggs 在南京金陵大学开设“农具与工艺”和“机器与动力”两门课程，并将“农具与农艺”确定为农学院学生的必修课，可以视为农业工程学科在我国的萌芽。1948年和1949年南京中央大学和金陵大学相继设立了农业工程系，后于1952年全国院系调整时更名为农业机械化系。新中国成立后，毛泽东同志提出“农业的根本出路在于机械化”和“水利是农业的命脉”，把农业机械化和水利化放在非常突出的地位。在借鉴前苏联经验的基础上，我国相继在一些农业院校设立了农业机械化、农田水利、农业电气化和农业机械设计制造专业，并形成了初具规模的教学、科研和产业管理体系。1980年国家学位制度建立以后，在“全国高等院校和科研机构授予博士、硕士学科专业目录”中，在农学门类下设立了“农业机械化与电气化”一级学科，下设“农业机械化”、“畜牧机械化”和“农业电气化”3个二级学科。随着改革开放和农业由“传统农业向现代农业转化”、由“自给自足的自然经济向商品经济转化”的提出和加强对外开放交流与联系，专业研究领域得到拓展。1985年11月，农业部组织召开农业工程学科发展高层研讨会，提出了将“农业工程”一级学科归属工学门类，下设12个二级学科专业的学科设置方案并报国务院学位委员会办公室。1986年召开的国务院学位委员会第二次学科评议组会议上，确定对农业部提出增设的9个“二级学科”专业作为试办专业并批准了农业工程学科研究生学位授予权。1987年起，国务院学位委员会组织开展对“全国高等院校和科研机构授予博士、硕士的学科专业目录”的全面修订工作，修订后的方案于1990年正式颁布实施。农业工程学科正式被确认为工学门类下属“一级学科”和8个二级学科专业，正式独立设置了国务院学位委员会“农业工程学科评议组”。1996年国务院学位委员会再次组织专业目录调整，提出将二级学科专业设置总数减少一半的宏观调控目标。经过研究和批准，“农业工程”作为工学门类一级学科和设立“农业机械化工程、农业水土工程、农业生物环境与能源工程、农业电气化与自动化”4个二级学科专业执行至今。近几年来，国务院学位委员会下放学位授予审批权，一些院校经批准可以自行设置硕士学位授权专业，农业工程学科二级学科专业设置又有了相应的扩展。1998年在教育部颁布的《普通高等院校本科专业目录》中，农业工程类作为工学门类下属一级学科，正式批准设立了“农业机械化及其自动化、农业电气化与自动化、农业建筑环境与能源工程、农业水利工程”4个专业。目前，全国已有70余所高等院校设有农业工程类本科专业，10所高校具有农业工程一级学科博士、硕士学位授予权，有59个农业工程二级学科博士点、26个农业工程一级学科硕士点和150个农业工程二级学科硕士点，有农业工程博士后流动站10个，有国家级重点学科点5个，学科发展已经达到相当规模。

二、农业工程学科发展对我国现代农业建设的作用与贡献

20世纪是人类广泛应用农业工程科技改造传统农业生产方式，推动农业产业技术革命取得伟大成就的世纪。农业工程学科在20世纪前半期，建立起了作为工程科技与农业生物科技紧密结合、相互渗透，揭示土壤、气候、环境、动植物生理与现代工程手段相互作用机理的理论基础，通过科技创新实践为农业工业化与农业现代化发展作出了重要贡献，引发了农业生产方式和农民生活方式的根本性变革，农业生产效益和生产能力大幅度提高，是上一次农业科技革命成果的重要组成部分。

农业机械装备技术的新发明与技术创新，推动了现代农业装备制造业的快速发展和大规模农业机械化的实践；农业水土资源开发、改良、利用与管理技术的不断进步，为建立高产、稳产农田提供了保障；收获后工艺与加工技术的完善，为保障消费者对高品质农产品需求与不断开拓生物产品利用新领域，促进农产品增值产业的快速发展作出了贡献；农业生物环境与能源工程的科技进步，推动了现代设施园艺与工厂化养殖产业的快速发展和新能源开发利用技术的创新性实践；电力在农业中的迅速应用与普及，促进了农业生产发展和农村社会进步，并使得基于电气、电子、信息工程科技的自动化、信息化技术开始快速应用于农业装备与生物生产过程的自动控制与管理。

半个多世纪以来，我国农业工程学科的发展和先进农业工程科学技术的广泛应用对于促进农民增收、农业增效以及农业和农村经济的发展，对于传统农业向现代农业的转变作出了重要贡献。

2011年全国农作物耕种收综合机械化水平达到54.8％，全国小麦机耕、机播和机收水平分别达到98.8％、86.0％和91.1％，基本实现生产全程机械化；水稻生产机械种植和收获水平分别达到26.2％和69.3％；玉米收获机械化水平达到33.6％。农业机械化逐步向深度和广度拓展，高性能水稻育秧机插设备和水稻联合收获机技术的新突破，使得育秧成本降低50％，玉米不对行收获技术的创新，预示着制约玉米机械化收获的“瓶颈”即将突破；精量播种、化肥深施、秸秆还田、粮食产地烘干、节水灌溉、机械化旱作节水等一大

批农机节本增效技术和设备的广泛应用，有效提高了农业生产的抗逆能力；甘蔗、马铃薯、棉花、花生收获和油菜生产机械化、种子和草产品加工等关键技术和装备的创新，使得农机化作业领域由粮食作物向经济作物和饲料作物、由大田作业向设施农业，由种植业向养殖业和加工业的不断延伸，显著提高了粮食等主要农产品的综合生产能力，促进了农业增长方式的转变和农业文明生产。2004年《中华人民共和国农业机械化促进法》正式实施，将国家扶持农机化的有关政策和措施上升为法律规范，进一步确立了农业机械化在我国农业、农村经济发展中的地位和作用。

农机社会化服务生机勃勃，服务领域不断拓宽。农机大户、农机合作社、农机专业协会、股份（合作）制农机作业公司、农机经纪人等新型社会化服务组织不断涌现并发展壮大，农机作业能手正在成为新型职业农民的中坚力量。截至2011年底，全国拥有各类农机作业服务组织17.1万个，其中农机专业合作社达到2.8万个。2011年，农业机械化作业总收入达到3 843.4亿元，农机社会化服务直接带动了规模作业、规模种植、规模经营和土地流转。

保护性耕作技术的创新与推广，产生了明显的经济效益、生态效益和社会效益，为农民增收节支开辟了新的途径。从山西连续10年试验示范结果来看，保护性耕作在黄土高原和晋中晋南盆地旱作区可减少地表径流量50%～60%、减少土壤流失80%左右，具有明显的保水、保土效果；可以增加土壤蓄水量16%～19%，提高水分利用效率12%～16%，增加土壤有机质0.03%～0.06%，提高粮食产量13%～16%；还通过减少作业工序，或实行复式作业降低作业成本20%左右；减少大风刮起的沙尘量60%左右，对节本增效和抑制沙尘暴有明显效果。河北省一年两熟试验示范区实施保护性耕作平均亩*增产23kg，增幅为6.3%，亩减少农机作业投入30～40元。2011年，保护性耕作、深松整地面积分别超过8 500万亩和1.6亿亩。一大批增产增效型、资源节约型、环境友好型机械化技术得到大面积推广和使用，提高了农业综合生产能力、抗风险能力和市场竞争力，促进了农业可持续发展。

据中国农机工业协会不完全统计，我国农机制造企业目前生产14大类、95个小类约3 000多个品种的农业机械，年产值在500万元以上的农机制造企业1 468个。2011年，规模以上农机企业工业年总产值达到2 898亿元。主要农机产品产销量位于世界前列，我国已经成为世界农机制造大国，主要农机产品品种和产量已能满足国内市场90%以上的需要。农业机械出口增势强劲，出口到五大洲的100多个国家和地区。

---

* 亩为非法定计量单位，1公顷=15亩。

农业水土工程科学技术的进步，有力地推动了我国农业水利化的发展。生物节水、工程节水和管理节水技术，大大提高了水土资源利用的效率和效益，提高了水土资源的承载能力。1998—2004 年，通过对大型灌区的配套与改造，新增、恢复和改善灌溉面积 5 800 万亩，灌溉水利用系数从 0.42 提高到 0.48，由此新增节水能力 70 亿 m^3，新增粮食生产能力 58 亿 kg；2011 年底，灌溉水利用系数达到 0.51。通过在牧区开展节水灌溉，累计建设节水灌溉饲草地 46 万亩，可为 180 多万头牲畜提供补饲，使 1 800 多万亩天然草场实行轮牧、休牧和禁牧，为发挥大自然的自我修复能力提供基础条件。“十五”期间，通过对黄土高原地区等的水土保持研究，植被覆盖率增加，水土流失得到有效控制，生态状况明显好转，农民生产生活条件明显改善，为巩固退耕还林成果，实现水土资源的可持续利用，加快治理区全面建设小康社会步伐发挥了重要作用。

我国农村电网覆盖全国 90%的国土面积。农村电力、电网采用新技术、新材料、新装备、新工艺降损节能，显著提高了农村电力生产和管理的自动化水平，对于我国农民生活的改善、农村经济的发展、小城镇建设乃至国家经济的可持续发展和社会稳定均起着不可替代的作用。“变电站电压无功综合控制装置”作为区域电网无功优化的智能终端装备，每台每年节电效益达 100 多万度，广泛适用于 110～500kV 电压等级的各类变电站，能满足变电站无人值班的新要求，在农村电网中得到广泛应用。农村电网建设与改造项目综合评价系统从理论上解决了我国农村电网建设与改造项目的综合评价体系、指标和方法，对于我国大规模电网建设与改造、投资决策具有指导性，已被列为国家电网公司重点推广成果。我国小水电站的设计、施工、管理及设备制造均在国际上处于领先地位，目前 0.5kW 以下的农村小水电遍布全国 1 500 多个县，形成了县电网或跨地区的地方特色电网，已成为农村和边远山区发电的主力。

精准农业技术自主创新，明显缩短了与国际上的差距，对提高我国农业整体现代化水平具有重大意义。研究开发了农田土壤养分、水分和作物长势空间信息管理分析平台，建立了面向我国农业分散生产农户的精准生产远程诊断和智能决策平台。开发了面向规模化机械化生产的精准变量施肥、精准变量灌溉决策支持系统、处方图生成系统、用于变量实施的智能控制系统和智能农机具。蔬菜嫁接机器人技术实现了砧木、穗木的取苗、切苗、接合、固定、排苗等嫁接过程的自动化操作，可以完成黄瓜、西瓜、甜瓜等葫芦科秧苗的自动嫁接。水稻插秧机智能导航原型样机实现了精准生产软件系统和硬件系统的集成，构建了适合我国国情的精准农业生产技术平台。从信息采集、信息处理到精准实施等主要环节，实现了业务化运转并在实际生产中得到应用，将我国精准农业理论、技术和装备的研究水平提高到了一个新的层次，大大缩短了与发达国家在该技术领域的差距。

在数字农业和农业信息化技术领域，围绕养分、长势、品质、产量和虫害、杂草等农田、温室作物数字信息以及奶牛、猪、禽等养殖动物个体数字信息的快速获取技术，开发了一批成本低、性能高的产品，产品成本显著降低而主要技术性能指标达到或接近了国际先进水平，为我国农田信息采集技术的发展奠定了基础。研究构建的小麦、水稻、玉米、棉花等主要作物模型与数字化设计技术和农作物虚拟演示系统开发平台，为超高产育种栽培提供了先进技术手段。开发了奶牛场、猪场和养禽场各种数字化智能系统，构建了奶牛、猪、禽精细养殖技术平台以及种猪生产、育肥、屠宰、分割包装及消费者购买等全过程质量安全可追溯技术系统，初步实现了畜禽个体和群体全程信息化管理，提高了单位饲料产出肉、蛋、奶的效益。

设施农业是世界现代农业发展的重要标志和农业产业领域中应用现代农业生物技术、工程科技成果和高新技术最多、最具活力的领域之一。我国设施农业工程技术的不断进步，为我国设施蔬菜生产用20%的菜田面积、提供40%的蔬菜产量和60%的产值作出了突出贡献。研究开发了一批具有自主知识产权的温室生产智能控制与管理的系列软硬件产品，建立了适合国情的温室智能控制与智能管理综合应用系统平台，建立了温室环境模拟与预测模型和作物生长模型，构建了温室蔬菜病害预警、决策支持系统和生产管理专家系统，改变了温室智能管理核心技术主要依靠进口、国外产品垄断市场的局面。在研制开发了一系列适用于不同生态类型区和气候条件的新型、适用的大型自动化温室及配套设施的基础上，形成了一批具有一定生产规模的现代温室生产厂家，扭转了我国大型温室长期依赖进口的被动局面；大型现代温室冬季节能保温、夏季降温配套工程技术研究，进一步强化了温室环境抗逆能力；符合我国东北、华北、华东、华南及沿海地区生态类型特点的具有自主知识产权的系列大型温室及配套设施得到了广泛推广应用，独具中国特色的经济适用的辽沈和西北节能型日光温室及其配套设施，提高了温室采光、保温性能及土地利用率，应用已覆盖了我国北方大部分地区。在动物行为、福利化健康养殖模式及相关工程配套技术及装备的研究的基础上，开展了规模化猪场舍饲散养清洁生产、舍饲养羊、水禽的旱养等多种新工艺模式的实践。拥有自主知识产权的新型微缝地板可实现舍内粪尿自然分离。不同类型畜禽舍的粉尘和有害气体释放机理、传播模型及其控制研究，为实现畜禽健康养殖奠定了理论基础。水产设施养殖技术使鱼类生长在适宜的环境下，减轻了工人的劳动强度，提高了单位水体的产出能力，实现了水产养殖从经验型向科学化的转变。

农村沼气、省柴节煤炉灶、生物质能、太阳能热利用及户用发电系统、小型风力发电等农村能源技术的开发利用，获得了良好的经济、社会和生态效益，为解决广大农村的能源供应问题、缓解能源供应紧张局面、促进可再生能源的广泛应用和能源可持续发展作出了重要贡献。

据农业部统计，到2011年底，沼气年产量达155亿 m^3，相当于全国天然气年消费量的11.4%，年减排二氧化碳6 100万t，生产有机沼肥4.1亿t，为农民增收节支470亿元。全国沼气用户（含集中供气户数）已达4 164万户，占适宜农户的34.7%，受益人口约1.6亿人。2011年，大、中、小型沼气工程有8.104 1万处，其中处理农业废弃物沼气工程年末统计数为8.07万处、总池容1 105.53万 m^3。各类沼气工程年产气总量达到171 284万 m^3。到2011年底，我国的太阳能热水器生产能力达到5 760万 m^2/a，总保有量达到2.17亿 m^2，太阳能热水器的使用节约标准煤总量已达3 255万t，相当于904.89GW·h电，累计实现减排二氧化硫105.43万t、烟尘81.52万t、温室气体二氧化碳6 959万t，所产生的经济效益达975亿元，出口创汇2.5亿元人民币。2011年全国生物质炉具年销量达160万台，其中，生物质采暖炉具占10%，生产企业约300家。生物质炉具的发展也带动了我国生物质成型燃料的发展。2011年，我国秸秆固化成型和生物炭加工示范点581处，年产固体成型燃料346万t、生物炭20万t。已基本具备制造生物质发电设备的能力。国内已建成气化供气站900处，供气户数21.7万户，年产燃气108.5万 m^3，开发利用量折合标准煤16.5万t，减排二氧化碳44.3万t。

农产品加工工艺和保鲜、贮藏、加工、检测等设备的技术创新，为延长产业链、减少采后损失、提高附加值、增加农民收入提供了强有力的技术和装备支撑。特色果蔬采后预冷和贮藏保鲜小单元组合式气调贮藏装备，实现了贮运设备的国产化、专用化与自动化。集颗粒农产品深床干燥解析法理论成果、水分在线检测技术、专家系统、干燥过程智能控制系统和热动力去水、高低温多段组合干燥工艺于一体的现代干燥工程装备，实现了在较低费用和低环境污染的操作条件下，高效、安全地干燥出优质的产品。基于光谱原理的苹果水心病、鸭梨黑心病的检测、粮油品质、谷物水分等无损伤快速检测技术，具有正确率高，仪器设备简单，易于操作等特点。基于机器视觉技术的“水果品质智能化实时检测与分级生产线”，能精确地按国家标准同时完成果品大小、形状、色泽、果面缺陷和损伤等全部外观品质指标的检测，适用于柑橘、脐橙、胡柚、苹果、西红柿和马铃薯等多种水果及农产品。

在土地利用工程学科建设、土地开发整理标准与规范、土地开发、土地整理、土地复垦、集约节约用地等方面均实现了新突破，为促进土地资源节约集约利用提供了理论基础和技术支撑。先后制定和颁布了国家标准 3 部，TD 级标准 11 部，正在征求意见和正在编制过程中的标准和规程达 50 多项。创造性地提出了构建我国基本农田分级保护体系的政策措施及实施方案，提出了耕地占补平衡质量指标体系和评价方法，建立了基于多媒体技术的农用地分等样地管理系统，研制了农用地分等信息系统和农用地定级估价系统。全国土地开发整理规划与战略研究，明确了土地整理战略目标、发展方向、重点区域、重大工程和保障措施。初步建立了城市土地集约优化配置的理论体系。开发了国家级土地利用规划管理信息系统，包括国家级土地利用规划数据库和系统应用软件，实现了对土地利用规划数据的有效管理和充分利用。

第三节　世界农业工程科技的发展趋势

一、农业工程科技的发展方向与趋势

进入 21 世纪，生物技术与信息技术快速发展，正在引导着一场新的农业科技革命。农业工程学科在新的农业科技革命与经济全球化的推动下，已突破传统模式，在材料、产品、工艺、装备、手段等方面不断更新，在学科基础、时间域和空间域多方向上的变化日趋明显。

（一）学科交叉与融合更加广泛

除了传统的机械、土木、水利、电气工程技术与农业生物、资源、环境学科的结合外，微电子学、人工智能、信息技术、新材料、生物化学、近代物理、现代数学等与新兴生物技术、生态学、农业经济与管理学科密切结合渗透，而成为现代农业工程科学技术创新的生长点。尤其是生物技术、计算机科学和信息技术的发展冲击着农业工程学科的每个研究领域，正成为现代农业工程学科发展和推动农业高新技术研究和产业化应用的先导技术，影响着学科的基础格局，并对农业工程各分支学科的发展与技术创新实践产生重要的影响。学科交叉与融合，推动着农业工程科学技术不断深入、不断精细化。同时，学科交叉与融合又导致传统的生产观念和生产模式发生着根本转变。

（二）研究尺度向两极不断延伸

一方面，是从宏观现象的研究到微观尺度乃至分子层次上的理解，从满足

生物群体需要到满足生物个体需要发展；另一方面，研究对象从特定农业生产环节向农业乃至生态大系统发展，研究不仅包含技术影响，还包括社会、经济、管理和人文等方面的影响。一方面产品个性化、多样化和标准化已经成为竞争力的标志，要求产品更精细、灵巧并满足特殊的功能要求；另一方面产品创新和功能扩展/强化也是农业工程科学研究的重要目标。

（三）研究领域进一步拓展

进入新世纪，在国民经济结构战略性调整、建设市场经济以及发展现代农业的强力推动下，我国农业已经从单一追求产量最大化转向产量、质量和效益最大化并举，从温饱自给农业向市场型农业转变。农业不再仅仅是提供食物、工业原料和初级加工品的传统产业，而是包括了农产品生产、加工、贮运和销售、服务等全过程的现代产业。农业生产的场所不仅局限于耕地，正在向海洋、草地、山地和工厂拓展；农业竞争不仅体现为资源禀赋优势的竞争，更主要体现为技术优势的竞争。新形势下，传统农业工程的研究领域随之发生着变化并不断拓展到农产品深加工、农林生物质工程、现代物流、海水养殖工程等新兴领域，为保障食物安全、农业资源安全、生态环境安全和农民增收，促进农村工业化和农业现代化发展发挥关键性支撑作用。

（四）研究内容更加纵深化和精细化

以智能机器代替重型复杂、高投入、高能耗机械，优化生产过程、节约物质与能源消耗、改善质量、降低作业成本，是进入新世纪农业装备技术创新的重要方向。各种高速、大功率等各种复式作业机械已成为一种主流发展趋势，一批机、电、液、仪一体化技术产品迅速开发出来装备到农业机械上用于实现农业机械化作业的高效率、高质量、省成本和改善操作者的舒适性与安全性。智能信息技术、嵌入式系统、微电子机械的发展正引导着一种性能价格比更为优良和环境友好的农业装备技术创新理念的形成。大中型拖拉机和复杂农业机械，已装置有若干个标准的电子控制单元（ECU）。拖拉机和自走式农业机械传统驾驶室中的仪表盘正迅速由电子监视仪表取代，并逐步由单一参数显示方式向智能化信息显示终端过渡，从而大大改善了人机交互界面。欧洲一些大农场，已开始建立和使用农场办公室计算机与移动作业机械间通过无线通信进行数据交换的管理信息系统。

现代园艺工程向无土栽培和封闭式水培系统逐步过渡，以节约水资源，防止对地下水的污染，提高产品品质。园艺设施新材料开发研究与结构设计创新，环境参数与作物生长过程控制自动化水平，一直是现代温室设施工程技术创新的驱动力。当今传感器技术的快速进步和计算机控制技术的发展，已使温室控制与自动化向数字化、智能化方向快速发展。设施养殖工程研究正转向改善动物健康与福利、废弃物无害化处理利用、动物疫情与健康监控、先进的系统管理决策方向发展，同时将更多地采取基于动物个体或小群差异性信息实现调控管理的精细化养殖技术。

农业水土工程作为传统的农业工程学科领域，将在日益重视资源节约与环境保护战略驱动下，就如何提高植物生长对水、肥的有效利用，最大限度地减少农田水分的无效蒸发与流失消耗，开发基于新的物理原理和微电子技术的农田水土资源信息快速获取技术、智能化农田节水灌溉管理和控制技术与装备。各种少免耕、秸秆覆盖、减轻机械作业对土壤压实等适于不同气候与自然条件的农田水土保持耕作技术、新型耕作机械、干旱地区集水与微灌技术，将为旱作农业与节水农业技术发展作出重要贡献。

现代生物技术、生物化学、微生物科学、食品科学与新兴研究手段的发展，大大加快了新的产品加工工艺、保鲜、贮藏与过程监测控制手段的技术创新。农产品加工将不断开拓新的生物质资源利用新领域，正成为学科发展研究的新亮点。电子信息与农业装备技术已在发达国家的农产品加工中得到广泛应用，如农产品品质的快速检测、产品品质分级评价、贮藏加工过程参数的精细调控、市场需求的决策支持分析等。

农业电气信息与自动化学科研究领域将向以下主流方向快速发展：农业生物、资源、环境相关的信息获取、处理智能化技术，适于农业自然环境和生物对象多变环境的复杂系统智能控制技术，支持农业装备技术创新的微电子技术，3S空间信息技术，农村信息化与计算机信息系统集成技术等。改善农业资源、环境、生态和生产系统宏观管理、农业信息资源开发与改善农业信息网络服务模式、智能化农业生产管理辅助决策支持系统等“数字农业”与农村信息化科学技术的发展，将促进农业与生物系统高新技术研究及其产业化应用取得新突破。基于信息和知识管理农业生产系统的精细农作新理念，将扩展到发展精细园艺、精细养殖、精细加工、精细管理等更为宽广的农业经营领域，从而建立起基于现代信息科学技术基础上的“精细农业”技术体系。“精细农业”技术已被国际农业科技界认为是21世纪实现农业可持续发展的先导性技术之一。

二、集成创新成为农业工程科技发展的新趋势

（一）技术集成理论

从系统论角度看，集成是指相对于各自独立的组成部分进行汇总或组合而

形成一个整体，以此产生的规模效应、群聚效应。哈佛商学院的 Macro Inanity（1980）教授认为："技术集成"是通过组织过程把好的资源、工具和解决问题的方法进行应用。工程中的技术集成是指集成各种技术要素来实现某一工程目标的行为过程，换言之，各种技术要素围绕着某一工程整体目标进行优化组合的动态过程，就是工程中的技术集成。

集成从一般意义上可以理解为两个或两个以上的要素（单元、子系统）集合成为一个有机整体，这种集成不是要素之间的简单叠加，而是要素之间的有机组合，即按照某一（些）集成规则进行的组合和构造，其目的在于提高有机整体（系统）的整体功能（海峰等，2001）。从管理的角度来说，要素仅仅一般性地结合在一起并不能称之为集成，只有当要素经过主动的优化，选择搭配，相互之间以最合理的结构形式结合在一起，形成一个由适宜要素组成的、相互优势互补、匹配的有机体，这样的过程才称为集成（李宝山等，1997）。

（二）农业工程技术集成的内涵

技术集成的特征是融合创新，即将相互独立但又互为补充的科技成果进行对接、聚合而产生的创新。根据清华大学的傅家骥和雷家骕两位教授对"技术集成"的定义："农业工程技术集成"是农业生产部门根据"高产、优质、高效、生态、安全"的农业生产要求，将多门类知识（技术知识、商业知识、管理知识）、多门类工程技术（农田基础设施建设工程技术、农产品生产工程技术、农产品加工与流通工程技术、农产品生产环境保护工程技术以及农业信息化工程技术等），以及可行的商业理念有效地集成在一起，形成有效的农产品生产方案、加工方案、流通方案、生产过程管理方案等，最终达到提高农产品进行批量化产销效率的目的。

农业工程技术集成的成果是一种新的农业产品开发和生产组织模式，其基本特征如下：

（1）农业工程技术集成是一种创新方法，同时也是一个系统解决问题的过程。

（2）农业工程技术集成的关键是为提高农产品竞争力如何有效选择农产品产业化过程所需要的各种技术，并通过实验和经验来引导技术选择，使技术选项与区域实际生产环境相匹配。

（3）农业工程技术集成的目的是提出具有竞争力的农产品生产链中的工程技术集成模式并使之有效实施，推动我国现代农业的发展。

（三）农业工程技术集成的重要意义

1. 农业科技集成的必要性　《国家中长期科学和技术发展规划纲要

（2006—2020年）》将集成创新与其他两类创新并列，并在科技计划中列为重要支持对象，凸显了集成创新的战略性地位。可以说，集成创新是农业科技创新发展的历史必然，主要原因如下：

一是由于现代农业科学研究具有交叉融合的特性。一项大的、有突破性的创新需要多学科、多专业的交叉融合，要求宽泛的知识背景。虽然专业化是发展的趋势，但不同专业的人协同工作对创新的成败却具有决定性作用。尤其在一些农业高科技领域，综合化、集成化的重要性更为明显。

二是随着农业科技资源、实力的相对有限性日益成为制约创新成功的瓶颈，科技突破的难度不断增大。集成创新的特征在于能打破空间和层次界限，实现优势互补和资源共享，开放式地解决创新问题，获得外部规模效应。

三是农业技术的复杂性及市场需求的复杂性也促进了集成技术的发展。由于环境的不确定性，技术创新日益成为一种复杂的社会活动，而不仅仅是科研活动，单个科研团队不可能独自完成越来越复杂的创新活动，因而必须与其他科研团队和市场主体构成相应的集成网络。

2. 农业工程技术是农业科技的重要组成部分 是农业生物技术推广应用的有效实现途径。任何一项先进的农业生物技术必须通过中试、转化和再开发，才能得以有效地推广应用。而实现这一过程的途径正是农业工程技术，即农业生物技术通过农业工程技术实现其商业化生产与应用，没有农业工程技术中试、转化和再开发这一环节，再先进的农业生物技术也是空中楼阁，可望而不可即。举例来说，20世纪40年代德国化学家李比希创立了“植物矿质营养学理论”，而化学肥料工业却是在其制造与施用工程技术开发以后才真正得到快速发展，并对世界农业特别是粮食生产产生了巨大影响；棉籽脱绒工程技术的研制开发，大大促进了棉种加工产业的飞速发展，使棉种进入标准化、产业化和商业化的应用阶段；土壤增温保墒工程技术的出现，成就了保护地和大棚温室栽培的问世，在世界范围形成了一场“白色革命”。因此，要使先进的农业生物技术成果迅速地转化为现实生产力，必须通过农业工程技术的中试、转化和再开发；也只有这样才能不断提高农业综合生产能力，实现农业增效、农民增收和农业农村经济发展的目标。

农业工程技术是实现农业现代化的重要物质基础和技术保障，是实现农业现代化的必然选择。发展经济学认为，改造传统农业的关键是引进现代农业生产要素；发展农业规模化、专业化和一体化的过程（农业产业化），实质上就是应用新技术、新装备、新设施改造传统农业的过程。农业产业化的一个基本要求，就是要按照发展工业的办法来发展集约化农业，即像工业一样从事农业的生产、经营和管理。而只有通过农业工程技术提高物质装备水平，才能推动农业的集约化发展，才能使农业真正成为具有像工业那样的区域化布局、专业化生产、规模化经营、企业化管理、社会化服务的现代产业。因此，加快农业工程技术应用步伐，努力提高农业物质装备水平，是实现农业现代化的必然选择。

3. 现代农业的发展对农业工程技术集成提出了新的要求 从农业发展的总体规律来说，越是现代农业，其技术的密集程度越高。但对于越来越密集的农业技术如何快速有效地进入农业生产领域和消费领域，世界各国包括我国在进行现代农业建设的过程中都在尽力研究，加以解决。这样就发现了一种适应现代农业发展规律的农业技术普及办法，即不是把大量农业技术直接应用于农业生产领域，而是通过农业设施装备或工程设施凝聚起农业技术，再应用到农业生产领域。而且这种将复杂的农业生产技术集成物化于农业工程设施装备上的发展趋势正在随着现代农业水平的提高不断加速进行。

我国已进入运用现代科学技术改造传统农业、走中国特色农业现代化道路的关键时期。近年来，党中央、国务院高度重视农业基础设施建设，进一步加大了投入，对农业持续增产、农民持续增收和农业农村经济持续发展发挥了重要作用。但就总体而言，由于我国现行农业科研政策主要强调生物技术，对工程技术的支持力度不足，造成农业生物技术与农业工程技术研发资金和物质投入不能同步配套。农业工程技术研究与应用落后，一方面导致农业生物技术转化为现实生产力难度加大，另一方面导致农业基础设施薄弱、农业综合生产能力不强等问题依然突出，成为传统农业向现代农业跨越的主要制约因素。

按照国家农业科技发展战略，合理调整农业科技资源配置方式，注重以产品或产业为中心，通过农业工程技术将农业生物技术有机地集成起来，才能切实保障现代农业建设的需要。在创新模式的选择上，一要确立自主创新与引进技术相结合，高新技术与常规技术相结合，基础研究、应用研究与技术开发相结合的农业工程科技集成创新模式；二要以服务农业产业技术体系建设为目标，确立农业产前、产中、产后 3 个阶段的工程集成，形成有机的统一体，形成完整的产业科技结构；三是要以国家农业科技创新体系建设为契机，加强农业工程科技资源整合（包括对现有技术、资金、市场和人才等要素进行系统地大规模整合、优化），促进全国农业科研大协作，形成全国农业科研一盘棋。

参 考 文 献

傅家骥 . 2001. 中国技术创新理论研究 [J]. 政策与管理 (12): 80－86.

教育部高等教育司，全国高等学校教学研究中心 . 2003. 农业工程类专业教育教学改革研究报告［M］．北京：高等教育出版社．
雷家骕．2004．在国家层面积极实施技术整合战略［J］．中国创业投资与高科技（1）：35－40．
李宝山，刘志伟．1997．管理：21世纪的企业制胜之道［J］．企业管理（9）：18－20．
陶鼎来．2002．中国农业工程［M］．北京：中国农业出版社．
汪懋华．2001．农业现代化的桥梁［M］．山东：山东科学技术出版社．
中国农业百科全书编辑部．1994．中国农业百科全书（农业工程卷）［M］．北京：农业出版社．
朱明．2003．中国农业工程发展展望［J］．农业工程学报（增刊）：1－8．
朱明．2006．推进农业工程科技创新，建设社会主义新农村［J］．农业工程学报（6）：192－196．
中国科学技术协会．2006—2007农业工程学科发展报告［M］．北京：中国科学技术出版社．
中国科学技术协会．2008—2009农业工程学科发展报告［M］．北京：中国科学技术出版社．
中国科学技术协会．2010—2011农业工程学科发展报告［M］．北京：中国科学技术出版社．

第二章　农业工程技术分类的理论与方法

第一节　农业工程技术分类概述

一、农业工程技术的内涵

工程是现代文明、经济运行、社会发展的重要组成部分，其先进程度对一个国家在国际舞台上的经济、社会地位有着重要的影响，工程技术的水平和发展速度，决定着国家的国际竞争力。因此，如何提高工程领域的科技创新能力，是世界各国积极探索的目标所在。农业工程技术就是以生物技术和工程技术结合为特色，具有综合、集成、组装的技术优势，服务于农业的应用型科学技术（陶鼎来，2009）。农业工程技术是包含工程科学与技术、生物科学与技术、信息科学与技术、管理科学与技术等的交叉技术体系。

众所周知，技术具有许多显著特征，正是这些特征才使技术既成为它自身又与其他事物相区别。认真研究和深入分析技术的特征对于深刻认识技术的本质、科学理解技术的含义和正确把握技术的规律都具有十分重要的意义。但由于很多的技术研究者和应用者没有分清哪些特征是所有技术都具有的共同特征，哪些特征只是某一类技术所独具的特征，常常把技术与某一类技术混为一谈，因而也往往把技术的共同特征与某一类技术的特征混为一谈。这种混淆给技术研究带来了一些混乱，造成了一些模糊认识。因此，应当把技术分类研究与技术特征研究有机结合起来，即以技术分类为基础对技术进行反思和再研究，这样会使我们得到许多崭新的认识和有益的启迪，从而使对技术的研究和应用又深入到一个新的层次，并提高到一个新的水平。

实际上，从技术的来源可以将技术分为三类：第一类是来源于人类实践的技术，是人类实践经验的总结与提升，其显著特点是具有难言性。第二类是来源于科学的技术，是科学的应用，其显著特点是具有科学性。第三类是来源于已有技术的技术，是已有技术的科学组合和有效综合，其显著特点是具有综合性。但由于已有技术归根结底也是来源于人类实践或科学的，所以，追本溯源，技术最根本的来源只有两个，一是人类实践，二是科学。因此，从技术的本源看也可以将技术分为两大类：一是来源于人类实践的技术，二是来源于科学的技术。无论是来源于人类实践的技术还是来源于科学的技术，都具有一些共同特征，主要是：

（1）创新性。技术的生命在于创新，所谓技术的创新性，就是指技术的创造性和新颖性，充分体现出技术的突破性和超越性。而且技术创新只承认首创，即只承认第一而不承认第二、第三，或说只设金牌而不设银牌、铜牌，这又体现了技术的唯一性，从而使技术的竞争比体育比赛更激烈。正因为技术具有创新性，才把技术与人类非创新性实践区别开来。

（2）发明性。技术创新是发明，所谓技术发明就是指一种新的技术成果，它必须同时具备下列三个条件：第一，前人所没有的；第二，先进的；第三，经过实践可以应用的。所有的新技术都应具备发明的这三个条件，可简称为技术具有发明性。正因为技术具有发明性，才使技术与科学区别开来。

（3）可操作性。技术所要解决的问题是“做什么?”和“怎样做?”，是将未能操作的变为已能操作的，因而技术必须具有可操作性，这是技术的本质特征——实践性的必然要求和充分体现。

（4）中介性。技术是人类认识、改造世界的手段、方法、措施，是生产与科学联系的纽带和沟通的桥梁，即是介于科学与人类实践之间的中间环节。简言之，技术是联系科学与实践的中介。

（5）双刃剑。长期以来，由于重视对客观世界的认识与改造而忽视对主观世界的认识与改造，从而使人类不正确使用技术的现象频繁发生。现在，人类已越来越明显地看到并越来越清醒地认识到：正确使用技术给人类带来的巨大福利和不正确使用技术给人类造成的严重危害是同样不容忽视的，人们形象地把技术的这一双重作用称为双刃剑。从特定意义上可以说，研究人类如何为着正确目的和沿着正确方向去使用与发展技术比研究技术本身更重要。

（6）人文性。由于技术都是由人设计、创造出来，并且是由人直接或间接应用的，所以人决定着技术的应用方向、发展水平、应用效果和价值。技术从它诞生那天起一直到现在和未来，都充满了人性，具有鲜明的人文性。

就农业工程领域而言，农业工程技术是人类实践与科学相互影响、相互作用，不断融合的产物。因此，农业工程技术从技术集成和农业产业链的角度划分来看，包含农田基础设施工程技术、农业机械化工程技术、设施农业工程技术、农产品产地加工与贮藏工程技术、农产品流通工程技术、农产品生产环境保护工程技术和农业信息工程技术等七个方面，各类技术的基本含义是：

（1）农田基础设施工程技术是以农田为主导的直接促进农产品生长的农业物质条件工程技术，包括农田、水利、道路、林网、农机配套设施、农电等几个方面的技术。农田基础设施是农业物质基础设施的核心，为直接生产活动以及满足人们生活需要，实现可持续发展提供共同条件和公共服务的设施与装备。

（2）农业机械化工程技术是在农业生产中实际应用的技术，或者说是应用科学知识或技术发展的研究成果于农业生产，以达到摆脱传统生产条件束缚的手段和方法。农业机械化就是用机械动力代替人畜力，改变了农业生产方式，是一个呈现出阶段性、不平衡性的新陈代谢的发展过程，贯穿于产前、产中、产后全程。

（3）设施农业工程技术是在设施农业的科学研究与生产实践中形成的原理、技术、设施、设备和经验的总称。主要包括设施栽培和设施养殖两个方面。在广义上，设施农业是为农产品商品化各阶段提供最适宜环境和条件，以摆脱自然环境和传统生产条件的束缚，从而获得高产、优质、高效（经济、社会、环境）农产品的现代农业经营活动，具有目标商品化、途径全程化、环境可控化、效益全面化的特点。

（4）农产品产地加工与贮藏工程技术包含农产品收获后从产地初加工开始直至贮藏环节应用的所有软技术及硬件技术。农产品产地加工与贮藏是农业生产链条中的关键环节，是保障农产品品质及丰产丰收的重要手段。农产品产地加工与贮藏工程技术是在农产品产地综合应用相关科学知识或科技成果，改善传统作业条件并提高生产效率与作业质量，促进该技术领域的技术装备工程化、模式标准化与管理现代化，全面提高该领域技术水平的同时，重点解决束缚现代农业的瓶颈问题。

（5）农产品流通工程技术是鲜活农产品仓储、运输、配送加工、市场交易、分销等环节的关键技术与措施。农产品流通过程是农业生产成本补偿、农产品价值实现以及农民收益最终确定的过程，对保障食品供应、提高农产品质量、刺激农业生产、促进农民增收有重要作用。

（6）农产品生产环境保护工程技术包括农业废弃物资源化利用工程技术、农业投入品污染控制技术、土壤改良与修复技术等方面，本书主要聚焦于农产品生产过程所产生废弃物的处理、利用和转化工程技术，包括畜禽粪便、农作物秸秆以及农业生产废水等。

（7）农业信息工程技术是指农业生产全过程中一切涉及信息的生产、收集、存储、处理、流通和应用的技术、相关方法、制度和技能以及相关工具和物质装备等。农业信息工程技术涵盖软、硬信息技术范畴，也就是说，信息技术是涉及信息的一切自然技术和社会技术，包括信息劳动者的技能，信息劳动工具和信息劳动对象，包括信息技术的管理制度、方法体系、解决方案、系统集成和服务体系等。

二、农业工程技术分类的目的与意义

我国已进入运用现代农业工程技术和手段改造传统农业、走中国特色农业现代化道路的关键时期。农业工程为农业发展提供了大量的现代化和适用的设施装备与技术。农业工程科学技术的应用和发展将提高农业生产过程的工业化水平和农产品产量、质量与产值，巩固和提高农业综合生产能力，增加农民收入，改善农业生活，提高农业从业人员的素质，推进农村城镇化进程，为我国农业产业化和农业现代化发展奠定物质基础，为国家粮食安全和国民经济的可持续发展作出重要贡献。

农业工程作为人类发展史上实施最早的大范围工程，对人类的生存和发展影响深远。农业工程把地球生物及生物生存所需要的空气、水、土壤等作为研究和实施的对象。农业工程技术是涵盖了工程技术、生物技术、信息技术、管理技术等多学科、多门类科学和知识的技术。与生物技术相比，我国农业工程技术研发与应用仍然薄弱，具有长期性和艰巨性的特点。同时，受到技术系统本身的复杂性、农业工程学科的开放性和交叉性的影响，农业工程技术日益体现出动态性、开放性、自组织性等复杂系统的特征。在科技加速发展的背景下，其内容和结构也在不断调整以适应外部技术环境的变化。这样就造成了许多研究者和使用者对农业工程技术的类别、技术阶段和技术特性等认识不明，将某些阶段性的技术形态（如节能、信息、物理农业等）作为分类、总结的依据，特别是对于前沿技术、高新技术、产业共性技术等与农业工程技术体系本身的关系认识混乱。

实际上，农业工程技术体系是在一个相对稳定的合理框架内显示诸多新技术的地位与相互关系。从农业工程技术的来源、支撑特点、发展动力来看，其长远性、基础性的支撑在于来自实践、科学和已有技术中相关技术的独立或综合应用，并受基础研究和应用基础研究影响，在形式上表现为常规技术和高新技术。常规技术在产业共性技术的影响和制约下维持技术体系的基本结构、属性和普遍运动规律；高新技术在前沿技术的引领下对农业工程技术的发展产生阶段性影响，促进其技术结构的优化、进化乃至跨越式突变，呈现出特殊的运动规律。各类相关技术的作用关系如图 2-1 所示。

开展技术分类研究可以使人们对农业工程技术特征认识更加细化、深化、优化，把握不同类别研究对象的特殊矛盾和运动规律，进而获得问题整体突破和科学成果的有效途径。开展技术分类研究可以促进多类技术的有机结合，进而实现不同技术的全面发展、协调发展和可持续发展。因为技术没有好坏之分和优劣之别，不同的技术的适用范围、功能、优势和局限不同。把技术分类研

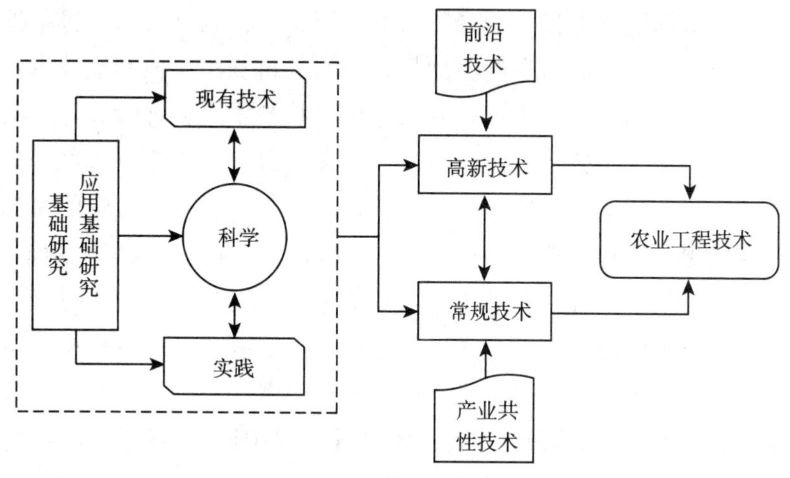

图 2-1　相关技术与农业工程技术的支撑关系图

究作为技术集成研究的突破口，并把技术分类研究与其他技术研究有机结合起来，有助于发现和解决人们在对技术的研究和认识中所存在的一系列问题，可以避免许多混乱和澄清许多模糊认识，使对技术的一些提法更科学、更准确，促进多类技术的配套使用。

因此，在明确相关前沿技术、高新技术、产业共性技术与农业工程技术的逻辑关系的基础上，开展技术分类研究，对于正确认识农业工程技术领域的技术类别、技术阶段和技术特性，建立农业工程技术分类的理论和方法具有重要作用；促进对农业工程技术进行更加系统、科学的角度分类，为我国农业工程技术的战略、研发、选择和应用奠定良好的理论基础。

三、技术分类研究进展

科学分类有利于新技术学习、研究和应用。在人类当前认识水平和技术固有特点的双重影响下，技术定义不是唯一的（平全虎，2004），针对不同领域技术分类的方法也不统一，即技术个性的差异影响了共性分类方法论的确定。目前，多数技术分类是根据技术本身的特点和应用或者研究的情况进行分类。田敬学（2001）在考虑巷道采动影响的动态特点的基础上，以工程要求、基本结构和演化结构作为一级指标，对巷道围岩稳定性进行分类，使分类结果与支护方式的选择更贴近工程实际，具有较强的使用性和可操作性。朱海燕（2007）根据边坡类型的划分和边坡的破坏形态，提出了各类边坡的加固处治方案，实现了坡治理工程常用技术分类及选择。张才明（2008）从信息技术经济学的角度，探讨了广义信息技术并提出了软、硬信息技术的分类，列出了具体的软、硬信息技术组成。王春蓉（2010）从操作方式、操作压力和分离混合物的特点介绍了精馏分离技术的分类及其应用。王秀腾（2011）将单项的循环经济技术分为三大类：清洁生产与减量化技术、再利用与再制造技术、废物资源化技术，并在此基础上提出了一套对循环经济技术进行评价和筛选的方法。

有学者提出了按照技术过程和技术形态进行分类的原则（远德玉，1986）。黄志坚（2001）从供给技术的宏观层面，按照客观物质在工程中的流向，将工程技术分为资源（材料、能量、信息）、采集加工（探测、采集、运输、加工）和制造（建造）三个方面。黄有亮（2007）根据技术论和技术创新论的原理，从技术成因、技术研制目标、技术发展进程和生产要素几个方面构建了建筑新技术分类体系，讨论了每种分类方法的意义及其各类新技术的类型，并通过实例说明建筑新技术分类体系的用途。林白露等（2012）通过研究各种 IP 溯源技术原理与特点，提出按行为模式、结构构成、实现层次、实现方式、适用范围五方面构建 IP 溯源技术分类方法体系，应用此方法对当前主要 IP 溯源技术进行了分类。

此外，一些学者在其研究领域提出了一些技术分类的模型与算法。刘新等（2008）针对中文文本的自动分类问题，提出了一种逆向匹配算法。该算法构造了一个带权值的分类主题词表，然后用词表中的关键词在待分类的文档中进行逆向匹配，并统计匹配成功的权值和，以权值和最大者作为分类结果，提高了文本分类结果的准确度和时间效率。唐宁（2012）是通过提取产品特征信息来进行特征识别的。结合零件、设备成组优化的网络模型，提出一种基于贝叶斯推理的扩散先验分布的识别算法，该方法依据成组技术的零件分类编码系统对零件、设备进行成组分类，通过扩散先验分布的贝叶斯推理分类识别方法，根据待判别样品的预报密度函数，建立后验概率比和分类识别规则，对待识别样本进行判别分类。

在农业领域，许多学者也开展了技术分类研究。张文渊等（2000）在阐明灌区水稻各类节水灌溉技术原理的基础上，提出灌区水稻节水灌溉技术主要有：水稻浅水勤灌技术、水稻浅湿灌溉技术、水稻控制灌溉技术、水稻叶龄模式灌溉技术；水稻旱种技术、水稻旱作技术等，为各类灌溉模式在相关地区较大面积上推广应用提供参考。陈碧华（2000）根据转基因食品检测技术的检测原理、检测需要、检测目标的数量对转基因食品的检测技术进行了分类，并比较了各种检测方法的应用特点，概括了转基因食品的检测技术路线、程序与步骤，为各类检测技术在转基因食品中的应用提供理论基础。吴发启（2012）在论述水土保持农业技术措施的概念、分类现状基础上，依据措施实施的方式、作用和目标，并结合农艺环节，将水土保持农业技术划分为以改变微地形为主的蓄水保墒技术、以提高土壤抗蚀力为主的保护性耕作技术和以增加植物覆盖为主的栽培技术 3 大类，等高耕作、沟垄种植、坑田、半旱式耕作、深耕翻、保墒、覆盖、深松、少耕、培肥土壤、合理配置作物、播种保苗、栽培 13 个亚类和等高耕作等 44 个型。齐飞等（2012）通过对设施农业工程技术内容、特点和现有技术分类方法的分析研究，确定了分别反映设施农业工程技术链、技术环节、技术功能、技术手段等属性的 4 层次线分类方法，并以设施园艺为例进行了方法验证，对设施农业学科发展、技术创新、产业升级都有较高的借鉴参考价值。沈丰菊（2012）根据农业废水处理工程单项技术主要功能和作用提出其一类技术为：初级处理（预处理）、二级处理（生化处理）和三级处理（深度处理）三个处理水平，并列出了各一类技术下的二类技术的关键技术和工艺。

总体来说，现有的分类方法都存在不够全面、覆盖面窄、缺乏对实践指导等问题，至今尚未形成较统一的分类方法体系。因此，比较上述分类方法，在原则上可以充分借鉴，但在技术分类后的相对稳定性、具象性和指导性方面还略有不足，需根据行业和技术领域的特点加以选择和完善。

陶鼎来（2009）指出农业工程技术是应用科学知识或技术发展的研究成果于农业生产，以达到摆脱自然环境和传统生产条件束缚的工程化手段和方法。为使技术作用有效发挥，应当有助于形成技术集成化、装备工程化、模式标准化、管理现代化并充分体现出现代农业工程的内涵，即不仅是以其他部门的技术来为农业服务，而且要着重研究解决农业本身作为工程的问题。因此，开展农业工程技术分类研究就是从农业工程技术本身特点为出发点，深入挖掘技术特点、技术性能，就技术应用现状和存在的问题提出相应的解决方案，促进技术研发的不断推进，保障现有技术应用更加经济、更加合理和更加适应目前我国农业发展的现状。

第二节　农业工程技术分类的理论与方法

一、目标与原则

（一）分类的目标

农业工程技术是面向转变农业发展方式、拓展农业产业发展空间、提升农业科技水平和农业物质装备水平、提高农业综合生产能力和可持续发展能力的重要保障条件；是提高土地产出率、资源利用率和农业劳动生产率，提高农业素质、效益和竞争力的重要物质基础。随着科学技术的不断发展以及农业工程领域的不断拓展，农业工程技术的类别、技术阶段和技术特性等存在模糊与混乱，同时现有的分类方法不够全面并缺乏对实践指导。因此，有必要对农业工程技术进行分类研究，通过对现有农业工程技术的重新认识与分类，达到以下目的：

1. 重新认识和整理现有的农业工程技术，构建农业工程技术标准体系框架，为农业工程学科发展提供理论基础。

2. 促进农业工程的技术创新与成果转化，为现代农业和新农村建设提供先进的适用技术、装备和设施，满足多功能、多层次、多方位和高效益现代农业建设的迫切需求。

3. 为国家建设现代农业、强化农业基础、拓展农业功能以及振兴装备制造业提供技术保障。

（二）分类的原则

农业工程技术涉及多学科多门类知识体系，是一个庞大的复杂系统。为体现作为要素的各类单项技术间相互联系并相互作用、集成后表现出农业工程的特定功能，并在合理的结构下显现出超越单项技术简单叠加、系统功能被放大的整体涌现性等系统特征，需要在技术分类中遵循以下原则：

1. 层次性 复杂系统是由多个子系统耦合而成，因此分类时要从不同层次上揭示农业工程技术的结构与功能，获得在内容上较为完整、在结构上相对稳定的技术分类体系。

在层次的划分上，本着提高基础层次稳定性的原则，使分类层次由低到高稳定性逐步增加，而开放性和动态性逐步减弱。

2. 稳定性 在内容上，要根据农业产业发展和技术创新的历史轨迹、未来发展趋势等，从众多技术中提炼出基础性、独立性、结构性、长期性的组成要素，尽量使分类后的技术分支具有鲜明的个性功能，并可以融合趋势性、阶段性的共性技术来提高自身的水平、强化自身的功能；各层次上的技术须在整体上形成内容相对完整、结构相对稳定的体系，使农业工程技术在不同层次（档次）上得以充分发挥。如节能（含新能源）、人工智能、机械化等农业工程技术因服务于多种功能、结合于多个技术种类，在功能上缺乏个性和独立性，因而不能单独构成技术分类的基础层次。

3. 开放性 开放性是技术创新和发展的基本特征与本质要求，也是保持其动态性和成长性的前提。作为一个融合多领域科学技术的应用型交叉学科，农业工程技术体系需要更高的开放性，以保持知识积累、技术增长、实践运用的动态平衡。因此在技术分类的不同层次上要保持技术内涵和外延的开放性，使技术系统能在充分吸收技术环境积极因素的基础上，提高自组织水平和技术进步效率。如分类内容上要保持一定的前瞻性以便对新兴技术的吸收，层次上不宜过多以为层次的延伸提供空间，分支不宜过细以减少技术内容的消长而造成系统不稳定。

4. 现实性　由于技术分类的目的在于合乎规律地改造客观世界，以指导实践为落脚点，因而，在技术选择上，应以现实的农业工程技术应用环境和发展趋势为依据，以技术的科学研究和实践应用两方面的成熟度进行综合衡量，优先选择那些研究成熟并通过广泛实践验证的引领技术。特别是那些经过了规范的技术集成、满足制度及政策发展要求的技术，它们不仅在技术上是成熟的，而且是经过技术系统的整合，以及经济核算和制度制约的。

同时，对那些还处于发明向技术转化或技术向产品转化阶段中的技术则作为“潜力”型技术加以保护，保护那些还没有经过实践验证的科学研究成果即后备型技术，全力支持研究还没有解决的但对生产实践有重大影响的技术。

（三）分类的作用

技术分类是一种手段而不是目的，技术分类研究初步揭示了技术体系的全貌以及内部构成、相互关系，其主要作用体现在以下几个方面：

1. 构建技术仓库　技术模式是形成农业工程建设模式和进行装备技术推广应用的基础，而技术仓库的构建是形成技术模式的必要前提。农业工程技术分类可以有效地指导整体或局部技术仓库的构建，并为相关数据库、信息化软件平台、专家系统等技术模式支撑体系的研发提供基础性的指导。

2. 评价技术发展　技术对产业的影响并不是单个技术对个别区域或使用者的影响，而是结构性的作用和影响。某一项技术的进步可能会影响整个产业的水平，牵一发而动全身，因此分析并发现这些技术点将对完善作为产业结构基础的技术结构起到四两拨千斤的作用。在技术分类的基础上，通过对不同时期各类技术的作用分析和多层次权重设定，不仅可以判断农业工程技术的整体发展水平，也可以发现影响整体技术水平的关键技术点，作为技术发展战略的方向和重点。

3. 促进学科发展　学科交叉已成为知识创新、科学发展的时代特征，农业工程作为典型的交叉学科在专业分支的设定、专门知识的积累和专业人才的储备方面都存在很多难题，面临着将不完全成熟学科建设成成熟学科的历史任务和挑战。科学合理的技术分类，可以在专业设置、研究方向把握、复合型科研教学人才培养方面提供全面系统的指导，特别是通过分类过程中对技术内在矛盾关系的揭示，对解决不同学科间融合与支撑的难题、形成农业工程“大学科”格局具有较强的指导意义。

4. 实施技术战略　技术战略的核心是技术选择与组织实施，不仅影响创新型国家的建设和农业产业发展，也对企业技术创新、技术能力和组织绩效产生显著的正相关影响。保证技术分类的完整性、科学性以及技术评价的客观性是技术选择的前提，也是技术集成和完整实施的保证，在此基础上，不仅可以对产业共性技术进行较准确定位、对标准体系的实施勾勒框架，也可对相关边缘学科的布局和发展提供方向。

二、思路与方法

（一）农业工程技术分类方法

由于每一项农业工程技术都是以数门基础学科为理论基础、以多个应用技术和生产技术为条件，因此按照技术属性和技术形态来分类不仅会形成过多的技术交叉、也难以反映技术的目的，而应将农业工程本身作为主体，按照农业工程发展的特点和目标，将实现农业工程的完整功能作为技术分类的基本依据，在农业工程技术分类原则的要求下，确定分类的方法和形态。

为简洁、清晰地揭示农业工程技术系统的结构与功能，农业工程技术分类采用线分类法进行纵向层次划分。

线分类法是将分类对象按所选定的若干个属性或特征逐次地分成相应的若干个层级的类目，并排成一个有层次的，逐渐展开的分类体系（GB/T 7027—2002）。在这个分类体系中，被划分的类目称为上位类，划分出的类目称为下位类，由一个类目直接划分出来的下一级各类目，彼此成为同位类。同位类类目之间存在着并列关系，下位类与上位类类目之间存在着隶属关系。线分类法属于传统的分类方法。它具有层次清晰的优点，能很好地反映各类目之间的逻辑关系，既符合手工处理信息的传统习惯，又利于用计算机对信息的处理。

1. 横向技术链条 农业生产的完整功能有赖于产业链的有效运转和产品使用价值的最终体现（图 2-2）。因此可将实现农产品商品化的过程作为农业工程技术目标实现和技术效用发挥的重要途径，将技术链作为产业链的基础和重要内在根据，使技术内容涵盖农业产业链的全过程，以此为特征横向展开进行技术分类。

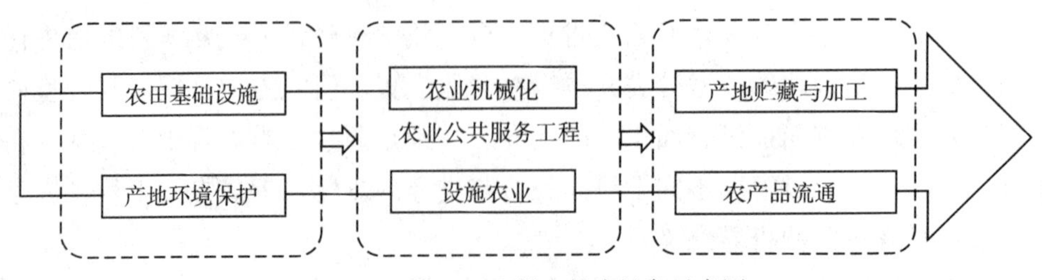

图 2-2 农业工程横向技术链条示意图

2. 纵向分类层次　农业工程技术的分类采用大类、中类、小类、子类四个层次，分别反映农业工程技术链、技术环节、技术功能、具体技术手段等属性，如图 2-3 所示。

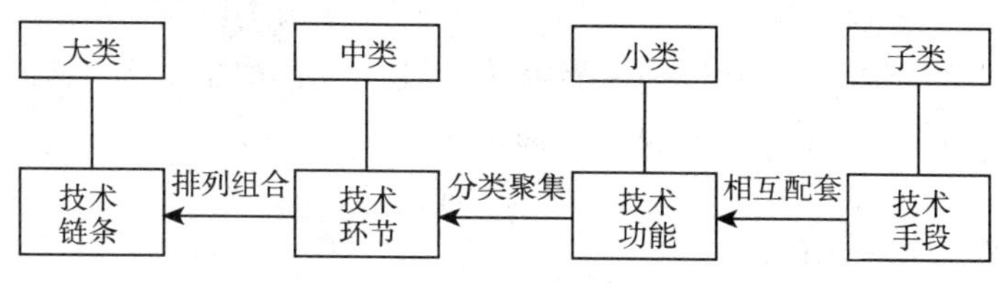

图 2-3　纵向分类层次关系图

（1）大类（技术链条层次）。大类是反映横向技术链条中某个节点下技术链条层次的基础层次，主要是维持该节点产业链有效运转的相关工程技术，包括与节点产业链直接对应的专项技术体系和为维持节点产业链正常运转所需要的管理技术体系。

（2）中类（技术环节层次）。中类是各技术链条中体现其基本特征的主要技术集合，包括相互关联的中观技术环节，揭示技术服务的主体与主要行为特征。

（3）小类（技术功能层次）。小类是实现各技术环节特定功能的层次，包括实现各种微观技术功能的综合性技术行为、技术方式，揭示各环节技术功能特点和实现功能的基本流程和构成。

（4）子类（技术手段层次）。子类是实现微观技术功能的具体技术手段，包括构成各种技术行为和方式的具体技术措施或方法，进一步揭示技术功能的具体实现过程。

（二）技术的定位与编码

具体技术定位需遵循前文所述的稳定性原则，尽量使不同层次上的技术点

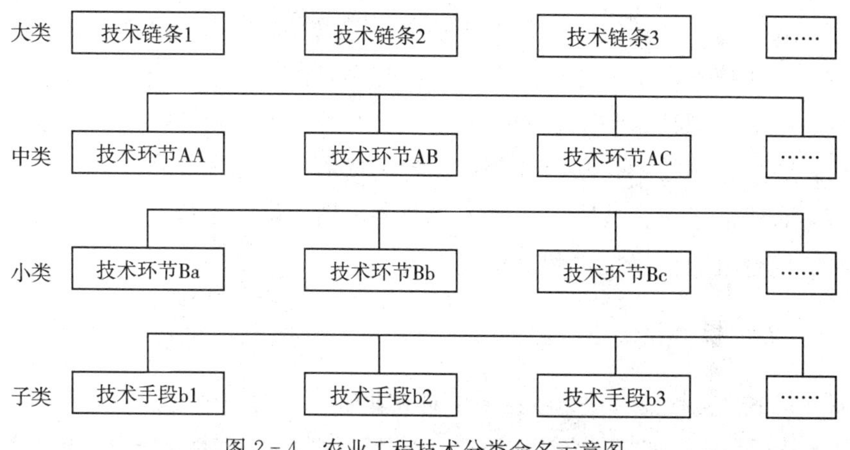

图 2-4　农业工程技术分类命名示意图

都具有独立和鲜明的个性功能（特别是较基础的分支），在横向形成并列关系，因此原则上以主要属性和最显著的功能作为分类的依据，而对那些具有多种创新思路、可以发挥多种功能的技术，则按照其主要属性进行分类定位。为了便于技术的查找，在技术定位后要按照图 2-4 的方式予以编号，即先确定技术链条号码，再确定技术环节号码，然后确定技术功能号码，最后确定技术手段号码。将以上四部分编码组合即为某项技术的编码。

三、分类方法应用

农业工程技术大类的划分如图 2-5 所示。

（1）农田基础设施工程技术的技术大类主要包括：土地平整工程技术、灌溉与排水工程技术、田间道路工程技术、农田防护与生态环境保护工程技术和农田输配电工程技术等。

（2）农业机械化工程技术的划分主要考虑种植业和畜牧业。其中，种植业农业机械化工程技术的技术大类主要包括种苗工程技术、耕整地技术、田间管理技术和收获技术等；畜牧业农业机械化工程技术的技术大类主要包括：饲草料生产与加工技术、饲养技术和畜产品采集技术等。

（3）设施农业工程技术的划分主要考虑设施园艺和设施养殖两个方面。其中，设施园艺技术大类主要包括：种苗工程技术、设施生产技术、产地物流技术和综合管理技术；设施养殖技术大类主要包括：品种技术、饲料与营养技术、环境与装备技术、疾病控制技术和综合管理技术。

（4）农产品产地加工与贮藏工程技术的技术大类主要包括：产品处理技术、管理技术、服务技术、装备技术、资源利用技术和综合技术。

（5）农产品流通工程技术的技术大类主要包括：商品化处理技术、装卸技术、贮藏技术、运输技术、交易技术和检验检疫技术。

（6）农产品生产环境保护工程技术主要考虑农业废水处理技术和农业固体废弃物资源化技术两个方面。其中，农业废水处理的技术大类主要包括：预处理技术、生物处理技术和生态处理技术；农业固体废弃物资源化的技术大类主要包括：收集运输技术、预处理技术、转化技术和后处理技术。

（7）农业信息工程技术的技术大类主要包括：信息采集技术、信息处理应用技术、信息流通传播技术和信息接收技术。

（一）农业机械化工程技术分类

农业机械化工程技术分类可着眼于对农业生产中的种植业和畜牧业的全程机械化技术特征和属性进行研究，按照技术对象一些特征、属性，分为不同类型的技

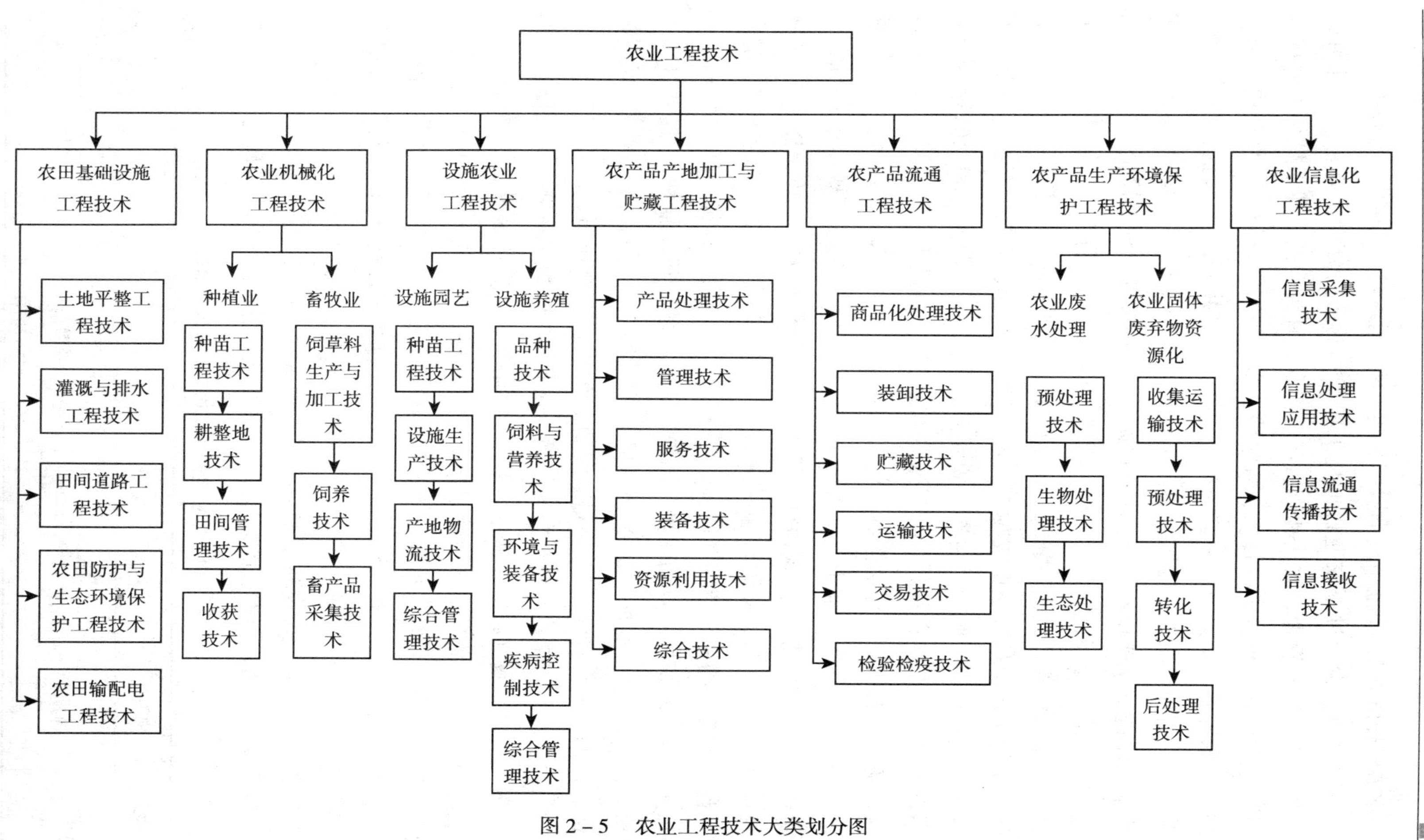

图2－5　农业工程技术大类划分图

术。本节以种植业农业机械化工程技术分类为例，阐述农业机械化工程技术分类。

按照种植业生产过程农业机械化工程技术的横向分类主要包括：种苗工程、耕整地、田间管理、收获和产后加工技术。种植业的农业机械化工程技术的纵向分类包括：种苗工程技术、耕整地技术、田间管理技术、收获技术和产后加工技术等共5个大类。中类（技术环节层次）共11个，包括：籽种技术、育苗技术、整地、耕地、施肥灌溉、除草、植保、人工收获、联合收获、初加工技术和输送及仓储技术。小类共31项，包括：育种、种子检验、种子加工、种子处理、苗土处理、播种、育秧、嫁接、移栽、常规耕作、保护性耕作、水田整地、旱田整地、施肥、灌溉、化学除草、物理除草、物理植保、化学药剂植保、生物防治、秸秆还田或收集、人工摘穗及留茬、半喂入式技术、全喂入式技术、秸秆还田、脱粒、清选、脱壳（去皮）、干燥、输送和仓储等。子类包括选择育种、杂交育种、生物育种、诱变育种、纯度、净度、发芽率、水分检测、清选、分级、干燥、消毒、包衣、包装、晒种、选种、浸种、消毒、破胸催芽、碎土、筛土、铺土、土壤消毒、单项播种（传统播种、精少量播种、免耕播种、整地直播）、复式播种（带水播种、施肥播种、一体化播种）、毯状苗育秧（软盘、硬盘、双膜）、钵苗育秧（硬盘、软盘）、工厂化育秧、棚盘育秧（盘土配置、播种、苗期管理）、旱育秧（床土配置、播种、苗期管理）、手动嫁接、半自动嫁接、自动嫁接、插秧（人工插秧、机械插秧）、抛秧（人工抛秧、机械抛秧）、摆秧、复合作业插秧、钵苗移栽、深耕深松、浅耕（浅耕、机耙、耕平、搅浆）、翻耕、旋耕、免耕、少耕、秸秆还田、激光整地、带水旋耕、水耕水整、旱耕水整、翻后耙地、化肥深施、厩肥撒施、液肥施肥、地面灌溉、节水灌溉（畦灌、滴灌、喷灌）、除草剂、除草地膜、中耕机、除草机、电流、激光、紫外线、土壤过电、人工喷药、机械喷药、以虫治虫、以鸟治虫、以菌治虫、切割、摘穗、剥皮、脱粒、集箱、人工摘穗及留茬（秸秆移除）、收割、脱粒、茎秆分离、谷粒清选、谷粒装袋、秸秆直接还田、收获机直接粉碎还田、秸秆过腹还田、人工脱粒、机械脱粒、重力分选、静电分选、人工脱壳、机械脱壳、自然干燥、机械干燥、带式输送、室内输送、金属桶贮藏、简易保鲜贮藏、分选、贮藏处理等技术。具体各项技术的分类情况见表2-1。

表2-1 农业生产机械化工程技术分类表

大类	中类	小类	子类
种苗工程技术	籽种技术	育种	选择育种、杂交育种、生物育种、诱变育种
		种子检验	纯度、净度、发芽率、水分检测
		种子加工	清选、分级、干燥、消毒、包衣、包装

（续）

大类	中类	小类	子　　类
种苗工程技术	育苗技术	种子处理	晒种、选种、浸种、消毒、破胸催芽
		苗土处理	碎土、筛土、铺土、土壤消毒等
		播种	单项播种（传统播种、精少量播种、免耕播种、整地直播）
			复式播种（带水播种、施肥播种、一体化播种）
		育秧	毯状苗育秧（软盘、硬盘、双膜）
			钵苗育秧（硬盘、软盘）
			工厂化育秧
			棚盘育秧（盘土配置、播种、苗期管理）
			旱育秧（床土配置、播种、苗期管理）
		嫁接	手动嫁接
			半自动嫁接
			自动嫁接
		移栽	插秧（人工插秧、机械插秧）
			抛秧（人工抛秧、机械抛秧）
			摆秧
			复合作业插秧
			钵苗移栽
耕整地	整地	常规耕作	深耕深松
			浅耕（浅耕、机耙、耕平、搅浆）
			翻耕
			旋耕
		保护性耕作	免耕
			少耕
			秸秆还田
	耕地	水田整地	激光整地
			带水旋耕
			水耕水整
			旱耕水整
		旱田整地	旋耕
			翻后耙地
田间管理	施肥灌溉	施肥	化肥深施、厩肥撒施、液肥施肥
		灌溉	地面灌溉
			节水灌溉（畦灌、滴灌、喷灌）
	除草	化学除草	除草剂
		物理除草	除草地膜、中耕机、除草机、电流、激光

（续）

大类	中类	小类	子　类
田间管理	植保	物理植保	紫外线、土壤过电
		化学药剂植保	人工喷药
			机械喷药
		生物防治	以虫治虫、以鸟治虫、以菌治虫
收获技术	人工收获	秸秆还田或收集	切割、摘穗、剥皮、脱粒、集箱和秸秆还田
		人工摘穗及留茬	人工摘穗及留茬（秸秆移除）
	联合收获	半喂入式技术	收割、脱粒、茎秆分离、谷粒清选、谷粒装袋
		全喂入式技术	
		秸秆还田	秸秆直接还田
			收获机直接粉碎还田
			秸秆过腹还田
产后加工技术	初加工技术	脱粒	人工脱粒
			机械脱粒
		清选	重力分选、静电分选
		脱壳（去皮）	人工脱壳
			机械脱壳
		干燥	自然干燥、机械干燥
	输送及仓储技术	输送	带式输送
			室内输送
		仓储	金属桶贮藏
			简易保鲜贮藏

（二）设施园艺工程技术分类

设施园艺是设施农业一个重要的分支。设施园艺是用特定设施和设备，创造适于园艺作物生育的小气候环境，进行园艺作物生产的方式。设施园艺工程是在设施园艺的科学研究与生产实践中形成的原理、技术、设施、设备和经验的总称。设施园艺工程技术是设施园艺工程装备技术、设施园艺生物技术和设施园艺环境技术等各类技术的有机结合，包含若干单项技术和若干集成技术。

设施园艺产业链主要包括“育种、生产、贸易”三个环节，为使产业链与技术链充分契合，在工程技术所涵盖的范畴上要注重技术的相关性，如在“育种”链条上以工程化、商品化的籽种制备技术为主，在“贸易”链条上以现场物流、产地加工和质量控制等与设施农业生产紧密衔接的工程技术为主。

在纵向分类上，大类（技术链层次）具体包括种苗工程技术、设施生产技术、产地物流技术和综合管理技术 4 个大类。中类（技术环节层次）包括相互关联的中观技术环节，揭示技术服务的主体与主要行为特征，如种苗工程技术包括籽种、育苗 2 个环节；产地物流技术包括内部输送、分级、洗净、包装、贮藏保鲜、追溯 6 个环节等。小类（技术功能层次）包括实现各种微观技术功能的综合性技术行为、技术方式，揭示了各环节下技术功能特点和实现功能的基本流程和构成，如种苗工程技术（大类）中的籽种技术（中类）包括生物工程、种子检测、种子加工等；设施生产技术（大类）中的环境调节技术（中类）包括增温、降温、调光、调湿、通风、供水、调气、保温等；小类技术综合性强、受技术变化的影响很大。子类（技术手段层次）是实现微观技术功能的具体技术手段，包括构成各种技术行为和方式的具体技术措施或方法，如种子加工技术包括分选、包衣、贮藏、处理等；供水技术包括净水、消毒、储水、输水、保水等。设施园艺工程技术的分类（大类以下）见表 2-2。

表 2-2 设施园艺工程技术分类表

大类	中类	小类	子 类
种苗工程技术	籽种技术	育种技术	选择育种、杂交育种、生物育种（基因工程育种、细胞工程育种）、诱变育种等
		种子检验	纯度、净度、发芽率和水分等检测技术
		种子加工	清选、分级、干燥、消毒、包衣、包装等
	育苗技术	种子处理	消毒、变温处理、浸种等
		播种	管式、平板式、针摆式、滚筒式等
		嫁接	手动嫁接、半自动嫁接、自动嫁接等
		移苗	手动移苗、自动化移苗等
设施生产技术	设计技术	工艺设计	场区工艺设计、建筑单体工艺设计等
		建筑设计	平面功能设计、材料与构造设计等
		结构设计	荷载设计、构件强度和稳定性设计、基础设计等
		给排水设计	给水、排水、废水处理设计等
		电气设计	供电（常规、可再生）、配电、自动控制设计等
		采暖设计	热水采暖设计、蒸汽采暖设计、空调、热电联产、热泵等
	建造技术	骨架材料与工艺	新型结构、新型材料、防腐（镀锌、烤漆）、通用连接构件及标准件（含天沟）等
		围护材料与工艺	专用薄膜、专用玻璃（直射、散射）、硬质板、镶嵌材料、密封材料等
		施工机具	专用升降车、各类专用施工工具

（续）

大类	中类	小类	子　　类
设施生产技术	环境调节技术	增温	热水采暖、热风采暖、地面辐射采暖等
		降温	自然通风、风机—湿帘、喷雾、遮阳（遮阳幕、喷白）、空调降温等
		调光	补光、光周期控制、遮阳等
		调湿	加湿、除湿
		调气	自然通风、强制通风、CO_2 增施、空气循环等
		保温	内覆盖、外覆盖、密封、隔热等
		供水	净化、消毒、储水、输水、灌溉（喷灌、微灌、滴灌、渗灌、移动灌、潮汐灌）、保水等
	栽培技术	耕整地	耕整机、铧式犁、整地机、旋耕机、微耕机等
		栽培方式	无土栽培、土壤栽培、营养液栽培等
		施肥	肥料（水溶、缓释）、肥料输送、定比施肥等
		植物保护	物理防治、化学防治、生物防治等
		栽培设施	苗床、栽培槽（池）、栽培架、空中吊篮、吊挂线等
		栽培管理	植株调节、授粉（自然授粉、人工辅助授粉）、生长调节（化学调节、物理调节）、收获（采摘车、采摘机器人）等
	资源利用	可再生能源利用	风能、太阳能、生物质能等能源利用
		废弃物利用	无害化处理、废弃物综合利用
		空间利用	非耕地（陆地、水面）、多层栽培等
产地物流技术	内部输送	带式输送	固定式（带、滚轴、单轨）、移动、组合式等
		苗床输送	平面、立体等
		室内运输	专用手推车（苗盘、成品运输循环）、机动运输（含铲车、吊车）、运输机器人等
	分级分选	分级	机械、介电、机器视觉、核磁共振分级等
		分选	重力分选、静电分选等
	洗净	清洗	气泡式、水流式、喷淋式、滚筒式、毛刷式等
		杀菌	超声波、次氯酸液、臭氧、负离子、紫外线、辐照等
	包装	包装材料	容器、标签、包装袋等
		包装机械	填充、计量、包裹、封口、扎带、喷码等
	贮藏保鲜	预冷	风冷、水冷、真空预冷等
		贮藏	自然贮藏、机械冷藏、气调贮藏、减压贮藏等
		保鲜	化学（保鲜剂）、气调、保鲜膜（袋）、涂膜保鲜、其他保鲜（微生物、生物酶、基因工程、辐射、电磁等生物和物理保鲜）等

（续）

大类	中类	小类	子　类
产地物流技术	商品追溯	条码	*
		射频识别	*
		数据库	*
		商品标牌	*
综合管理技术	信息化管理	软件	环境调控软件、综合调控软件（含水肥等）、运营管理软件（财务、办公）等
		硬件	气象与环境传感器、作物传感器、远程传输设备、ID识别设备等
		通讯	有线通讯、无线通讯等
	管理标准化	操作规程	作业流程、操作规程、安全规程等
		产品标准	采收、包装、储存等
		管理定额	劳动、生产、成本等定额
	安全生产	工程防疫	出入消毒、风幕除尘、杂草抑制等
		安全应急	报警、化雪、防雨、防风等
	现场检测	环境检测	温度（空气、土壤）、光照、湿度等
		水体检测	pH、EC值等
		气体检测	CO_2、其他有害气体（CO、SO_2、O_3）等
		土壤检测	水分、肥力、酸碱度、有机质、重金属等
		农残快检	生物测定、化学检测、生化检测、免疫分析
	设施维护	覆盖清洗	玻璃屋面、塑料板材、棚膜等清洗
		维修更换	玻璃维修更换、薄膜维修更换等

* 其他行业的通用技术措施均适用。

（三）农产品产地加工与贮藏工程技术分类

由于农产品产地加工与贮藏领域中很多工程技术涉及多学科多门类科学技术的综合应用，所以，为了避免分类技术交叉，并较好地体现各技术层面的功能属性，农产品产地加工与贮藏工程技术分类体系应以农产品产地加工与贮藏链条生产内容为主体，按照农产品产地加工与贮藏技术范畴定义和农产品产地加工与贮藏技术体系发展的目标和特点，对农产品产地加工与贮藏技术进行分类。

农产品产地加工与贮藏产业链条完整功能是在获得优质农产品初级、半成品原材料或成品的同时，达到资源的最优化综合利用。该功能的实现有赖于该段产业链条各生产环节技术应用与有效运转。农产品产地加工与贮藏技术链条整体上可分为产地加工、产地输运、贮藏及综合等四大专业技术门类，各专业技术门类功能之和，即构成农产品产地加工与贮藏工程技术体系所要求的完整功能。按照专业序列再进一步划分，每一个专业技术门类都包含综合技术、产品处理、管理、服务、装备、资源利用等6个专业序列。虽然每一个专业技术门类所包含的6个专业序列具体内容并不相同，但为了简明表达该技术体系的分类结果，将各专业技术门类中的每一项专业序列内容进行合并，从整体上说明该段产业链条的整体功能。因此，农产品产地加工与贮藏工程技术分类的横向技术分类由技术专业序列展开。

为了简明、清晰地揭示农产品产地加工与贮藏工程技术体系的结构与层次功能，将农产品产地加工与贮藏工程技术，按照所选定的若干技术功能属性逐次分成相应的类别，形成一个内容相对完整、结构相对稳定的子技术体系。在层级数量上采用大类、中类、小类和子类4个层次。分别反映农产品产地加工与贮藏工程技术专业序列、技术功能、技术实现手段、技术表现形式。

1. 大类（专业技术序列）　该纵向层次是反映农产品产地加工与贮藏生产特点的基础层次，是维持该段产业链条有效运转的主要工程技术，是实现该段产业链整体功能的重要环节。包括与该段产业链直接对应的专项技术体系和相关管理体系。具体包括综合、产品处理、管理、服务、装备、资源利用6个大类。相应内容相对完整，组成结构相对稳定，受相关领域应用技术变化的影响不大。

2. 中类（技术功能层次）　该层次是体现农产品产地加工与贮藏生产特点的主要技术集合，可以揭示技术服务的主体与主要行为特征。其中，包括相互关联的中观技术环节。如产地加工包含预清、剥皮等17个环节；产地输运包括修整、包装、内部输运、外部承运等4个环节；产地贮藏包括消毒、修整、包装、贮藏等4个环节。该类别具体内容会受到技术进步的影响，发生变化的可能性较大。

3. 小类（技术实现手段层次）　该层次可以实现各技术环节特定功能。可以揭示各环节技术功能特点和实现该功能的基本流程和技术要素构成。如产品处理（大类）的脱果（中类）包括人工脱果和机械脱果；同一大类中的贮藏（中类）包括常温贮藏、低温贮藏、气调贮藏、辐射贮藏、电磁处理贮藏、干燥贮藏及药物处理贮藏等7小类。

4. 子类（技术表现形式层次）　该层次是微观技术功能实现的具体技术手段，包括构成各种技术行为和方式的技术措施和方法，进一步揭示了该项技术功能实现的特点和核心技术要素。如物理消毒（小类）包括紫外线照射、干热灭菌、湿热灭菌、电子消毒等。低温贮藏（小类）包括常规机械冷藏、湿冷贮藏、冰温贮藏、冰冻贮藏等。

在明确广义农产品产地加工与贮藏工程技术范畴和技术分类的原则基础上，以技术专业序列展开该技术体系横向分类，以技术专业序列、技术功能、技术实现手段、技术表现形式4层次线分类方法展开纵向分类。技术分类结果见表2-3。

表2-3 农产品产地加工贮藏技术分类表

大类	中类	小类	子类
综合技术	工程建造	设施规划与设计	可行性研究+场区工艺与工程设计
		土建工程	地基结构设计+建筑结构设计（基础设计、载荷设计、构件强度与稳定性设计）
		设施施工与验收	土方工程、混凝土结构工程、钢结构工程、防水工程、装饰工程+验收技术标准、验收管理程序
		安装工程	建筑设备设计（选定）与安装、给排水工程、供暖系统设计与安装
		电气工程	强电、弱电、交流电、直流电
		配套控制	人工控制、半自动控制、全自动控制（PLC系统技术、数控技术、单片机系统技术、模糊系统技术）
		信息通信工程	网络信息化技术、信息采集与处理、电视电话通讯、视频监控+有线、无线通讯
	环境监测	温湿度监测	空气温湿度监测
		水体检测	pH、EC值检测、单物质浓度
		气体检测	单项气体浓度检测
		光环境检测	光强度检测、光质检测、光照时间监测
	环境调控	预冷	风冷、水冷、真空预冷
		制冷	冰制冷、机电蓄冷、差压制冷
		增温	集中采暖、太阳能采暖系统、局部增温、预热回收保温、供热综合管理
		控温	无冷源温控、机械控温（机械通风、湿帘通风、喷淋降温）、机电控温（空调、空调仓）
		光环境调控	光强、光照时间、光质调控
		湿度调控	湿度监控系统、通风技术、加湿技术、生物过滤剂、化学药剂
		气调	气密技术、气调技术

（续）

大类	中类	小类	子　类
产品处理	预清	人工预清	完全手工、借助自然条件或工具（风、网筛）
		机械预清	密度清选、粒径清选、色选
	剥皮	人工剥皮	完全手工、借助简单工具
		机械剥皮	人工喂料、半自动喂料、全自动喂料
	脱果	人工脱果	完全手工、借助简单工具
		机械脱果	全喂入式、半喂入式＋人工喂料、半自动喂料、全自动喂料
	落疏	落地落疏	地面人工落疏
		非落地落疏	铁架落疏、轨道落疏、人工落疏
	清洗	人工清洗	水洗、干刷、化学试剂＋清洗台
		机械清洗	气泡式、水流式、喷淋式、滚筒式、毛刷式清洗机
	杀菌	人工处理	次氯酸液浸泡
		设备杀菌	超声波、臭氧、负离子、紫外线、辐照、次氯酸液浸泡
	干燥	机械干燥	远红外线干燥、微波干燥、太阳能干燥、热风干燥（燃煤、油、生物质、天然气、混合）＋ 顺流干燥、逆流干燥、混流干燥＋缓苏干燥、连续干燥 ＋干燥仓、干燥设备、地龙
		自然干燥	场地晾晒
	保鲜处理	人工保鲜	保鲜剂溶液浸泡
		机械保鲜	低压保鲜液自动喷涂
	修整	人工修整	完全手工、借助简易工具
		机械修整	配套切割机具
	打蜡（涂料）	人工打蜡	喷涂、浸涂、刷涂
		机械打蜡	喷涂、浸涂、刷涂
	后熟处理	化学催熟	乙烯、乙烯利催熟
		物理催熟	温控催熟、天然食材催熟剂
	脱涩处理	人工脱涩	溶液浸泡、厌氧密封、酒精喷涂密封、冰冻、干燥
		机械脱涩	溶液浸泡、酒精喷涂密封、冰冻、干燥
	疾病防控	疾病预防	预防接种、检疫、药物预防、消毒
		疾病控制	紧急接种、净化、无害化处理、封锁、隔离
	分级	人工分级	完全手工、借助简单工具及分拣台
		设备分级	密度分级、粒径分级、比色分级、比质分级＋机器视觉分级、介电选分级、核磁共振分级、声波、红外线
	包装	人工包装	填充、计量、包装、封口、扎带、喷码＋防震、防潮
		机械包装	填充、计量、包装、封口、扎带、喷码＋防震、防潮
	贴标（产品溯源）	人工贴标	条码、数据库
		机械贴标	条码、射频识别、数据库

（续）

大类	中类	小类	子　　类
产品处理	内部输运	提升	提升机、叉车
		人工搬运	完全人力搬运、专用手推车、人力三轮车
		机车输运	铲车、吊车、运输机器人
		带式输运	固定式、移动式、组合式
		组合输运	人工机车带式输运组合
		装卸	人工装卸、机械装卸
		防震	保鲜包装、路况维护、预冷后运输、堆码、固定
	外部承运	公路运输	农用车承运、货车承运
		装卸	人工装卸、机械装卸
		防震	保鲜包装、路况维护、预冷后运输、堆码、固定
	消毒	物理消毒	紫外线照射、干热灭菌、湿热灭菌、电子消毒
		化学消毒	化学药剂、电解水、臭氧
		生物消毒	地面泥封堆肥、坑式堆肥发酵
	贮藏	常温贮藏	自然堆放、袋储、窖藏、通风贮藏库
		低温贮藏	常规机械冷藏、湿冷贮藏、冰温贮藏、冰冻贮藏
		气调贮藏	普通气调库、机械气调库
		辐射贮藏	辐射种类、时间、计量调节
		电磁处理	磁场处理、高压电场处理、负离子、臭氧处理
		干燥贮藏	干燥预处理＋通风贮藏、缺氧贮藏、低温贮藏
		药物处理贮藏	代谢调节物质、抑菌物质
管理	质量检测	样品采集与处理	筛选、磁选、切割、粉碎＋物理法、化学法、发酵法
		感官检测	色泽、气味、外形＋人工检验、标准化监控设备
		物理检测	纯度、净度、破损率
		生物活性检测	发芽率、孵化率、成活率
		理化品质检测	蛋白、水分、含油量、酸价、灰分、农残量
		卫生品质检测	黄曲霉
	技术管理	组织结构	建立组织结构，明确职责与协调关系，制定质量目标、方针、控制策略，有效组织开展各项质量管理活动
		执行程序	标准规定形成文件的程序与作业指导书
		实施过程	选择顾问，撰写质量手册，建立支持性文件，成立要素工作组
		调配资源	调配充分的合适及必需的人员、资金、设施、料件、能源、技术、方法

（续）

大类	中类	小类	子　　类
管理	维护维修	定期维护维修	拆卸、清理、安装、润滑
		可靠性维护维修	设备保养、零部件更换
	生产规划	生产任务与进度	产品品种、质量、产量和产值等生产计划及生产进度安排
		效益管理	成本控制＋劳动定额＋人员管理
		安全生产	应急处理、卫生防疫
服务	信息化服务	软件	信息共享平台、环境调控软件、生产管理软件、运营综合管理软件、可溯源系统、电子交易系统、网络安全技术
		硬件	数据采集、处理、传输、共享等功能承载设备
		通讯	有线、无线通讯＋电视、电话、电脑、广播、互联网
		信息采集与处理	农产品市场信息、生产资料信息、政策新闻类信息采集＋文本数据、图形图像信息处理
	技术培训	生产技术培训	实地培训、网络培训
		管理技能培训	实地培训、网络培训
		安全教育	实地培训、网络培训
装备	设施	产地加工设施	遮阳棚、加工车间（厂房）及配套工作台、干燥仓、工具间、维修车间、办公楼及生活设施配套
		输运设施	车库、专（兼）用车（轨）道、工具间、维修车间、办公楼及生活设施配套
		贮藏设施	贮藏窖、贮藏壕、温室、仓库、冷库、工具间、专（兼）用车（轨）道、维修车间、办公楼及生活设施配套
	设备	产地加工设备	预清设备、剥皮机、脱果（粒）机、清洗机、超声波杀菌设备、臭氧机、紫外线照射设备、远红外线干燥箱、微波干燥箱、太阳能干燥设备、热风炉干燥设备、多种农产品干燥设备、保鲜液喷涂装置、打蜡机、农产品分级设备、农产品包装设备、贴标设备、畜禽屠宰设备、物料粉碎机、切割设备、物料纯度测定仪、农作物发芽率测定仪、农产品成分检测分析装置、信息化服务硬件设备、技术培训配套设备、废弃物处理设备、废弃物综合利用设备、可再生能源利用设备、产地加工建筑配套设备
		输运设备	拖拉机、农用货车、大中小型货车、空调货车、人力三轮车、专用手推车、吊车提升机、牵引设备、叉车、运输机器人、带式输送设备、货运车配套设备、信息化服务硬件设备、技术培训配套设备、废弃物处理设备、废弃物综合利用设备、可再生能源利用设备、产地输运建筑配套设备
		贮藏设备	贮藏仓（库、室、窖）配套设备、信息化服务硬件设备、技术培训配套设备、废弃物处理设备、废弃物综合利用设备、可再生能源利用设备

（续）

大类	中类	小类	子　　类
资源利用	废弃物处理与利用	废弃物处理	物理处理、化学处理、生物化学处理+无害化处理
		废弃物利用	肥料、饲料、燃料、工业原料、食用菌基料
	可再生能源利用	风能利用	农用局域网风力发电、风力机械
		太阳能利用	太阳房、太阳灶、太阳能热水系统、温室设计建造、太阳能干燥、户外光伏发电
		生物质能利用	生物质燃料、沼气、植物油、生物柴油、生物质发电

参　考　文　献

陈碧华，张建伟，王广印，韩世栋 .2008. 转基因食品检测技术的应用与发展Ⅱ. 检测技术的分类、比较、应用及检测步骤 [J]. 食品科学（29）：117－122.

黄有亮，戴栎，孙林 . 2007. 建筑新技术分类体系及应用 [J]. 工业建筑，37（增刊 1）：94－98.

黄志坚 . 2006. 工程技术思维与创新 [M]. 北京：机械工业出版社 .

李艳，王其，毛天露 . 2005. 三维虚拟人皮肤变形技术分类及方法研究 [J]. 计算机研究与发展，42（5）：888－896.

林白露，杨百龙，毛晶，武鹏辉 . 2012. IP 溯源技术及其分类方法研究 [J]. 电脑知识与技术，8（13）：3044－3046.

刘新，刘任任 .2008. 一种基于逆向匹配算法的中文文本分类技术 [J]. 计算机应用，28（4）：945－947.

平全虎，孔庆新 . 2004. 对技术定义的思索 [J]. 电力学报，19（4）：306－308.

齐飞，周新群，丁小明，等 . 2012. 设施农业工程技术分类方法探讨 [J]. 农业工程学报，28（10）：1－7.

沈丰菊，张克强，杨鹏 . 郝连秀 . 2012. 农业废水处理工程技术分类方法初探 [J]. 农业工程技术（新能源产业）（5）：23－26.

唐宁，蔡晋，李原，张开富 . 2012. 基于扩散先验分布的成组技术分类识别方法 [J]. 系统工程与电子技术，34（4）：827－832.

陶鼎来 . 2009. 中国农业工程 [M]. 北京：中国农业出版社 .

田敬学，张庆贺，姜福兴 . 2001. 煤矿巷道围岩稳定性动态工程分类技术研究与应用 [J]. 岩土力学，22（1）：29－32.

王春蓉 . 2010. 精馏分离技术的分类及应用研究 [J]. 矿冶，19（2）：55－56.

王殿举，齐二石 .2003. 技术创新导论 [M]. 天津：天津大学出版社 .

王秀腾，黄进，林翎，李会泉 . 2011. 循环经济技术分类、筛选及评价指标体系研究 [J]. 中国标准化（3）：37－41.

吴发启 .2012. 水土保持农业技术措施分类初探 [J]. 中国水土保持科学，10（3）：111－114.

远德玉，陈昌曙 . 1986. 论技术 [M]. 沈阳：辽宁科学技术出版社 .
张才明 . 2008. 信息技术的概念和分类问题研究 [J]. 北京交通大学学报（社会科学版），7（3）：89-92.
张文渊 . 2000. 灌区水稻节水灌溉技术分类调查研究 [J]. 灌溉排水，19（1）：71-74.
朱海燕 . 2007. 边坡治理工程常用技术分类及选择 [J]. 中国水运，5（3）：59-60.

第三章　农业工程技术集成的理论与方法

第一节　农业工程技术集成概述

一、内涵

（一）技术集成内涵

在西方国家，“集成”一词源于拉丁语词根 in（内部）和 tangere to touch（联系），integration 表示综合、融合、成为整体、一体化等含义，强调的是内部（在）联系。与集成有关的概念还包括协同（synergy）、组合（combination）、协调（collaboration）、合作（cooperation）、交互（interaction）、融合（fusion）、汇聚（convergence）等（朱建忠，2009）。在我国，古时即有“集大成”之说，意谓将事物中好的方面的因素加以集合，达到整体最好的效果。

总体而言，集成是要素的整合活动，是将两个或两个以上的相关要素集合成一个有机整体的过程或行为结果，其核心理念是整合增效。随着集成思想在各个领域中的渗透与传播，“集成”的概念也变得越来越丰富。学者对于集成的条件、内涵、外延及结果的认识，既有相同之处，又有不同之点。下面分别从技术、管理和系统/工程三个角度来解析集成的内涵。

1. 技术角度　20 世纪 70 年代，首次提出计算机集成制造（computer integrated manufacturing，CIM）理念，其内涵是借助计算机，将企业中与制造有关的各种技术系统集成起来，进而提高企业适应市场竞争的能力（Harrison et al，1999）。其后学者们对技术集成现象进行了多种视角的研究，并分别以技术融合、技术集成、技术整合等词语来命名。Kodama 认为技术融合即是将一些先前已有的分散在不同领域的先进技术创新加以混合，从而产生革新市场的新产品。Iansiti（1998）定义技术集成是以创造技术的选择及其应用关联环境之间的匹配为目标的一系列调查、评估和提炼活动。张正义（1999）、吴林海（2000）认为技术集成不是简单的连入、堆积、混合、叠加、汇聚、捆绑和包装，而是将各种创新要素通过创造性地融合，使各项创新要素之间互补匹配，从而使创新系统的整体功能发生质的跃变，形成独特的创新能力和竞争优势。江辉和陈劲（2000）认为技术集成开发实际上就是根据企业现有的技术，抓住产品的市场特性，同时引进已有的成熟技术或参照技术资料进行学习，依据产品的特性，使各项分支技术在产品中高度融合，在短时间内进行集成开发，以最快的时间领先进入市场，充分获得产品市场占有率的手段和方法。

2. 管理角度 李宝山等人（1998）认为要素仅仅是一般性地结合在一起并不能称之为集成，只有当要素经过主动的优化，选择搭配，相互之间以最合理的结构形式结合在一起，形成一个由适宜要素组成的、相互优势互补、匹配的有机体，才称为集成。海峰等（2001）认为集成从一般意义上可以理解为两个或两个以上的要素（单元、子系统）集合成为一个有机整体，这种集成不是要素之间的简单叠加，而是要素之间的有机组合，即按照某些集成规则进行的组合和构造，其目的在于提高有机整体系统的功能。黄杰等人（2003）认为集成可以是为实现特定的目标，集成主体创造性地对集成单元要素进行优化并按照一定的集成模式关系构造成为一个有机整体系统（集成体），从而更大程度地提升集成体的整体性能，适应环境变化，更加有效地实现特定功能目标的过程。

3. 系统/工程角度 集成是指相对于各自独立的组成部分进行汇总或组合而形成一个整体，以及由此产生的规模效应、群聚效应。刘志伟（1998）认为集成是指由系统的整体性及系统核心的统摄、凝聚作用而导致的，使若干相关部分和因素合成为一个新的统一整体的构建、序化过程。戴汝为（1995）认为集成是把一个非常复杂的事物的各个方面综合起来，集其大成。刘晓强（1997）认为集成是将独立的若干部分加在一起或者结合在一起成为一个整体。余志良等人（2003）认为，技术整合是企业在新产品（新技术）开发过程中，根据项目的要求和自身的技术基础以及其他资源条件，通过系统集成的方法评估、选择适宜的新技术，并将新技术与企业现有技术有机地融合在一起，从而推出新产品和新工艺的一种创新方法。傅家骥（2004）则将技术整合定义为综合运用相关知识，通过选择、提炼产品设计与制造技术，进而将这些设计与技术整合成为合理的产品制造方案与有效的制造流程的系统化过程与方法。

一个优秀的工程技术集成系统，应具备以下特点：系统充分满足了使用要求或成功地消除了原有缺陷；技术集成整体性能全面地、大幅度地提高，更加先进和更加经济实用；系统与其应用环境在结构、功能、动力与精度等方面和谐统一，适合操作、运行、完善、管理，形成一个合理的集成整体。

（二）技术集成特征

集成具有功能的整体提升性、优胜劣汰的灵活性、全方位开放的适应性、人的主观思维创造性（张扬，2007）。农业工程技术集成除了具有集成的一般特点外，还具有以下特征。

1. 非线性复杂性 非线性首先是一个数学概念，现实比数学要丰富得多，复杂得多，现实世界中存在着大量非线性关系、非线性现象和问题。陈忠（2005）指出系统科学的许多基本问题本质上都是非线性问题，系统科学与非线性有着“天然”的联系，这是因为无论是系统之外还是系统内部的一切现实的关系从本质上讲都是非线性的。非线性相干现象在农业工程技术集成中大量存在，主要表现在以下方面。

（1）非加和性。非线性的基本特征就是叠加性原理的失效，即非加和性。由非线性相干所产生出来的新东西正是一种整体性的突显，它是要素间出现“支配”作用的结果，体现了系统中非线性相干的本质。在农业工程技术集成过程中，各集成对象之间的相互作用不再是简单的数量相加，而是相互制约、彼此耦合成新的整体。

（2）非对称性。即农业工程中的各项技术要素虽处于同一集成体中，但并不呈对称状态排列。在技术集成过程中，必须时刻注意各种技术要素及与之相关要素的变化，关注由非对称性带来的新秩序和新增加的复杂程度，从而保持集成体的有序性。

（3）非单值性。农业工程活动集成了多种技术要素，这些要素之间由于存在非线性相互作用，使技术集成结果呈现出多样性、非单值性。

2. 技术主体多样性　集成具有明显的目的性和主动性，是集成主体为实现目标而主动进行的有意识的行为。农业工程技术集成的主体多样性主要体现在以下几方面（杨林树，2002）。

（1）涉及多种技术来源。全球化和信息化的快速发展使得农业工程技术集成过程中，各技术主体的来源不再局限于某一行业和领域之内，甚至突破国界寻求全球范围内的技术资源。

（2）主体复杂化。各技术主体价值观、世界观的多样性，能力的高低、经验的多寡导致主体认知和行为的复杂多样性。

（3）权利状态多样。农业工程技术集成必然涉及多种来源技术的权利状态，其中包括公知技术、专利技术、商业秘密、著作权、软件权等多种知识产权权利状态。

3. 动态时效性　集成是由特定目标驱动的创造性过程，随着环境和目标的变化，集成活动也呈现动态变化的态势。农业工程技术集成，由于其自身的运行架构和诸多环境的影响，也同样呈现出动态性、时效性的特点（常立农，2003）。随着世界经济一体化和信息化的迅猛发展，各种资源要素（包括技术）的流动更加频繁，农业面临的信息量急剧膨胀，不断更新；技术系统又是一个开放系统，它必须随时与外界保持畅通的联系。面对这样一种瞬息万变的开放格局，农业工程技术集成必须时刻关注系统内外技术的变化，并及时调整集成战略，以保证农业工程技术系统可以随时与外界环境进行各种要素的相互作用，如落后技术的淘汰、新技术的引进、现有技术的改进等。若农业工程项目产生变化，则技术集成在实施中也会产生变更，如设计方案的变化、实施方案的调整等。

4. 和谐有序性 农业工程中技术集成能取得聚变放大效果的重要原因之一就是其具有和谐有序性，是系统内各种技术之间形成的一种超乎一般协调关系的状态（张杨，2007）。各种技术内部各要素的结合关系和方式也都处于最佳状态，要素之间不仅互补匹配，而且相互融合，系统有序性达到最大，功能得到充分发挥。技术集成是农业工程活动打破传统组织模式，适应外部环境变化和进行内部有效沟通的必然趋势。无论技术集成的对象如何复杂，在集成的过程中，多种技术要素、多个技术主体乃至管理主体之间，只有达到和谐有序的状态，才能提供黏合剂和润滑剂的作用，使工程技术集成体能够正常、高效运转。

二、目的与意义

（一）农业工程技术集成的目的

农业工程涉及面广、内容繁杂、问题多样、系统庞大，从宏观到微观具有十分密切的内在联系。农业工程技术集成的目的就是：针对目前我国农业工程技术相对落后局面，进行技术集成和创新，全面地、大幅度地提高集成技术的整体功效，使其充分地满足使用要求或成功地消除原有缺陷，促进农业工程更加先进、经济、实用，与其应用环境更加和谐统一，统筹操作、运转、管理，从而最大限度地继承和发展科学实用的农业工程技术体系，保障农业工程科学、高效、可持续发展。

（二）农业工程技术集成的意义

1. 农业工程技术集成是促进农业现代化的重要方面 《全国现代农业“十二五”规划（2011—2015 年）》明确指出“要增强农业科技自主创新能力，强化技术集成配套，着力解决一批影响现代农业发展全局的重大科技问题”。农业工程技术集成上层是面向功能实现的技术流程，下层是面向子功能实现的具体技术，它能有效地将下层先进的、适宜的相关技术进行有机整合，实现上层的具体功能，通过技术集成，能够解决我国农业生产、加工、流通、环境等方面基础设施薄弱、物质装备条件滞后、工程技术水平落后等重大问题。

2. 农业工程技术集成是促进农业增效的有效途径 农业工程技术集成的

根本动因在于集成效应，特别是其经济效应。正是由于集成所带来的巨大经济效益的吸引和诱导，才使得集成思想渗透到工程实践当中。农业工程技术集成过程中通过恰当的分析评价，可以确定某一技术流程下，成本更低、效率更高的最佳技术集合配置，从而带来降低建设成本、提高收益等经济效果。另外，农业工程技术集成过程中各项要素聚集在一起时高度集中，使各部门之间掌握相互间的动态信息变化，熟悉相互间的性质要点，并充分发挥各部门间协商合作精神，保证各集成要素的协调匹配，发挥出最佳的整体功效，因此农业工程技术集成有利于各要素之间在技术、资金、人才、设施装备等方面的资源共享，获得外部规模经济，促进农业工程成本的降低和收益的增加。

3. 农业工程技术集成是促进农业技术进步的重要手段　农业工程技术集成有助于更好地了解技术更新态势，提高创新水平。随着科技的迅速发展，各种新技术、新方法层出不穷，技术和方法更新换代的周期也日渐缩短。工程技术集成将所有相关要素都整合起来，可以迅速掌握新技术、新方法的更替，能够以更快的速度应付变化、快速适应工程主体、工程流通工艺的需求。因此采用正确的技术集成方法，对农业工程进行技术集成，能对需求的变化做出快速反应，及时对技术进行更替和有效整合，加速技术创新的频率，提高技术创新的成功率，从而促进新技术、新工艺不断涌现。

4. 农业工程技术集成是培养农业工程综合性人才的有效途径　农业工程技术集成是一个系统的复杂过程，涉及农业行业的多个领域，任何一个环节的失误均会影响农业工程技术集成创新的效果和速度，高效的集成团队是技术集成有效实现的重要保障。“T”型人才是高效集成团队的主要力量，所谓“T”型人才，是指既有深厚的专业技术，又具备其他多个方面的宽广的知识基础的人才，Iansiti（1998）认为一个成功的技术集成项目的“T”型人才必须达到50%以上。农业工程技术集成将不同部门甚至不同组织的专家的知识和技能进行集成，优秀的集成团队的成员具有复合知识基础，不仅精通某一农业工程技术领域知识，还熟悉该技术领域与其他农业工程技术领域的联系以及该技术领域和农业工程内部系统、外部价值网络的联系。通过农业工程技术集成的开展，组建形成大量高效的农业工程技术集成团队，有利于培养数量众多的、熟悉多个农业工程技术领域的综合性人才。

三、研究现状与存在的问题

（一）农业工程技术集成研究的现状

国外学者对技术融合、技术集成和系统集成等现象和概念进行了考察，亦从技术集成的重要性、有效实施和模式等角度进行了广泛研究，对我国农业工程技术集成研究的理论提升有很强的借鉴意义。我国对技术创新、技术集成的研究首先从介绍西方研究成果开始，随着研究的不断扩展和深入，很快就从单纯的译介西方技术创新理论和研究方法转向对我国工程技术集成创新活动的实证研究（朱建忠，2009）。

技术集成可以被认为是为实现某种功能，某一技术流程下一系列技术的有机集合。通过恰当的分析评价，可以确定某一技术流程下，成本更低、效率更高的最佳技术集合配置，这个评价过程就是技术评价。在技术集成实证研究过程中发现，技术集成评价是综合评价，是多因素决策过程中所遇到的一个带有普遍意义的问题。从某种意义上讲，没有评价就没有决策，综合评价是科学决策的前提，是科学决策中的一项基础性工作。也就是说技术评价是完成技术集成的必要手段，技术集成必须通过技术评价才能实现。

目前我国对工程技术集成的研究还不够系统、不够深入，主要还集中在具体农业工程技术评价上，如在农田基础设施、病虫害防控、栽培种植、农业机械化、农业废弃物资源化处理等领域均有技术集成（技术评价）的应用研究。下面就技术集成（技术评价）在农田基础设施、农业机械化、农业废弃物资源化处置三个领域的应用情况进行简述。

1. 农田基础设施评价 目前，与农田基础设施技术集成（技术评价）相关实证研究主要在农业现代化评价、农用地评价、农田水利设施评价几个方面。

国内学者采用不同方法、不同指标对农业现代化水平进行了评价。其中，衣爱东（2007）选取了农业装备与水利化水平作为评价指标，包括单位耕地农机总动力、单位耕地用电量、有效灌溉率等因子。曾利彬（2008）采用层次分析法，选取农业生产技术及教育作为评价指标，包括单位面积农机动力率、有效灌溉率等因子。蒋和平等人（2005）采用多级指标综合指数分析方法，选取农业投入作为评价指标，包括农机总动力、有效灌溉率等因子。根据农用地分等规程，农用地分等因素涉及排水条件、灌溉保证率、灌溉水源等（2003）；根据基本农田建设设计规范，基本农田建设时应考虑田间排灌、机耕道路等设施。丁春梅等（2006）对农田水利的现代化水平做了评价，主要选取的因素包括有效灌溉面积率、节水灌溉面积率、水环境等。欧建峰（2010）利用层次分析法确定了农村水利现代化评价模型各个层次的指标权重，主要选取的因素包括灌溉保证率、灌溉水利用系数、节水工程推广率等。

2. 农业机械化评价 农业机械化评价研究主要集中在评价指标体系和综合评价方法两方面，前者关注于解决某类个性问题，而后者是针对评价中的共性问题。国外发达国家由于具有成熟的市场经济体系，在农业机械化评价问题上的研究较少。

国内在农业机械化发展水平、经济效果、农机装备选型等方面研究较多，并有一定的成果。朱甸余（1989）研究得出农业机械化经济效果评价的原则与方法应注意把握采用农业机械的经济临界值，确定农机系统配备最佳模型，调整农机营运的盈亏平衡点，注意农机运营效果与农业生产效果的统一，考虑农机置换农业劳动力的经济效果和社会效果。李兴国等人（2006）从系统论的观点出发，指出了我国当前在农业机械化发展思路的研究方法上存在的问题，建立了包括农业机械化的技术性、社会性、资源性、政策性四个层面的我国农业机械化发展水平评价指标体系。严省益等人（2005）通过对农业机械化装备结构影响因素的分析，从农业产品产业结构、农业投入产出水平、农业农艺农作条件、农业生产组织形式和农业技术人才资源五个方面建立评价指标体系，提出农业机械化装备结构多目标优化的模糊综合评判模型。舒彩霞（2001）以作物各单项作业机械化程度为基础，综合考虑农业机械化作业对地区的经济贡献，提出了一种综合考察地区农机化作业程度的评价方法，不仅反映一个地区农机化作业的数量，也能体现一个地区农机化作业的质量水平。Iansiti（1999）利用模糊理论，对与机械化家庭农场适度规模经营的有关因素——劳力纯收入、公顷投入资金、机械化综合水平、公顷纯收入、公顷粮食产量、公顷用肥量及用工进行模糊综合评判，找出目前农村家庭农场最佳土地适度规模经营的范围。骆健民（2006）以提高农业机械化管理决策水平为研究目标，在分析浙江省农业机械化发展现状的基础上，利用现代管理科学、数据挖掘技术、系统工程、计算机技术等多学科的理论和方法，来解决农业机械化管理决策过程中遇到的有关问题。

3. 农业废弃物资源化处置评价　我国农业废弃物资源化利用处置技术评价主要集中在“燃料化”利用方面，并且逐渐从单一的经济评价转向综合效益评价。20 世纪 80 年代至 90 年代初期，学者们将沼气池、省柴炉灶等项目统称为农村能源项目，对沼气的评价研究集中在经济效益方面。王革华（1993）用最小成本分析、单位产出成本和成本效益三种方法分析了农村能源项目经济评价。卞有生（1999）从投入产出的角度出发对留民营村农业生态工程进行了能量流的分析与计算，对农场的能量流结构合理程度进行了评价。20 世纪 90 年代后期，随着国家对生态环境问题的日益重视，学者们在对农村能源项目进行经济评价的基础上，逐步加入了环境、社会效益等外部效益评价指标，初步形成了农村能源系统的综合评价框架。还有学者建立了农村可再生能源建设项目环境影响评价指标体系，提出了主要评价指标的计算方法和评价标准，利用多层次加权法对农村可再生能源项目进行了综合评价。施德铭等人（1997）综合考虑了经济、能源和生态效益，构建了农村能源系统综合评价指标体系。田芯（2008）采用定性和定量评价相结合方法，对我国大中型沼气工程构建了经济、社会和环境效益综合评价指标体系，并以留民营村、后安定村、后庙村和西龙湾村沼气工程做了实例验证。

国外学者对燃料化利用的评价研究主要围绕在技术运行、经济效益评价、环境效益评价和以农村家庭能源消费习惯和消费心理影响为主的社会效益评价方面。技术运行方面，有科学家利用工厂、设备供应商以及文献信息，对四种不同沼气技术进行了安全性能和经济性能分析。在经济效益评价方面，国外学者通常以构建模型的方式进行分析。有学者构建了成本函数模型，通过计算初期投入成本与日产气量的关系，对印度庭院小沼气进行成本效益分析。国外学者在研究生物质能源工程的环境、社会影响评价时，通常将其与经济效益评价相结合，通过建立综合评价指标体系的方式进行研究。Rasul（2004）通过总结前人对生态农业研究成果，构建了生态农业评价指标体系，对孟加拉的生态农业系统进行了环境、经济和社会三个方面的综合评估。还有专家采用生命周期法，从能源效益、环境效益和经济效益三个方面对农村废弃物资源化利用系统进行评估。

（二）我国农业工程技术集成存在的问题

随着科技和经济的发展，工程创新体系正在逐渐形成。我国农业工程建设的技术水平在逐步提高，部分农业工程领域的技术水平和国际水平的差距正在不断缩小。目前我国已是农业工程大国，几乎拥有世界最多的农业工程量，一些重要的农业基础设施建设工程，像温室大棚建设、标准化农田建设、批发市场升级改造、循环农业设施建设等都受到各级政府的高度重视。

但我国还不是农业工程强国，例如从农业工程量中并没有产生出最大的价值或财富，工程效益与工程的数量之间极不相称，在很多农业工程建设过程中，资源和劳动上的付出和收益之间极不相称（肖峰，2006）。我国在农业工程建设上大而不强，原因有很多，主要体现在创新水平、技术水平、质量水平、人文水平、经济效益水平等方面。有学者提出，在我国建设创新型国家的进程中，一个最关键的衡量指标就是工程集成创新取得了什么样的成就和进展（殷瑞钰，2006）。也就是说对我国农业工程现状的衡量，很大程度上就是对我国农业工程中技术集成的现状进行衡量。目前，我国农业工程技术集成存在的主要问题有：

1. 农业工程技术集成理论和方法的研究不够深入　农业工程技术集成还

只局限于针对具体案例的分析，没有形成系统化的理论和方法。目前没有研究指出如何开展农业工程技术集成工作，农业工程技术集成的一般思路和流程是什么，不同农业领域其工程技术集成的关键环节有哪些，等等。研究的缺失，导致以往农业工程技术集成方法的研究缺乏系统性，不利于实际应用。已有的关于农田基础设施、农业机械化等方面的农业工程技术集成案例，因特异性强，可推广的范围也极为有限。系统化农业工程技术集成理论、方法的缺失和已有农业工程技术集成具体案例的个体差异性，导致我国农业工程各领域的技术集成工作难以开展。作为技术集成的主要方法，系统综合评价方法已在农业机械评价与选型中得到较广泛的应用，并初现成效。然而，与数量分析在其他领域的应用范围和水平相比，系统综合评价方法在农田基础设施、农业机械化等农业工程领域的应用还处于较低层次，仍然存在着研究方法单一、定性与定量研究未有效结合、针对性研究少、未及时追踪新的数量分析理论和方法等问题。对于农业工程的综合效益评价和效率评价尚无深入研究。

2. 我国农业工程技术整体素质不高，发展不平衡　作为农业工程中最重要的因素，技术的应用水平直接影响到农业工程建设水平。虽然我国农业工程技术的创新力量在加强，农业工程建设领域技术进步工作取得了很大的成就，但是也应该看到，农业工程创新工作的力度、科技的投入和工作的成效，在地区之间、部门之间、行业之间仍有很大的差别，发展极不平衡。从目前的状况来看，我国农业工程技术整体素质不高，发展不平衡，一是市场竞争不够规范，缺乏有效的技术进步与创新的激励机制。主体之间的恶性竞争导致了技术先进的主体反而难以开展农业工程建设，也导致了先进的技术进不了技术集成体系，阻碍了技术进步和集成创新。二是农业工程技术开发和推广应用的机制还不完善，特别是国家级的农业工程、示范工程还没有充分发挥榜样作用。三是农业工程技术集成主体以乡镇政府、农村专业合作组织和大户居多，这些主体规模相对较小、科技开发能力也相对较弱、技术研究资金和研发人员相对不足，没有自己的专利技术和核心技术，使农业工程项目在主要技术领域难以达到国际先进水平。四是技术内化水平较低，集成主体在某些农业工程的技术集成过程中引进了先进的技术和装备，却没有消化、吸收变成自己的技术，结果只能一而再、再而三地不断引进或重复引进（张杨，2007）。

3. 组织机构和项目管理体系还不适应农业工程技术集成管理的要求　我国大多数开展农业工程项目管理的主体还没有建立与农业工程项目管理相对应的组织机构和工程管理体系，在服务功能、组织结构等方面不能满足农业工程技术集成管理的要求。农业工程管理的组织结构及岗位职责、程序文件、作业指导文件和工作手册等方面都不够健全，农业工程项目管理方法和手段比较落后，管理水平较低，农业工程项目管理效率不高、成效不显著，还不能满足农业工程技术集成管理规范化、科学化、标准化的运作要求。虽然集成已经引起高度的关注，但很少有企业成立一个专门从事集成的部门，没有把那些具有集成意识和能力、具有丰富知识和集成经验的人充分利用起来。传统的农业工程管理大多是遵循着一条平滑、熟悉的轨道进行，这种模式的一个主要弊端就是对工程没有整体观念，所以在选择技术时经常做出错误的决定。而且，在选择一种技术之前，没有很好地考虑该技术对整个农业工程流程将会产生的实际影响。若把许多全局性问题作域解释和域处理，就会使工程技术集成系统失去完整性和有序性，并最终导致失败（张杨，2007）。

4. 农业工程技术集成人才匮乏 当代农业工程技术集成系统的显著特点是多种学科和多种技术相互交织、高度综合，系统更加复杂、精密与变化多端，给进行跨学科的技术和人才集成带来了困难。人才缺乏一直是影响我国开展农业工程技术集成的主要问题之一，也是我国农业工程技术集成水平与国际水平存在较大差距的重要因素（李伯聪，2006）。这一问题首先体现在缺乏能准确把握市场需求定位的技术集成决策人才。其二是缺乏高素质的工程管理人才。其三是缺乏高素质的综合性技术人才。以我国农业工程的整体素质为例，多属劳动密集型工程，而非技术密集型工程，大量的农业工程技术含量低。其四是农业工程人才之间缺乏协同匹配。单一的人才不能发挥作用，必须将各农业工程涉及领域的人才集成到一起，相互配合、相互渗透，才能真正发挥作用。在农业工程技术集成的过程中，没有把建设优秀的工程创新群体或优秀的工程团队的问题放在重要的位置，这无疑是导致我国工程技术集成出现众多问题的重要原因。

总之，在由传统农业向现代农业转变的过程中，为现代农业产业基础设施和装备条件建设等服务的农业工程技术研究十分重要；并且相对于农业生物技术研究的较雄厚基础和较强实力而言，农业工程技术研究严重滞后、推广应用十分薄弱，远不能适应现代农业建设的迫切需要，亟待加强。

第二节　农业工程技术集成的理论与方法

一、目标与原则

（一）目标

农业工程是一个复杂的工程系统，农业工程技术集成的目标就是将工程系统中的各要素有机整合，解决制约我国现代农业建设进程的农业基础设施薄弱、物质装备条件落后、产地加工手段缺乏、市场体系建设滞后、生态环境恶化和公共服务能力不强等问题；同时通过技术集成，有效发挥正面的技术效用，提高农业工程调查、评价、规划设计、施工和后期管护等各个环节的效率，产生较高的综合效益，促进农业产业的可持续发展。

（二）原则

1. 可持续原则 技术集成必须实现经济、社会和环境三大效益的协调和统一，在技术集成过程中体现经济条件适宜、资源合理利用和生态环境有益的可持续发展观点。

2. 层次性原则 集成技术由许多子系统和层次组成，不同层次之间的结构单元具有不同的功能。在技术集成时，理顺子系统的层次关系以及相互之间的信息传递；确定层次之间的结构，分析各组分在时间和空间上的位置、环境结构和经济结构的配置状况；分析层次之间衔接的途径和规律。

3. 因地制宜原则 不同地区的地理位置、气候条件类型多样，自然条件和生态环境迥异，社会经济基础和政策产业背景也存在差异，在技术集成方案选择上应有所侧重；构建的农业工程技术集成方案应能够适应当地自然、社会、经济条件的变化，满足多种方案设计条件，并具有一定的自我调控功能，可以充分利用当地政策、条件、环境，发挥最大价值，并与实际情况紧密结合。

4. 科技先导原则 在技术集成过程中充分利用分析、评价、模拟、规划、决策的手段和技术，将更多的现代农业工程技术进行集成，实现整体功能发挥，提高农业产业效率。

5. 市场协调原则 在技术集成过程中，应充分考虑技术与需求相结合，以市场需求原则促进农业技术发展，挖掘潜在的市场前景以及所产生的经济效益，使技术、质量和市场需求协调统一。

二、思路与方法

（一）思路

集成关系是动态的，集成单元独立性相对较高；集成关系不是固定不变的，集成方案也不是唯一的，随着内部条件和外部环境的变化而改变。

农业工程技术集成是一个输入——转化——输出的系统过程，其中输入的是农业工程技术和装备设施，输出的是优选的农业工程技术集成方案，将装备设施（或技术）集成匹配形成技术集成系统（或模块）的过程就是中间的转化过程，即技术集成。

农业工程技术集成的一般思路是确定目标、构建方案、评价方案和优选方案（图3-1），此方法既可用于已有多种技术集成方案的比对，也可用于全新技术方法的提出和优选。

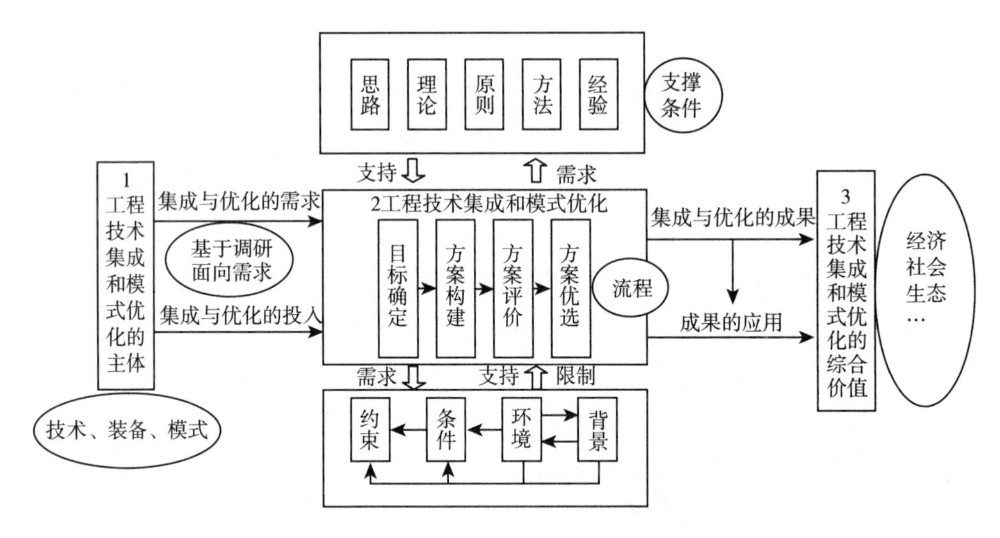

图3-1　农业工程技术集成研究思路

1. 明确需求与目标　即重点对农业工程建设主体的需求和价值目标进行分析，并将需求和目标不断指标化、标准化，为技术的选择、集成和优化提出目标和动力。

2. 构建集成方案　即根据目标和需求，结合技术工艺特点和主体组织水平，匹配优选合适的技术集成路径，为各个模块集成配套相应的技术集成系统和关键集成技术，根据技术集成系统和关键集成技术，再组装配套形成可以运行的装备设施系统。

3. 技术集成方案评价　根据农业工程自身的特点，建立与之相适应的工程技术集成评价指标体系，采用不同的评价方法，将不同的评价对象（农业工程技术集成方案）放入各自的评价指标体系中进行比较，或者直接将不同的评价对象（农业工程技术集成方案）分类进行相互比较，对构建的技术集成方案进行评价。

4. 技术方案优选　根据评价的结果以及具体环境、背景下的支持条件和约束条件，如组织管理和产业发展协调匹配度以及节本增效、节能减排等情况进行方案的选择。

（二）方法

根据农业工程技术集成的思路框架，农业工程技术集成过程中涉及技术集成方案构建方法、系统评价方法、指标体系建立方法、指标权重确定方法和指标测度值确定方法。

1. 集成方案构建模式　农业工程技术集成方案构建方法有两种，一是列举法、二是创新法。

（1）列举法。根据农业工程技术集成的实际需求，结合已有的调研成果，列举所有现有的符合要求的技术集成方案，用于工程技术集成评价和优化。

（2）创新法。

①农业工程技术剖析。对农业工程技术进行梳理和剖析，分析环节组成或功能模块，对所用技术按环节组成或功能模块进行详细分类（一般分到不可再分为止），以某种鲜活农产品的流通大类技术 X 为例（图 3－2），如果该技术仅由中类技术 A 组成，而中类技术 A 由小类技术 Aa（由子类技术 Aa1、Aa2……Aan 组成）、Ab（由子类技术 Ab1、Ab2……Abn 组成）和 An（由子类技术 An1、An2……Ann 组成），则大类技术 X 由子类技术 Aa1，Aa2…Aan、Ab1、Ab2……Abn、An1、An2……Ann 组成。

②农业工程技术集成方案备选集的建立。确定农业工程集成所需要的技术后，对这些技术对应的设施装备方案进行梳理，如图 3－2 中虚线框内的设施装备就是某种鲜活农产品流通能用到的所有设施装备。将这些设施装备进行排列组合，就可以得到某种鲜活农产品流通工程技术集成方案的备选集。

③农业工程技术集成方案可行集的建立。确定备选集以后，对备选集的所有工程技术集成方案进行分析，构建工程技术集成方案可行集。首先，排列组合的对象是工程集成所需技术对应的所有设施装备，组合时必然会有设施间相互不匹配的方案出现，要去除这些明显不合理的组合方式。其次，技术对应的设施装备多种多样，农产品的类型非常多，并不是所有设施装备对所有农产品都适应，因此要根据各种农产品的特点、使用环境要求，去除备选方案中不适合的组合。通过对备选集中工程技术集成方案的分析和筛选，得到技术集成方案可行集。

④农业工程技术集成方案优化集。选择多位专家，并按“子类技术评价指标体系”要求，逐一对子类集成技术的设施装备方案的不同指标进行打分，所得分值再与指标权重结合，计算加权算术平均值，得到所有子类技术对应设施装备的最终分值，根据评价标准筛选得到各类设施装备的优、中、差三个等级。可行集内所有方案根据其所包含的子类技术对应设施装备的得分和各技术

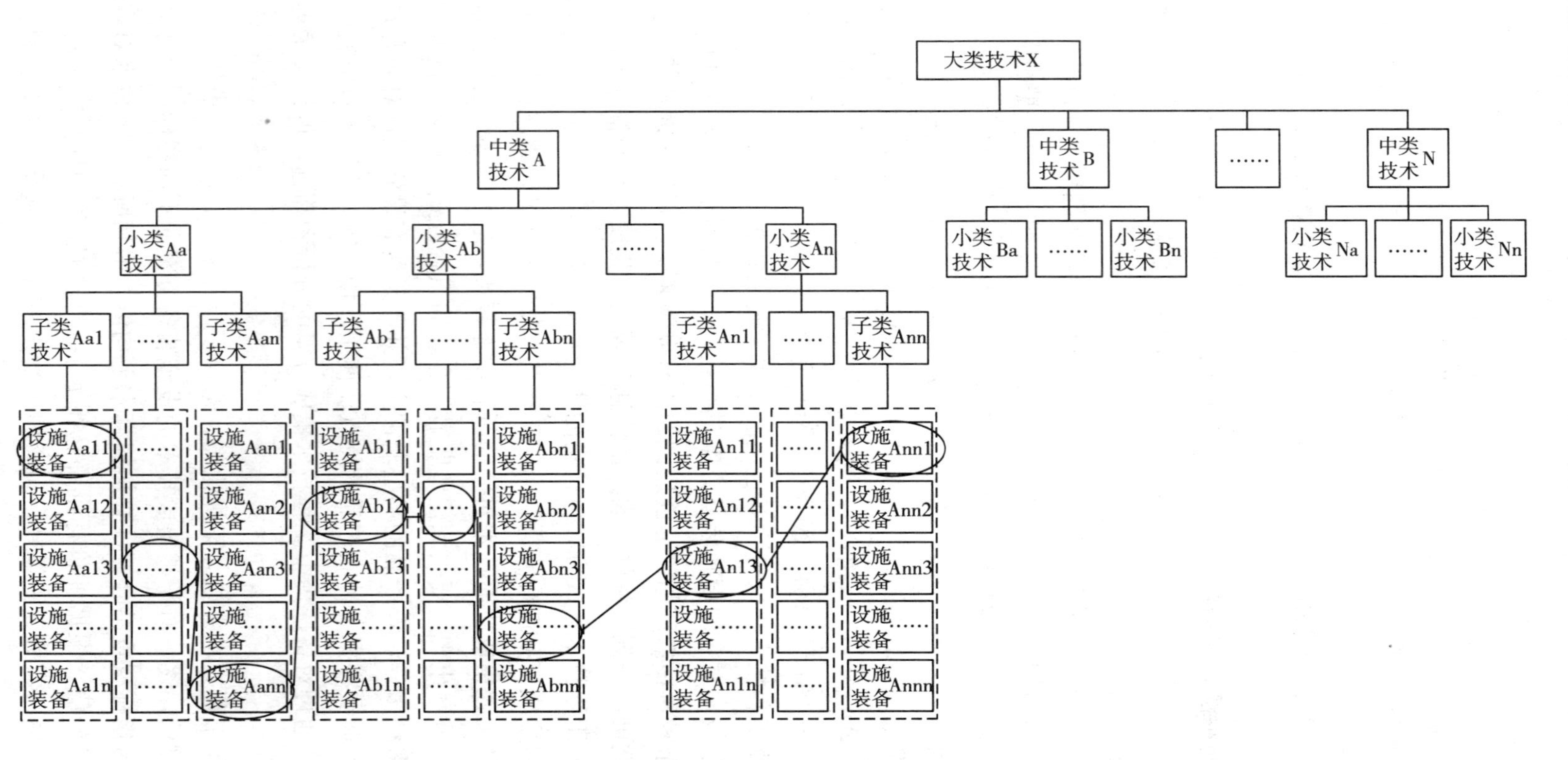

图3－2 基于环节的鲜活农产品流通设施与装备技术集成流程图

在指标体系中的权重计算得到最终分值，该值是农产品流通工程技术集成的最终得分，同样根据相应的评价标准，可最终筛选得到优、中、差三个等级的流通工程技术集成方案。以图 3-2 中圆形选框所选方案为例，K 表示技术集成方案最终得分，U 表示各子类技术相对于环节 X 的权重，k 表示子类技术的设施装备得分，则

$$K=k_{Aa11}\times U_{Aa1}+k_{Aa23}\times U_{Aa2}+k_{Aann}\times U_{Aan}+k_{Ab12}\times U_{Ab1}+k_{Ab22}\times U_{Ab2}+k_{Abn4}\times U_{Abn}+k_{An13}\times U_{An1}+k_{Ann1}\times U_{Ann} \tag{3-1}$$

根据不同环节技术集成方案评价标准，可知图 3-2 中圆形选框所选方案属于优、中、差哪个等级。以此类推，得到某种鲜活农产品的流通大类技术 X 的所有优、中、差三个等级的集成方案。

2. 技术集成评价方法　系统是由两个以上的要素（部分、环节）组成的体系，系统要素之间存在一定的有机联系，从而在系统的内部和外部形成了一定的结构和秩序。集成论的哲学基础是系统论，是人们将若干集成单元有意识地聚集在一起，形成一种具有特定功能的集合，是一个复杂、多变、动态的系统。因此，技术集成过程中必须进行评价，从对技术集成方案是否满足系统目标程度进行综合分析和判定。

下面对主要的系统评价方法进行介绍。

（1）德尔菲法。德尔菲法（Delphi），是以古希腊城市德尔菲命名的规定程序专家调查法。是为了克服一般的专家讨论中存在的屈从于权威或盲目服从多数的缺陷。它是一种背对背的征询专家意见的调研方法，采用匿名发表意见的方式，针对特定问题采用多轮专家调查，专家之间不得互相讨论，不发生横向联系，只能与调查人员发生关系，通过多轮次调查专家对问卷所提问题的看法，经过反复征询、反馈、修改和归纳，最后汇总成专家基本一致的看法，作为专家调查的结果。德尔菲法可以有效地消除成员间的相互影响，可以充分发挥专家们的智慧、知识和经验，最后能得出一个较好反映群体意志的判断结果（田军等，2004）。

①德尔菲法的特点。

a. 匿名性。在德尔菲法的实施过程中，专家们彼此互不知道其他有哪些人参加预测，他们在完全匿名的情况下交流思想，即所谓的“背靠背”方式。这样既不会受权威意见影响，也不会使应答者在改变自己意见时顾虑是否会影响自己的威信，各种不同论点都可以充分发表。

b. 反馈性。专家从反馈回来的问题调查表上了解到其他专家的判断意见，以及专家们对特定观点同意或反对的理由，在参考他人看法后各自做出新的判断。这样反复多轮之后，专家们考虑问题的角度就会比较全面，判断值趋于收

敛，意见逐渐一致。

c. 统计性。在技术预测的应用中，德尔菲法采用统计方法对专家意见进行处理，其结果往往以概率的形式出现。在科研评价应用中，也常常需要请专家对某些指标进行定量评分，并统计计算专家打分数值的中位数和上下四分位数，以反映专家意见的集中和离散程度（陈敬全，2004）。

②德尔菲法的实施步骤。德尔菲法是集中专家意见和智慧的一种方法，所以实施德尔菲法首先要确定专家组人选。按照农业工程涉及的知识领域选择、确定专家。专家人数的多少，可根据内容涉及面的大小而定，一般不超过 20 人。在确定专家组后，一般要进行四轮专家调查咨询。

逐轮收集意见并为专家反馈信息是德尔菲法的主要环节。在向专家进行反馈的时候，只给出各种意见，但并不说明发表各种意见的专家的具体姓名。这一过程重复进行，直到每一个专家不再改变自己的意见为止。一般来说，经过四轮调查后，专家意见会趋向收敛。并不是所有调查都要经过四轮。可能有的调查在第二轮就达到统一，这样第三、第四轮就没有必要进行了。如果在第四轮结束后，专家意见仍然没有达成一致，也可以用中位数和上下四分点来做结论。

（2）技术经济分析法。技术经济分析是研究一定社会条件下技术与经济之间相互关系的学科，它通过技术比较、经济分析和效果评价寻求技术与经济的最佳结合，确定技术先进、经济合理的最优经济界限，使技术的应用取得最大的经济效果。采用该方法时，在所有技术方案的分析论证中，必须考虑技术和经济两方面的因素及其相互影响，既要从技术的角度考虑经济问题，又要从经济的角度考虑技术问题，且侧重点在后者。技术经济分析的实质是应用目前情况的信息和对将来情况的预测，用经济观点的要求作为衡量尺度，使技术与经济最佳组合，提高技术的经济效果，以做出正确的决策（宋文，2002）。

①技术经济分析法的特点。

a. 综合性。技术经济分析的综合性体现在两个方面，一是学科综合，技术经济分析是自然科学与社会科学、技术科学与经济科学相结合的交叉边缘学科，其理论与方法是在综合多种学科的基本理论和方法的基础上形成的。二是因素综合，在进行技术经济分析时，必须进行全面的综合分析与论证。既要考虑技术上的先进性、可行性，又要考虑经济上的合理性、可行性。技术方案的评价指标，一般都是多目标的，有技术方面的目标，也有经济方面的目标和综合两者的目标。对技术方案的论证既要考虑自身因素，又要考虑相关因素；既要进行宏观分析，又要进行微观分析；既要进行动态分析，又要进行静态分析；既要进行定性分析，又要进行定量分析。

b. 系统性。无论是技术问题还是经济问题都不是互相孤立的。一个农业工程的技术集成方案就是一个系统，它包括若干子系统。任何一项技术的应用，都离不开环境，都要受到社会、政治、经济、文化、教育等客观社会条件和自然条件的制约。因此，要分析、论证一项技术的经济效果，必须用系统的观点，把它放在社会、政治与经济大系统中进行研究。系统的观点和系统分析的方法是技术经济分析中最为重要的观点和方法。

c. 预见性。技术经济分析研究的经济效果并非是现在已有的，而是预见今后可能带来的效果。技术经济分析与预测学科的结合，产生技术经济预测。技术经济预测是利用预测的理论与方法，对未来技术与经济发展的相互影响做出科学的估计与分析。技术经济预测与单纯的技术预测不同，它是根据技术发展的可能前景和经济现状与前景，预测未来的技术发展前景。

d. 选优性。技术经济分析、论证的目的是为了从几个供选择的技术方案中，比较选出最优的方案，即技术上可行、经济上最为合理的方案。

e. 实用性。技术经济分析是应用性很强、讲求实用的分析方法。分析、论证每一个技术经济问题，都要从实际出发，密切结合当地当时的社会政治、经济条件、自然资源、能源条件等。它的研究课题、分析资料和研究数据都来自生产实践，其研究成果又直接应用于生产实践，通过生产实践得到实现和检验。

②技术经济分析法的实施步骤。为了评价和比较不同技术方案的技术经济效果，首先应当确定进行评价和比较的依据和标准。也就是说，应先确定一系列的或者一套技术经济指标，用以衡量和表示技术经济效果。这一系列的技术经济指标，统称为技术经济指标体系。当对某技术方案进行技术经济效果的评价时，如只用个别指标对其衡量和评价，只能反映某个方面的经济效果，不能客观地全面地对其进行衡量和评价，往往导致错误的结论。只有用一套互相联系的具有综合性全面性的指标体系，从不同角度、不同方面对其进行技术经济效果全面衡量和评价时，方能得出客观的切合实际的正确结论。按技术经济指标性质不同可分为经济指标和技术指标，价值指标和实物指标，综合指标和个体指标，静态指标和动态指标。指标明确后，结合实际农业工程的具体情况，科学、全面、深入、细致地对所有可能运用的技术集成方案进行评估。

（3）多属性和多目标决策方法。多属性决策主要解决具有多个属性（指标）的有限决策方案的排序问题。多属性决策问题广泛存在于社会、经济、管理等各个领域中，如投资决策、项目评估、质量评估、方案选优、工厂选址、科研成果评价、人才考核、产业部门发展排序、经济效益综合评价等。在多属性决策问题中，由于属性有定性和定量之分，决策方案在各属性下的取值有三种情况：全部为定量值，全部为定性描述，既有定量值又有定性描述。与这三种情况对应的多属性决策问题分别称为定量型、定性型和混合型多属性决策问题。

在对决策矩阵进行规范化处理和确定属性的权重的基础上，就可以对多属性决策问题的决策方案进行综合排序了。目前对决策方案进行排序的方法很多，常用的有：简单加性加权法和层次加性加权法、理想点法（包括逼近于理想解的排序方法，即所谓双基点法）、多维偏好分析的线性规划技术等。

①多目标决策的特点。

a. 目标间的不可公度性。目标间的不可公度性是指各个目标没有统一的度量标准，因而难于进行比较，对多目标决策问题中行动方案的评价只能根据多个目标所产生的综合效用来进行。

b. 目标间的矛盾性。目标间的矛盾性是指如果采用一种方案去改进某一目标的值，可能会使另一目标的值变坏。

多目标之间相互依赖、相互矛盾的关系反映了所研究问题的内部联系和本质，也增加了多目标决策问题求解的难度和复杂性。

②多属性决策法的实施步骤。多属性决策问题的求解过程，一般都涉及三个方面的内容，即决策矩阵的规范化、各属性权重的确定和方案的综合排序（图 3-3）。

设多属性决策问题的方案集为 $A=\{A_1, A_2, \cdots, A_m\}$，属性集为 $F=\{f_1, f_2, \cdots, f_n\}$，则定量型多属性决策问题可用以下决策矩阵表示：$X=(x_{ij})_{m\times n}$，其中 x_{ij} 为第 i 个方案在第 j 个属性下的取值（属性值）。

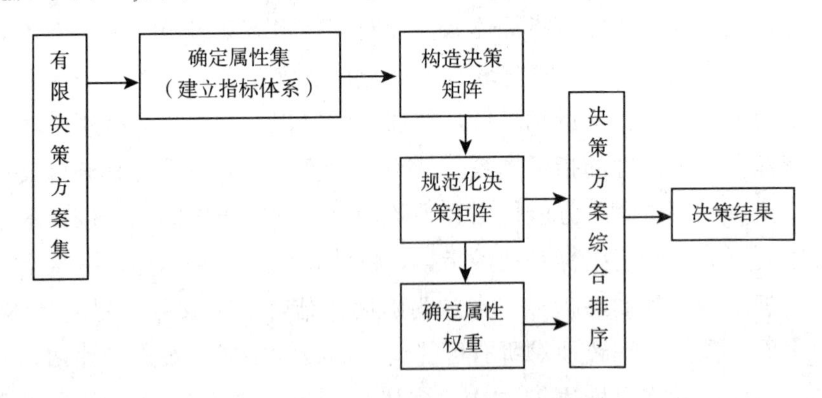

图 3-3　多属性决策法的一般步骤

（宋光兴，2001）

多目标决策是指在多个目标间互相矛盾、相互竞争的情况下所进行的决策。决策者面对的系统具有层次性、联系性和多维性等复杂性质，单目标决策很难满足个人和群体决策的要求。在现代农业生产、加工、流通、生产环境发展和各种有限资源合理分配等复杂问题中，考虑多目标决策具有其自身的优越性：一是采用多目标决策方法其结果更合理，更逼真，易被人们所接受；二是有利于减少决策失误，促进决策的科学化和民主化；三是能适应问题的各种决策要求和扩大决策范围，有利于决策者选出最佳均衡方案。

（4）数据包络分析法。1978 年 Chames 等人提出第一个 C^2R 模型，以此为开端发展出的以相对效率概念为基础的系统分析方法就是数据包络分析法（Data envelopment analysis，DEA），该方法是在运用和发展运筹学理论与实践的基础上逐渐形成的，依赖于线性规划技术、用于经济定量分析的非参数方法。它主要采用数学规划方法，以相对效率概念为基础，利用观察到的样本资料数据，把每一个被评价单位作为一个决策单元，再由众多决策单元构成被评价群体。通过对投入、产出比率进行综合分析，以决策单元的各个投入和产出指标的权重为变量进行评价运算，确定有效生产前沿面。并根据各决策单元与有效生产前沿面的距离状况，确定各决策单元是否数据包络分析有效，同时还用投影方法指出决策单元非数据包络分析有效或数据包络分析有效的原因，并提出非有效决策单元或者有效决策单元应改进的方向和程度（段永瑞，2006）。

①数据包络分析法的特点。

a. 客观性强。由于该方法是以投入、产出指标的权重为变量，从最有利于被评价单元的角度进行评价，无需事先确定各指标的权重，避免了评价过程中权重分配时评价者的主观意愿对评价结果的影响。只需要把进行评价的各项数据输入到分析软件中，软件根据数学应用原理就可以输出评价结果，消除了其他方法进行权重分配的主观影响，比其他的方法评价都要客观、真实。

b. 不需考虑指标量纲。由于它在分析时不必计算综合投入量和综合产出量，因此避免了传统方法中由于各指标量纲等方面的不一致而寻求相同度量因素时所带来的诸多困难。在使用其他方法进行评价时，需要做量纲处理，把指标化成统一单位进行比较，而采用数据包络分析法则不需要考虑量纲的问题，根据调查得到的数据，输入分析软件中，能够直接得到分析结果。

c. 计算简便化。当一个多投入、多产出的复杂系统各种变量之间存在着交错复杂的数量关系时，对这些数量关系具体函数形式的估计就显得十分复杂、困难。而使用数据包络分析方法评价时，可以在不给出这种函数现有表达式的前提下，正确测定各种投入、产出量的数量关系。数据包络分析法的主要模型 C^2R 实际上就是一个投入产出比，计算起来非常简便，通过效率评价指数来评价决策单元的优劣情况。

d. 应用广泛、实用性强。这种方法不仅可以用来对生产单位的效率进行评价，而且可以对企业、事业单位、公共服务部门的工作效率进行评价。在应用的深度上，数据包络分析方法也表现出很大的潜力，它既能指出某个决策单元处于非有效状态（无论是规模非有效，还是技术非有效），又能指明非有效的原因，根据原因提出具体的改善方向和程度，因此也特别适合于管理部门使用（王佳，2009）。

②数据包络分析法的实施步骤。数据包络分析法是使用数学规划模型比较决策单元之间的相对效率，对决策单元做出评价。确定决策单元的主要指导思想是：就其“耗费的资源”、“投入的资源”和“生产的产品”、“输出的效率”来说，每个决策单元都可以看作一个相同的实体，即在同一视角下，各决策单元具有相同的输入和输出。通过输入和输出的综合分析，数据包络分析法可以得出每个决策单元综合效率的数量指标。据此可以将被评价的决策单元进行排队，确定有效（即相对效率高）的决策单元，并结合选取的输入和输出指标所代表的因素，分析其相对无效的决策单元的非有效原因和程度，给管理者和决策部门提供相关信息。数据包络分析法还能够判断各决策单元的投入规模是否适当，并给出各决策单元调整投入规模的正确方向和程度。

（5）主成分分析法。主成分分析法（Principal component analysis，PCA）是统计分析法中的一种重要方法，它用数理统计方法找出系统中的主要因素和各因素之间的相互关系，是因素分析法的主要内容之一。主成分分析法是把系统中的多个变量（或指标）转化为较少的几个综合指标的一种统计分析方法，因而可将多变量的高维空间问题化简成低维的综合指标问题。能反映系统信息量最大的综合指标为第一主成分，主成分的个数一般按所需反映全部信息量的百分比来决定，几个主成分之间彼此互不相关（夏绍玮等，1995）。

①主成分分析法的特点。

a. 指标变量之间无影响。通常在原始指标变量之间存在着相互重叠或者相互冲突的信息，在分析问题过程中，要努力消除这些影响。主成分分析法可以消除变量间相关性，原因在于主成分分析法在对原始指标变量进行线性变换后得到的主成分是彼此相互独立的，并且通过大量的实践证明指标变量之间相关程度越高，主成分分析的效果越好。

b. 工作量少。主成分分析法中各主成分是按照方差的大小顺序依次排列的，在分析问题过程中，可以选取前面几个方差累计贡献率较大的主成分来代表原始变量，舍弃后面方差贡献率较小的主成分，这就减少了分析问题时要研究的变量个数，大大减少了工作量。

c. 客观性。可以根据各主成分的方差确定各主成分在综合评价函数中的权重，避免人工传统方法评判决策时的人为主观因素和权重确定的随意性，使分析结果能够最大程度的反映客观事实。

d. 准确性。主成分值是原始变量的线性组合，如果最后的主成分个数等于原始变量的个数，则说明通过主成分分析，没有舍弃任何变量，百分之百地保留了原有信息，这样就可以得到精确的结果；如果主成分个数小于原始变量个数，说明最后舍弃了若干主成分，但是也可以保证将大部分数据信息体现在综合评价指标函数中，这样得到的结论也更符合实际情况，决策评价结果也更加真实可靠。

e. 高效性。主成分分析法对原始指标变量的数据进行标准化处理，使各个指标变量之间具有可比性。并且利用主成分分析法进行决策分析时，运算步骤和决策流程比较规范，可以根据实际需要确定计算步骤，从而提高了评价结果的计算速度（张鹏，2004）。

②主成分分析法的实施步骤。主成分分析法的基本流程如图 3－4 所示。目前应用于系统评价、故障诊断、质量管理和发展对策等许多方面。

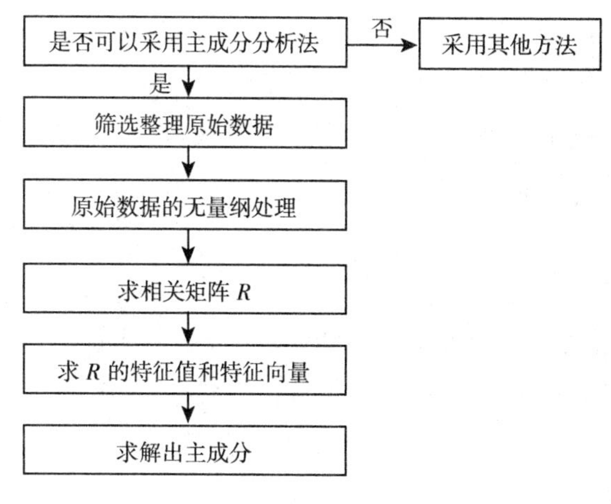

图 3－4　主成分分析法的基本流程

（张鹏，2004）

（6）层次分析法。层次分析法（Analytic hierarchy process，AHP）是美国运筹学家在 20 世纪 70 年代提出来的一种简便、灵活的多维准则决策数学方法，它可以实现由定性到定量的转化，把复杂的问题系统化、层次化（Saaty，1980）。

层次分析法是将一个复杂的被评价系统，按其内在逻辑关系，以评价指标为代表构成一个有序的层次结构；再请专家对每一层次的各因素进行较为客观的判断，给出相对重要性的定量表示；进而建立数学模型，计算出每一层次全部因素的相对重要性的权值，并加以排序；最后根据排序结果进行规划决策和选择解决问题的措施（叶珍，2010）。

①层次分析法的特点。

a. 灵活性和实用性。层次分析法可以进行定性和定量两方面的分析。它充分利用人们的经验和决策，采用相对标度对定量与不可定量、有形与无形等因素进行统一测度，能把决策过程中定性和定量因素进行有效结合。此外，层次分析法颠覆了最优化技术只能处理定量问题的传统观念，并被广泛应用于资源分配，方案评比，系统分析和规划问题之中。

b. 简单和易于理解。采用层次分析法进行决策，输入信息主要是决策者的选择与判断，决策过程充分反映决策者对问题的认识；方法步骤简单，决策过程清晰明了，使得以往决策者和决策分析者难以沟通的状况得到改善。在大多数情况下，决策者直接使用层次分析法进行决策，大大增加了决策的有效性。

c. 系统性。决策大体有三种方式：一种是因果推断方式，该方式最为简单，是人们日常生活中判断与选择的思维基础；而当决策问题包含不确定因素时，决策过程实际上就成了一个随机过程，人们根据各种影响决策因素出现的概率，结合因果推断方式进行决策。另一种方式的特点是把问题看作一个系统，在研究系统各组成部分相互关系及系统所处环境的基础上进行决策。系统方式是解决复杂问题的一种有效的决策思维方式，相当多的系统都具有递阶层次关系，而层次分析法恰恰反映了这类系统的决策特点，还可用于研究更为复杂的系统（朱建军，2005）。

②层次分析法的实施步骤。

a. 建立递阶层次结构模型。应用层次分析法分析决策问题时，首先要把问题层次化，构建一个有层次的结构模型。在这个模型下，复杂问题被分解为按属性及关系划分而形成的若干层次元素的组成部分。上一层次的元素作为准则对下一层次有关元素起支配作用。层次一般分为三类，结构如图 3 - 5 所示。

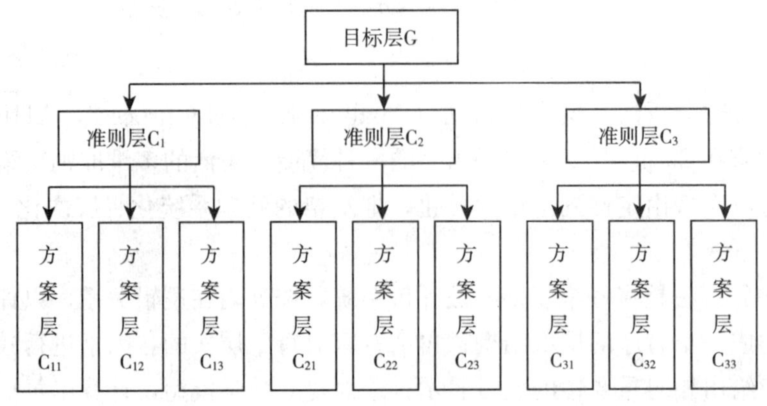

图 3 - 5　层次分析法层次结构图

一是最高层，层次中只有一个元素，也就是目标指数，是分析问题的预定目标，因此也称为目标层。二是中间层，也称为准则层，这一层次中包含了为实现目标所涉及的中间环节，它可以由若干个层次组成，包括所需考虑的准则、子准则。三是最底层，也称为措施层或方案层，这一层次包括为实现目标可供选择的各种措施、决策方案等。问题的复杂程度及需要分析的详尽程度决定了递阶层次结构模型中的层次数。一般层次数不受限制，每一层次中各元素所支配的元素一般不要超过 9 个，这是因为支配的元素过多会给两两比较判断带来困难。

b. 构建判断矩阵。层次结构反映了因素之间的关系，但不同决策者认为准则层中的各准则在目标衡量中所占的比重不一定相同。当影响某因素的因子较多时，直接考虑各因子对该因素有多大程度的影响时，常常会因考虑不周全、顾此失彼而使决策者提供与他实际认为的重要性程度不相一致甚至隐含矛盾的数据。

设现在要比较的 n 个因子 $X=\{x_1, x_2, \cdots, x_n\}$ 对某因素 Z 的影响大小，为提供较为可信的数据，我们可以采取对因子进行两两比较建立成对比较矩阵的办法。即每次取两个因子 x_i 和 x_j，以 a_{ij} 表示 x_i 和 x_j 对 Z 的影响大小之比，全部比较结果用矩阵 $A=(a_{ij})_{m\times n}$ 表示，称 A 为 $Z-X$ 之间的判断矩阵。容易看出，若 x_i 与 x_j 对 Z 的影响为 a_{ij}，则 x_j 与 x_i 对 Z 的影响为 $a_{ji}=\frac{1}{a_{ij}}$。关于如何确定 a_{ij} 的值，引用数字 1～9 及其倒数作为标度，其含义见表 3-1。

表 3-1 判断矩阵中元素的赋值标准

重要性标度	含 义
1	表示两个元素相比，具有同等重要性
3	表示两个元素相比，前者比后者稍重要
5	表示两个元素相比，前者比后者明显重要
7	表示两个元素相比，前者比后者非常重要
9	表示两个元素相比，前者比后者极端重要
2，4，6，8	表示上述判断的中间值
倒数	若元素 i 与元素 j 的重要性之比为 a_{ij}，则元素 j 与元素 i 的重要性之比为 $a_{ji}=1/a_{ij}$

一般做 $\frac{n(n-1)}{2}$ 次两两判断是必要的，可以提供更多的信息，通过各种不同角度的反复比较，得出合理排序，以避免因判断失误导致不合理的

排序。

c. 层次单排序及一致性检验。判断矩阵 A 的最大特征根 λ_{max}，并由 λ_{max} 解特征方程：$AX=\lambda_{max}X$，得到对应 λ_{max} 的特征向量 $X=\{X_1, X_2, \cdots, X_n\}$，最后将特征向量归一化，得到各指标的权重向量：

$$w=\left\{\frac{X_1}{\sum_{i=1}^{n}x_i},\frac{X_2}{\sum_{i=1}^{n}x_i},\cdots,\frac{X_n}{\sum_{i=1}^{n}x_i}\right\}=\{w_1,w_2,\cdots,w_n\}$$

由于评估对象是个复杂的系统，专家们在认识上存在不可避免的多样性和片面性，即使有九级标度也不能保证每个判断矩阵具有完全一致性。表现在实际评估过程中，通过两两比较得到的判断矩阵 A，会出现指标 a 比指标 b 重要，指标 b 比指标 c 重要，而指标 c 又比指标 a 重要的逻辑判断错误。所以在计算权重向量前需对 A 做一致性检验。由 λ_{max} 可估计比较判断的一致性，首先计算一致性指标 CI：

$$CI=\frac{\lambda_{max}-n}{n-1}$$

查找相应的平均随机一致性指标 RI。对 $n=1, 2, \cdots, 9$，给出 RI 的值（表 3 - 2）。

表 3 - 2　矩阵除数 *n* 不同时对应的一致性指标 *RI* 值

阶数	1	2	3	4	5	6	7	8	9
RI 值	0.00	0.00	0.58	0.90	1.12	1.24	1.32	1.41	1.45

计算一致性比例 CR，随着指标个数 n 的增加，判断误差就会增加。因此，判断一致性时应当考虑到 n 的影响，使用随机性一致性比率：

$$CI=\frac{CI}{RI}$$

当 $CR<0.1$ 时，一般认为矩阵满足一致性条件，否则就需要调整判断矩阵，使之满足一致性。

d. 层次总排序及一致性检验。由以上几步得到的是一组元素对其上一层中某元素的权重向量。最终要得到各元素尤其是最底层中各方案对于目标的排序权重，从而进行方案选择。总排序权重要自上而下地将单准则下的权重进行合成（何克瑾，2008）。

（7）模糊综合评价法。模糊综合评价法（Fuzzy comprehensive evaluation，FCE）的基础是模糊数学，就是把待考察的模糊对象以及反映模糊对象的模糊概念作为一定的模糊集合，建立适当的隶属函数，并通过模糊集合论的有关运算和变换，对模糊对象进行定量分析（严广乐等，2008）。

模糊综合评价的基本原理是，确定被评价对象的因素（指标）集 $U=(u_1, u_2, \cdots, u_m)$ 和评价集 $V=(v_1, v_2, \cdots, v_m)$。其中 u 为各单项指标，v 为对 u 的评价等级层次，一般可按照“优、良、中、合格、差”分五档评分，再分别确定各个因素的权重 W 及它们的隶属度向量，经过模糊变换，得到模糊评价矩阵 R。最后把模糊评价矩阵与因素的权重向量集进行模糊运算并进行归一化，得到模糊综合评价结果集 S，$S=W\times R$，于是（C，V，R，W）构成一个综合评价模型（王春秀，2005）。

①模糊综合评价法的特点。

a. 模糊综合评价可以进行多层次评价，并且评价过程是可以循环的。前一过程综合评价的结果，可以作为后一过程综合评价的投入数据。也就是说，对于一个较为复杂的评价对象可以进行单级模糊综合评价和多级模糊综合评价。

b. 模糊综合评价本身的性质决定了评价结果是一个模糊向量，而不是一个点值，并且评价结果对被评对象具有唯一性。因为模糊综合评价的对象是具有中间过渡性或亦此亦彼的事物，所以它的评价结果只能用各个等级的隶属度来表示；而模糊综合评价一般都是对被评对象逐个进行评价，每个被评对象都可确定一个 R 阵，最终也得到一个 B 向量，所以对同一个被评价对象而言，不论被评对象处于什么样的被评对象集合中，只要评价指标权数相同，合成算子相同，模糊综合评价的结果都具有唯一性，不会发生改变。

c. 评价的权重处理。模糊综合评价中的权重系数向量 A，是人为的估价权，是模糊向量，不是模糊综合评价过程中伴随生成的。

d. 评价等级论域的设立。在模糊综合评价中，总设有一个评语等级论域，且各等级含义必须是明确的（张丽娜，2006；陈海素，2008）。

②模糊综合评价法的一般步骤。

a. 确定因素集。因素集是影响评价对象的各种因素所构成的集合，设在评价对象中有 m 种因素，则因素集可用 U 表示如下：

$$U=\{u_1, u_2, \cdots, u_m\}$$

u_i（$i=1, 2, \cdots, m$）代表影响各项评价对综合效果的影响因素，这些因素通常具有不同程度的模糊性。运用层次分析法对各因素赋予相应的权数 k_i（$i=1, 2, \cdots, m$）。

权重满足归一化条件记为：$\sum_{i=1}^{m} k_i = 1$。

b. 确定评价级别。评价集是评价对象优劣性可能出现的各种等级的组合，

设由 n 种决断所构成的评价集用 V 表示：

$$V=\{v_1, v_2, \cdots, v_m\}$$

各元素 v_i（$i=1, 2, \cdots, m$）代表评价对象的各个可能评价结果。

c. 确定隶属函数。隶属函数的选择依赖于研究背景和指标类型。一般情况下，指标变量可分为虚拟二分变量、连续变量和虚拟定性变量。对于连续变量，可运用 Cerioli 和 Zani 定义的连续变量隶属函数：

$$\gamma(x_{ij})=\begin{cases}0 & 0\leqslant x_{ij}\leqslant x_{ij}^{\min}\\ \dfrac{x_{ij}-x_{ij}^{\min}}{x_{ij}^{\max}-x_{ij}^{\min}} & x_{ij}^{\min}\leqslant x_{ij}\leqslant x_{ij}^{\max}\\ 1 & x_{ij}\geqslant x_{ij}^{\max}\end{cases} \tag{3-1}$$

$$\gamma(x_{ij})=\begin{cases}0 & 0\leqslant x_{ij}\leqslant x_{ij}^{\min}\\ \dfrac{x_{ij}^{\max}-x_{ij}}{x_{ij}^{\max}-x_{ij}^{\min}} & x_{ij}^{\min}\leqslant x_{ij}\leqslant x_{ij}^{\max}\\ 1 & x_{ij}\geqslant x_{ij}^{\max}\end{cases} \tag{3-2}$$

式中，函数值 γ（x_{ij}）值越大，说明评价对象越好。式（3-1）表示指标 x_{ij} 与评价对象优劣性呈正向相关关系，适用于正向指标，式（3-2）适用于逆向指标。

对于虚拟定性变量，Cerioli 和 Zani 也对其隶属函数作了如下规定：

$$\gamma(x_{ij})=\begin{cases}0 & x_{ij}\leqslant x_{ij}^{\min}\\ \dfrac{x_{ij}-x_{ij}^{\min}}{x_{ij}^{\max}-x_{ij}^{\min}} & x_{ij}^{\min}\leqslant x_{ij}\leqslant x_{ij}^{\max}\\ 1 & x_{ij}\geqslant x_{ij}^{\max}\end{cases}$$

对于虚拟定性变量的取值，可根据专家打分，运用 5 分制总加量表法进行赋值，一般赋值为等距整数 γ（x_{ij}）。取值越大表示评价对象越好。

d. 单因素模糊评价。如要确定指标体系中某一指标隶属于评价对象某一评价级别 $\{a, b, c, d, e\}$ 的程度，需要确定该指标对评价集的隶属度，这就是单因素模糊评价。单因素模糊集可看作是评价集 V 上的一个模糊子集，可表示为：

$$R_i=\frac{r_{i1}}{(u_i, v_1)}+\frac{r_{i2}}{(u_i, v_2)}+\cdots+\frac{r_{in}}{(u_i, v_n)}$$

e. 模糊综合评价。以单因素模糊集构造一个 U 与 V 之间的模糊关系，$R=(r_{ij})_{m\times n}$ 结合一个权重分配 $K=(k_1, k_2, \cdots, k_m)\in F(U)$，可输出一个模糊综合评价（严广乐等，2009），即

$$B=(b_1, b_2, \cdots, b_n)=(k_1, k_2, \cdots, k_n)\times\begin{bmatrix} r_{11} & r_{12} & \cdots & r_{1n} \\ r_{21} & r_{22} & \cdots & r_{2n} \\ \vdots & \vdots & & \vdots \\ r_{m1} & r_{m2} & \cdots & r_{mn} \end{bmatrix}$$

（8）逐步法。逐步法也称对话式方法，用于求解可行性为离散的多目标单层规划问题。逐步法每求解一次，分析人员必须与决策者进行对话，分析人员根据决策者的意见对决策模型中的参数进行必要的修改并重新计算，从而改进结果，得到新解，直到决策者满意为止，由于这种方法是逐步进行的，所以称为逐步法。

逐步法的实施步骤：

a. 求理想点。通过求解 n 个单目标优化问题、定义理想点、罗列性能指标等方式求理想点。

b. 选取权重。权系数直接反映目标函数的重要程度，一般来说，目标函数重要的，相应的权系数要大些（不能超过 1），而不重要的目标函数，其相应的权系数要小些（甚至为 0）。

c. 解极小化极大化问题。通过函数，求解得出满意解，得其目标函数值。

d. 调整改进满意解。得到最优解以后，如果存在 j 的满意解最优值与理想点最优值之差过大，决策者认为第 j 个目标可以宽容一下，需要调整约束域，调整后返回第三步，进行新一轮的迭代计算，得到新的满意解，直到决策者满意为止（舒志鹏，2008）。

（9）基于 BP 的人工神经网络评价法。人工神经网络（Artificial neural networks，ANN）是由大量神经元节点互连而成的复杂网络，是反映人脑结构及功能的一种抽象数学模型。从本质上讲，人工神经网络的学习是一种归纳学习方式，它通过对大量样本的反复学习，由内部自适应过程不断修改各神经元之间互连的权值，最终使神经网络的权值分布收敛于一个稳定的范围。神经网络的互连结构及各连接权值稳定分布就表示了经过学习获得的知识。一个已建立的人工神经网络可用于相关问题的求解，对于特定的输入模式，神经网络通过前向计算可得出一个输出模式，从而得到输入模式的一个特定解。

BP 神经网络（Back porpgaatnin neural network）是一种单向传播的多层前向神经网络。BP 算法是指误差反向传播的算法，是目前应用最为广泛的神经网络学习算法。据统计有近 90%的神经网络应用是基于 BP 算法的（Rumelhart et al，1986）。

①人工神经网络评价法的特点。

a. 并行处理。人工神经网络与人类大脑神经网络相类似，在结构上是并行的，处理顺序也是并行和同时的。在同一层内的处理单元都是同时操作的，即神经网络的计算功能分布在多个处理单元上。

b. 容错性。人工神经网络像人类的大脑一样，具有很强的容错性。知识存储在网络的许多处理单元及它们的连接上，即使在某个处理单元连接上的信息丢失，也不影响整个网络的记忆和处理能力。因此神经网络可以对不完善的数据和图形进行学习和处理。

c. 自适应性。人工神经网络通过学习，具备很强的适应外部环境的能力。例如，在网络学习时，有时只给它大量的输入图形，没有指定要求的输出，这时网络就自行辨析图形的特征，对它们进行分类。

d. 联想记忆性。在神经网络中，知识不是存储在特定的存储单元上，而是分布在整个系统中。导致其可以采用与人脑的联想记忆相类似的“联想”方法，将存储的知识找出来，使得神经网络具有存储大量复杂数据的能力和将新的输入图形按已存储信息进行归类的能力（施式亮，2000）。

②人工神经网络评价的一般框架。图 3-6 所示为一个人工神经网络的基本结构，其中每个“○”表示一个神经元（又称处理单元或节点）。各个神经元之间通过相互连接形成一个网络拓扑，这个网络拓扑的形式称为神经网络互连模式。不同的神经网络模型对神经网络的结构和互连模式都有一定的要求或限制，如多层次、全互连等。神经网络以外的部分（即虚线方框以外的部分）统称为神经网络的环境。神经网络从其所处的环境中接受信息，对信息进行加工处理之后返回（或作用）到所处的环境中。

各个神经元之间的连接并不只是一个单纯的传递信号的通道，而是在每对神经元之间的连接上有一个加权系数，这个加权系数起着生物神经系统中神经元的突触强度作用，它可以加强或减弱上一个神经元的输出对下一个神经元的刺激，这个加权系数称为权值。在神经网络中，修改权值的规则称为学习算法，在网络结构中，神经元之间的连接强度不是常量，而是根据经验或学习过程改变，实现系统的“进化”或“料能化”（何璠，2006）。

（10）基于 AHP 的模糊综合评价法。基于 AHP 的模糊综合评价法是将 AHP 与模糊数学评价法相结合的一种综合评价方法，这种评价方法较多地应用于企业核心竞争力评价，首先运用层次分析法确定企业核心竞争力各评价指标权重的分配，然后采用模糊综合评价方法对企业核心竞争力进行具体评价，最后得到企业核心竞争力的评价结果。

①基于 AHP 的模糊综合评价法的特点。

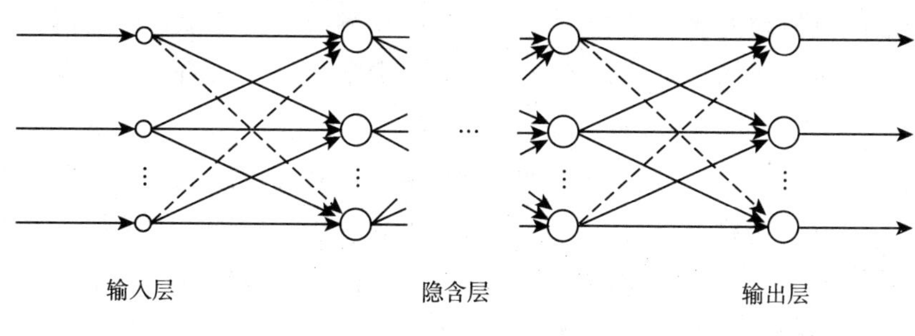

图 3-6　BP 神经网络结构图

（何璠，2006）

a. 科学性。基于 AHP 的模糊综合评价法在真实客观地反映实际情况下，使定性描述定量化，把层次分析法应用于系统评价，可以为评价者提供根据实际情况来确定权重的方法，具有较强的科学性和可操作性。通过层次分析法的运用，将人为的定性描述和科学的定量计算有机地结合起来，从而有效的弱化了主观性的影响，提高了指标权重确定的可信度和有效度。

b. 可靠性。基于 AHP 的模糊综合评价法综合了模糊综合评价法和层次分析法的优点，可以全面考虑影响评价系统的各种因素，将定性和定量分析有机地结合起来，既能够充分体现评价因素和评价过程的模糊性，又尽量地减少了个人主观臆断所带来的弊端，比一般的评比打分等方法更符合客观实际，因此，评价结果更可信、可靠。

c. 简便性。基于 AHP 的模糊综合评价法的整个计算步骤明确、判断简便、便于计算。在评价过程中，运用模糊集合变换进行模糊综合评价的时候，各位专家只需做出一个简单的定性描述，剩下的模糊综合处理由计算完成即可。这不但节省了评价的时间，提高了工作的效率，而且，通过模糊综合评价的使用，将专家的定性评价有效地转化为定量的计算，有效地综合了各位专家的评价结果，从而得到一个比较精确的结果（Saaty，1980）。

②基于 AHP 的模糊综合评价法的实施步骤。

a. 建立评价指标，确定评价的因素集。根据企业的经营特点及核心竞争力的内涵、特征和构成要素，构建核心竞争力评价指标体系，建立评价指标集 $H=\{h_1, h_2, \cdots, h_t\}$，即 t 个评价指标。

b. 运用层次分析法计算指标权重。层次分析法可在对复杂的决策问题的本质、影响因素及其内在关系等进行深入分析的基础上，利用较少的定量信息使决策的思维过程数学化，从而为多目标、多准则或无结构特性的复杂决策问题提供简便的解决方法。

c. 进行模糊综合评价法计算各指标得分。模糊综合评价法是模糊数学集合论与层次分析法的有机结合，这种方法以模糊数学为基础，应用模糊关系合成的原理，将一些边界不清，不易定量的因素定量化，从而进行综合评价。

d. 评价结果的分析（王春秀，2005）。

（11）灰色关联法。灰色系统理论于1982年邓聚龙创立（秦寿康，2003），主要用于信息不明确及信息不完整系统的关联分析，找出影响系统发展态势的重要因素，并掌握事物变化的主要特征。该方法的基本思想是将备选工艺方案看做是数据序列，观察灰色关联度量化备选工艺方案数据序列与标准工艺方案数据序列的曲线几何形状的相似程度，曲线越接近，相应序列间的灰色关联度越大，则备选工艺越优；反之，则越小（刘思峰等，1999）。

①灰色关联法的特点。

a. 总体性。灰色关联度虽是数据序列几何形状的接近程度的度量，但它一般强调的是若干个数据序列对一个既定的数据序列接近的相对程度，即要排出关联度大小的顺序，将各因素统一置于系统之中进行比较与分析，这就是总体性。

b. 非对称性。在同一系统中，甲对乙的关联度，并不等于乙对甲的关联度，这较真实地反映了系统中因素之间真实的灰色关系。

c. 非唯一性。关联度随着参考序列不同、因素序列不同、原始数据处理方法不同、数据多少不同而不同。

d. 动态性。因素间的灰色关联度随着序列的长度不同而变化，表明系统在发展过程中，各因素之间的关联关系也随着时间不断变化（曹明霞，2007）。

②灰色关联法的实施步骤。

a. 原始数据规范化。为保证灰色关联度计算过程不受局势量纲与量级的影响，需要对原始数据序列进行规范化处理，从而确定最佳理想备选工艺方案（或者称为标准工艺方案）。

对取值越大越好的效益型方案 a_j（$j \in T_1$）进行规范化。

对取值越小越好的成本型方案 a_j（$j \in T_2$）进行规范化。

规范化处理后，得到规范化的局势矩阵（r_{ij}）$n \times m$。规范化的局势矩阵中，r_{ij} 介于 0～1 之间，r_{ij} 值越大表示对策 X_i 在方案 a_j 下的效果越好。

b. 求最大差与最小差。通过计算差序列，求得最大差与最小差。

c. 计算灰色关联系数，计算公式如下：

$$\xi_{ij} = \frac{\min_i \min_j |x_{oj} - x_{ij}| + \rho \max_i \max_j |x_{oj} - x_{ij}|}{|x_{oj} - x_{ij}| + \rho \max_i \max_j |x_{oj} - x_{ij}|}$$

$$(i = 1,2\cdots,n; j = 1,2,\cdots,m)$$

式中，ρ 为分辨系数，其作用是提高关联系数之间的差异显著性，一般在

0～1之间取值，通过 $\rho=0.5$。

d. 计算灰色关联度。将计算得出的关联系数加权平均就可以得到各评价区与理想区之间的关联度：

$$\gamma_j = \sum_{i=1}^{n} w_i \xi_{ij}$$

由于关联度 γ_j 的大小直接反映了各待评区与理想区的接近程度，因此，将 γ_j 由大到小进行排序，γ_j 越大，说明该区状况越接近理想区，也说明该区的设施情况越好（唐然，2008）。

（12）多级可拓综合评价法。可拓学（ Extenics）理论是由我国学者蔡文等（1997）创立的，以物元理论、可拓集合理论和关联函数理论为基础，从定性和定量两个角度研究解决矛盾问题的规律，可拓集合和物元根据事物特征的量值对事物属于某集合的程度进行判断，关联函数为评价提供了定量手段，以形式化的方法解决了由变化的角度进行识别的问题。建立多等级综合评价物元模型，将多指标评价归结为单目标决策，把解决问题的过程定量化，并且计算量相对较小。

①多级可拓综合评价法的特点。

a. 应用范围广。可拓综合评价法的处理对象不是指标本身，而是指标与目标间相互关系问题，如果指标符合目标的经典域，即存在一定的合格度，那么就能得出某一指标相对于评价目标的合格度，它使指标与指标间相互独立。

b. 可拓综合评价法对指标体系没有要求和限制，它适用于任何评价体系，解决了指标与方法间的不相容问题。许多传统评价方法都是对指标有量化要求，而不能解决纯粹的定性问题，而可拓综合评价法可通过建立适当的关联函数，解决定性指标问题。

c. 传统评价方法一般都要求指标的变化是连续的，对于离散型的变化则只能采用特尔菲法（头脑风暴法和专家打分法）。可拓综合评价法却能通过建立分段或离散型的关联函数解决此问题。

d. 反映动态的优劣程度。由于关联函数的值可正可负，因此优度可以反映一个对象的利弊程度，而且可拓集合能描述可变性，因此，在引入参数 t 后，可以从发展的角度去权衡对象的利弊（刘艳平，2006）。

②多级可拓综合评价法的实施步骤。

a. 建立物元模型。根据实际问题中事物属性的要求，确定符合要求的选择标准，确定经典域物元 R_k^i 和待评物元 R_k^Q。将成员选择评价系统分为 m 个等级，M^i 代表所划分的第 i 个评价等级，$i=1, 2, \cdots, m$；经典域 V_k^i 是物元 M^i 关于子指标 C_{k1}，C_{k2}，C_{k3}，…，C_{kn} 在评语集所规定的取值范围；Q 为评价对象。

$$R_k^i = (M^i, C_k, V_k^i) = \begin{bmatrix} M^i & C_{k1} & <a_{k1}^i, b_{k1}^i> \\ & C_{k2} & <a_{k2}^i, b_{k2}^i> \\ & C_{k3} & <a_{k3}^i, b_{k3}^i> \\ & \vdots & \vdots \\ & C_{kn} & <a_{kn}^i, b_{kn}^i> \end{bmatrix}$$

b. 建立关联函数并计算关联度。待测物元关联度：

$$K_{kj}^i = \begin{cases} \rho(X_{kj}, V_{kj}^i) / [\rho(X_{kj}, U_{kj}) - \rho(X_{kj}, V_{kj}^i)], & X_{kj} \notin V_{kj}^i \\ -\rho(X_{kj}, V_{kj}^i) / |V_{kj}^i|, & X_{kj} \in V_{kj}^i \end{cases}$$

c. 确定指标权重，并进行一致性检验。

d. 优度排序。根据二级指标权重 ω_{kj} 和待测物元与各个经典域的关联度 K_{kj}^i，可以求得二级指标的综合关联度 K_k^i，进一步根据一级指标权重求出系统Q的综合关联度 K^i 和等级I，式中n为评语等级数。

$$K_k^i = \sum_{j=1}^{n} \omega_{kj} \times K_{kj}^i$$

$$K^i = \sum_{k=1}^{3} \omega_k \times K_k^i$$

$$K^I = \max(K_1, K_2, \cdots, K_n)$$

从而计算系统Q的级别变量特征值 i^*，它反映了系统的等级偏向某一类别的程度。i^* 的大小即可用于判断评价对象的优劣（王晓红等，2011）。

$$i^* = \frac{\sum_{i=0}^{n} i\,\overline{K^l}}{\sum_{i=0}^{n} \overline{K^l}}$$

$$\overline{K^l} = \frac{K^i - \min\limits_i K^i}{\max\limits_i K^i - \min\limits_i K^i}$$

（13）常见技术集成系统评价方法比较。综合评价是系统工程的一种基本处理方法，它将研究对象作为一个系统来分析，对分析结果加以综合，并在此基础上，对系统进行多方面的、多角度的评价，这样反复操作直到能有效地实现预定目标为止。根据评价手段、评价内容和评价方式，综合评价可分为不同的类别。对于不同类型、不同层面、不同阶段的科学技术，其评价的具体方法均不相同，可以说几乎没有一种方法是在技术评价的全过程中都通用的，只是分别适用于技术评价的一定范围。评价方法在一个评价程序中会有不同，有些方法在每个阶段或步骤中都可能用到，比如德尔菲法，还有些方法在一些阶段或步骤中可能被重复使用，比如如层次分析法等，还有一些方法只限于某一阶段或步骤使用，比如综合分析法等。评价方法在使用中有时单独使用，有时组合或集成使用。主要评价方法的优缺点及其适用范围见表3-3。

表 3-3　常见技术集成系统评价方法的优缺点及其适用范围

方法类别	方法名称	方法描述	优点	缺点	适用对象
定性评价方法	德尔菲法	组织专家面对面交流，通过讨论形成评价结果。Delphi法是采取匿名的方式广泛征求专家的意见，经过反复多次的信息交流和反馈修正，使专家意见逐步趋向一致，最后根据专家的综合意见，从而对评价对象做出评价的一种定量和定性相结合的预测评价方法	操作简单，可以利用专家知识，结论易于使用	主观性比较强，周期长（4 轮），多人评价时结论难收敛	战略层次的决策对象，不能或难以量化的大系统，简单的小系统
技术经济分析方法	技术经济分析法	价值分析、成本效益分析、价值功能分析	方法的含义明确，可比性强	建立模型比较困难，只适用评价因素少的对象	
多属性决策方法	多属性和多目标决策方法	利用已有的决策信息，通过一定的方式对一组被选方案进行排序或择优，通过化多为少，分层序列，直接求非劣解，重排次序法来排序与评价	对评价对象描述比较精确，可以处理多决策者、多指标、动态的对象	刚性评价，无法涉及有模糊因素的对象	选择最佳备选方案（工厂选址）、经济管理（招投标）、工程设计、军事（武器系统性能评价）
运筹学方法	数据包络分析法	以相对效率为基础，按多指标投入和多指标产出，对同类型单位相对有效性进行评价，是基于一组标准来确定相对有效生产前沿面	可以评价多输入多输出的大系统，并可用窗口技术找到单元薄弱环节加以改进；无需权重假设，客观性强	指标过多容易产生较多 DEA 有效决策单元，降低评价效率；对输入、输出数据比较敏感，数据微小改变导致不同结论；只表明评价单元的相对发展指标，无法表示出实际发展水平	技术进步、技术创新、资源配置、金融投资等领域，特别是非单纯盈利的公共服务部门，如学校、医院和某些文化设施等的评价
统计分析方法	主成分分析法	相关的经济变量间存在起着支配作用的共同因素，可以对原始变量相关矩阵内部结构进行研究，找出影响某个经济过程的几个不相关的综合指标来线性表示原来变量	具有全面性，可比性，客观合理性	样本量要远远大于指标数，否则精度较差；没有考虑到数据以外的因素，缺乏现实依据	对于不易确定权重的指标可以用主成分分析法计算总分和各指标权重
对话式评价方法	逐步法	用单目标线性规划法求解问题，每进行一步，分析者把计算结果告诉决策者来评价结果。如果认为已经满意则迭代停止；否则再根据决策者意见进行修改和再计算，直到满意为止	人机对话的基础性思想，体现柔性化管理	没有定量表示出决策者的偏好	

（续）

方法类别	方法名称	方法描述	优点	缺点	适用对象
系统工程方法	层次分析法	针对多层次结构的系统，用相对量的比较，确定多个判断矩阵，取其特征根所对应的特征向量作为权重，最后综合算出总权重，再排序	简易、可靠度比较高，误差小，将以人的主观判断为主的定性分析定量化，将各种判断要素间的差异数值化，能对较为复杂、较为模糊的问题作出决策，它特别适用于那些难于完全定量分析的问题	评价对象的因素不能过多（一般≤9）	工程计划、资源分配、方案排序、政策制定、冲突问题、性能评价、能源系统分析、城市规划、经济管理、科研评价、军事指挥、经济分析和计划、教育、卫生管理
模糊数学方法	模糊综合评价法	以模糊数学为基础，应用模糊关系合成原理，将边界不明显、不易定量的因素定量化，从多个因素对被评价事物隶属等级状况进行综合性评价的一种方法	可以克服传统数学方法中的"唯一解"弊端，根据不同可能性得出多个层次的问题解，具备可扩展性，符合现代管理中"柔性"管理的思想。模型简单，容易掌握，适合多因素多层次的复杂问题评价	不能解决评价指标间相关造成的信息重复问题，隶属函数、模糊相关矩阵等的确定方法有待进一步研究	消费者偏好识别、证券投资分析、银行项目贷款对象识别等，融资效率、物流中心选择、技术创新能力、质量经济效益评价、人事考核、环境质量评价、资源开采技术条件评价、项目评标选择
智能化评价方法	基于BP（误差反向传递算法）的人工神经网络评价法	模拟人脑智能化处理过程的人工神经网络技术。通过BP算法，学习或者训练获取知识。并存储在神经元的权值中。通过联想把相关信息复现，能够揣摩提炼评价对象本身的客观规律，进行对相同属性评价对象的评价	独特的信息储存方式、良好的容错性、大规模的非线性处理方式、强大的自组织、自学习和自适应能力，前景广阔	Matlab编程，精度不高，需要大量的训练样本	应用领域不断扩大，涉及银行贷款项目、股票价格的评估、城市发展综合水平的评价等
综合集成的评价方法	基于AHP的模糊综合评价法（AHP＋模糊评价）	将评价指标体系分成递阶层次结构，运用层次分析法确定各指标的权重，然后分层次进行模糊综合评价，最后综合得出总评价结果	具有两种方法的优点，科学（定性＋定量）＋可操作性强（模型简单）＋说服力强	每种方法有自身的优点和缺点，适用场合也不尽相同，面对单一综合评价方法的不足，通过将具有同种性质的综合评价方法集成，实现优势互补，得到更合理科学的评价结果	各种具有层次性和模糊特性的系统评价

3. 评价指标体系的建立方法 建立科学、系统的评价指标体系应遵循科学性、适用性、简明性、可比性的基本原则。适用性，符合实际情况，具有良好的可行性；简明性，系统是复杂的，应重点关注关键问题，由繁及简最终形

成科学、适用的评价指标体系；可比性，评价结果优劣应可比，所有指标应可计算。工程技术集成评价指标体系建立有两种方法，一种是以综合效益为导向建立技术集成评价指标体系，另一种是以工程建设为导向的技术集成评价指标体系。

（1）以综合效益为导向的技术集成评价指标体系。

①指标体系建立思路。以功能效益为导向，对各种既定的农业工程技术集成方案进行综合评价，判定在该模式下的各种技术集成方案的优劣性，筛选出与该模式最匹配的、社会经济效果最佳的技术集成方案。

②方法的优缺点和适用性。通过该方法建立的工程技术集成评价指标体系简单、明了；因在同类产业不同工程应用过程中不发生改变，其体系框架和指标权重相对稳定，但其普适性较差；该方法可用于单项技术和技术集成的评价，但不适于产业环节（或关键技术）过多的复杂工程体系的评价；更适用于对已有技术或集成方案的评价，不适用于创新型工程技术集成方案的构建。

③典型案例。

a. 设施园艺环境调节技术集成指标层评价指标体系。技术集成的综合效益可分解为不同技术功能的综合效益。根据设施园艺技术分类，构建相应的评价指标体系。

首先，将设施园艺环境控制技术集成分解为增温、降温、保温和调气四项技术效用。以每一技术效用的综合效益为目标层指标，构建包括目标层、准则层和指标层的评价指标体系。

其次，将各技术效用综合效益评价指标体系耦合，形成设施园艺环境控制技术集成的综合效益评价指标体系（表 3-4）。在该体系中，目标层指标为设施园艺环境控制技术集成综合效益；分目标层指标为增温技术、降温技术、保温技术和调气技术综合效益；各技术效用综合效益评价指标体系准则层和指标层指标依然作为技术集成综合效益评价指标体系的准则层和指标层指标。

表 3-4 设施园艺环境调节技术集成综合效益一级、二级和三级指标层评价指标

总目标层	分目标层	准则层	指标层
	增温技术综合效益（G1）	经济性 C11	投资成本 P11、运行成本 P12
		技术性 C12	对作物生产的适应程度 P13、区域适应程度 P14、维护难易程度 P15、操作难易程度 P16、自动化程度 P17、安全可靠程度 P18
		社会性 C13	土地利用率 P19、对环境污染程度 P110、对劳动者健康影响程度 P111、资源利用效率 P112

（续）

总目标层	分目标层	准则层	指标层
设施园艺环境调节技术综合效益（G）	降温技术综合效益（G2）	经济性 C21	投资成本 P21、运行成本 P22
		技术性 C22	对作物生产的适应程度 P23、区域适应程度 P24、维护难易程度 P25、操作难易程度 P26、自动化程度 P27、安全可靠程度 P28
		社会性 C23	土地利用率 P29、对环境污染程度 P210、对劳动者健康影响程度 P211、资源利用效率 P212
	调气技术综合效益（G3）	经济性 C31	投资成本 P31、运行成本 P32
		技术性 C32	对作物生产的适应程度 P33、区域适应程度 P34、维护难易程度 P35、操作难易程度 P36、自动化程度 P37、安全可靠程度 P38
		社会性 C33	土地利用率 P39、对环境污染程度 P310、对劳动者健康影响程度 P311、资源利用效率 P312
	保温技术综合效益（G4）	经济性 C41	投资成本 P41、运行成本 P42
		技术性 C42	对作物生产的适应程度 P43、区域适应程度 P44、维护难易程度 P45、操作难易程度 P46、自动化程度 P47、安全可靠程度 P48
		社会性 C43	土地利用率 P49、对环境污染程度 P410、对劳动者健康影响程度 P411、资源利用效率 P412

b. 主要粮食作物生产机械化工程技术集成评价指标体系。评价指标体系由 3 个一级指标、7 个二级指标和 18 个三级指标组成（表 3－5）。

表 3－5　主要粮食作物生产机械化工程技术集成评价指标体系及指标信息表征

目标	一级指标	二级指标	三级指标	指标说明
主要粮食作物生产机械化工程技术集成	效益指标	经济效益	农资成本	运行过程中投入的农资成本（种、肥、水、药等）
			作业成本	运行过程除农资成本以外的其他成本：包括生产环节机械作业和人员管理成本等
			利润总额	总利润额度
		社会效益	增产效果	单位面积增产情况
			增收效果	单位面积增收情况
			劳均作业面积	作业投入劳动力多少程度
			产业带动效果	给科技进步和相关产业的推动作用
		生态效益	减排效益	亩均配套动力油耗，反应排放程度
			土壤改良效果	水土改良程度：包括风蚀量、团聚体、有机质含量及保水能力等

（续）

目标	一级指标	二级指标	三级指标	指标说明
	功能性指标	技术完备性	技术成熟度	技术成熟程度
			技术先进性	技术先进程度
		机具功能性	机具完备性	机具运行稳定、功能先进性能
			机具配套协调性	各作业环节配套机具协调性
			全程机械化作业程度	耕、播、收等机械化作业率
	条件性指标	条件适应性	与自然环境的协调程度	运行过程与外部自然环境协调程度
			与经济发展水平的协调程度	运行过程与经济发展水平协调程度
		条件保障性	与管理模式的协调程度	与土地、农机管理政策的协调程度
			与组织模式的协调程度	与产业组织运营模式的协调程度

指标体系各指标及具体内涵如下：

一是效益指标。经济效益：（a）农资成本，运行过程中投入的农资成本（种、肥、水、药等）；（b）作业成本，运行过程除农资成本以外的其他成本（生产过程耕、种、收等机械作业和人员管理等）；（c）利润总额，总利润额度。社会效益：(a）增产效果，单位面积增产情况；(b）增收效果，单位面积增收情况；(c）劳均作业面积，作业投入劳动力多少程度（亩/人）；(d）产业带动效果，给科技进步和相关产业的推动作用。生态效益：(a）减排效益，亩均配套动力油耗（升/亩），反应排放程度；(b）土壤改良效果，水土改良程度（风蚀量、团聚体、有机质含量及保水能力）。

二是功能性指标。技术完备性：(a）技术成熟程度；（b）技术先进程度。机具功能性：(a）机具完备性，技术配套机具运行稳定、功能先进；(b）机具配套协调性，各作业环节配套机具协调性；(c）全程机械化作业程度，耕播收等机械化作业率。

三是条件性指标。条件适应性：（a）运行过程与自然环境的协调程度；(b）运行过程与经济发展水平的协调程度。条件保障性：(a）与管理模式（土地、农机管理政策）的协调程度；(b）与组织模式（产业组织运营模式）的协调程度。

（2）以工程建设为导向的技术集成评价指标体系。

①指标体系建立的思路。根据工程建设过程中涉及的环节建立技术集成评价指标体系，可对既定的和创新的农业工程技术集成方案进行评价，判定在具体工程模式下的各种技术集成方案的优劣性，筛选出与该模式最匹配的、社会经济效益最佳的技术集成方案。

②方法的优缺点和适用性。通过该方法建立的工程技术集成评价指标体系

较为复杂，适用于复杂的产业工程体系的评价；而且动态性、适应性强，可应用于同类产业不同工程的技术集成评价；该方法必须从单项技术开始评价，通过指标体系的设置逐级推进、评价技术集成方案，计算过程非常复杂；可用于已有的和创新的工程技术集成评价，更适用于后者。

③典型案例。

a. 农产品质量安全监控信息技术集成评价指标体系。农产品质量安全监控信息技术集成评价指标体系由 5 个一级指标、17 个二级指标构成。一级指标包括产地环境和投入品监测、生产过程控制、贮藏加工管理、流通配送管理和技术装备适应性，每个一级指标下分若干二级指标（表 3－6）。

产地环境和投入品监测：产地环境和投入品监测的监控对象是空气、土壤、地表水和投入品。具体体现在，空气中主要污染物监测的能力和水平，土壤重金属监测的能力和水平，地表水水质监测的能力和水平，种子、农药、化肥、农用膜等质量监测的能力和水平。

表 3－6　农产品质量安全监管信息技术集成评价指标体系

一级指标	二级指标	指标说明
产地环境和投入品监测	空气	空气中主要污染物监测
	土壤	土壤重金属监测
	地表水	地表水水质监测
	投入品	种子、农药、化肥、农用膜等质量监测
生产过程控制	环境控制	生产过程中对农作物生长所需的温湿度、CO_2 等的控制
	化肥	生产过程中对化肥施用量、施用时间的控制
	农药	生产过程中对农药喷洒量、喷洒时间的控制
	灌溉水	生产过程中对灌溉水用量、施用时间的控制
贮藏加工管理	保鲜控制	农产品贮藏的温度、湿度和时间等因素控制
	检验检测	农产品采收后对农药残留、微生物等的检验
流通配送管理	标识和可追溯性	RFID、二维码等信息标识设备
	流通配送车辆内的环境控制	对车辆内温湿度的控制
	车载定位	车辆内的 GPRS 定位系统
	电子交易	网上下订单、电子交易
技术装备适应性	技术装备的成熟度	技术装备从研发到产业化过程中所处的不同演替阶段
	用户接受程度	用户对该技术装备的认可满意程度
	质量安全保障程度	采用该套技术装备对质量安全的保障能力

生产过程控制：信息化技术及装备对生产过程的控制能力和水平体现在对

环境、化肥、农药、灌溉水的监控上。生产过程中对环境的控制能力和水平包括对农作物生长所需的温湿度、CO_2 等的控制；生产过程中对化肥施用的控制能力和水平体现在对化肥施用量、施用时间的控制；生产过程中对农药施用的控制能力和水平体现在对农药喷洒量、喷洒时间的控制；生产过程中对灌溉水施用的控制能力和水平体现在对灌溉水用量、施用时间的控制。

贮藏加工管理：在农产品的贮藏加工管理上，信息化技术及装备的控制能力和水平主要体现在保鲜控制和检验检测上。农产品储藏保鲜控制能力和水平体现在农产品贮藏的温度、湿度和时间等因素控制；检验检测信息的公开性和透明度体现在农产品采收后对农药残留、微生物等的检验。

流通配送管理：流通配送管理的信息化技术及装备体现在是否有标识和具有可追溯性，对车辆内温湿度是否具有控制能力，车辆内有无 GPRS 定位系统，有无电子交易系统（网上下订单、电子交易）等。

技术装备适应性：蔬菜质量安全监控技术及装备的适应性可通过技术装备的成熟度、用户接受程度、质量安全保障程度来体现，包括技术装备从研发到产业化过程中所处的不同演替阶段，用户对该技术装备的认可满意程度，采用该套技术装备对质量安全的保障能力等。

b. 西北干旱地区农田基础设施评价指标体系。利用层次分析法、灰色关联法等方法，确定典型区域评价指标体系（图 3－7）：

4. 指标权重确定方法 系统评价指标体系中指标权重确定方法非常多，主要包括德尔菲法、层次分析法、主成分分析法，熵值法、变异系数法，线性加权组合法和乘法合成法。德尔菲法、层次分析法、主成分分析法在本节系统评价方法中已有了较为详细的介绍，下面对其他几种权重确定方法进行概述。

（1）熵值法。熵（entropy）原是统计物理和热力学中的一个物理概念，1984 年香农把信息熵的概念引入信息论中，信息熵是系统无序度的度量，二者绝对值相等，符号相反。各个指标在决策评价指标体系中的作用，与指标的变异度有关，某项指标的指标值变异程度越大，信息熵越小，该指标提供的信息量越大，该指标的权重也应越大；反之，某项指标的指标值变异程度越小，信息熵越大，该指标提供的信息量越小，该指标的权重也越小。信息熵越大，系统的无序程度越高，其信息的效用值越小，该指标的权重也越小。在综合评价中可以根据各项指标值的变异程度，利用信息熵，计算出各指标的权重，为多指标综合评价提供依据（Park et al，2001）。

设有 m 个决策方案，n 个评价指标，形成原始指标数据矩阵 $X=(x_{ij})_{\min}$，对于某项指标 G_j（$j=1, 2, \cdots, n$），各方案在指标 G_j 下的指标属性值 x_{ij}（i

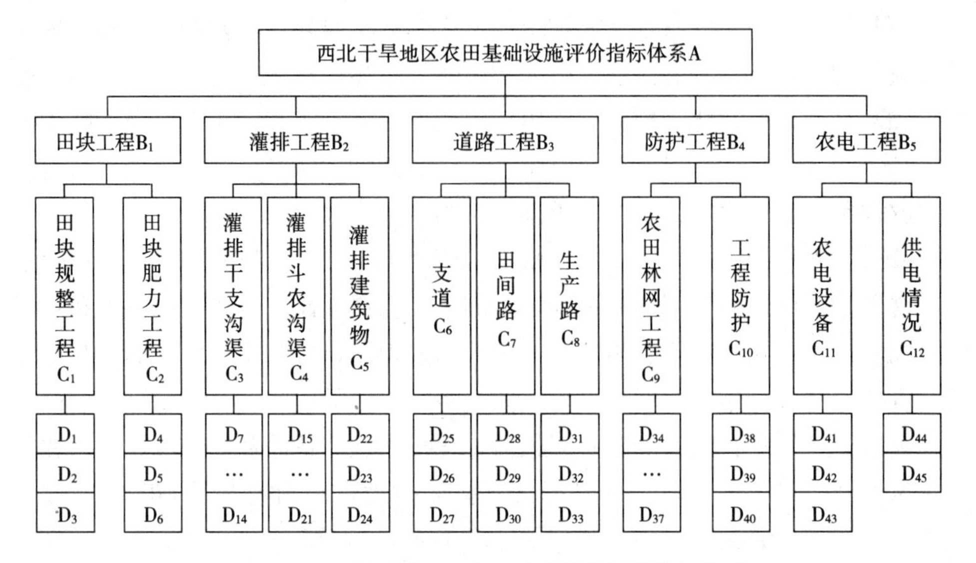

图 3－7　西北干旱地区农田基础设施评价指标体系

D_1. 田块坡降　D_2. 田块规则度　D_3. 田面平整度　D_4. 盐碱化指数　D_5. 沙化指数　D_6. 土壤肥力指数　D_7. 干支渠完好率　D_8. 干支渠衬砌率　D_9. 干支渠淤积率　D_{10}. 干支渠抗冻率　D_{11}. 干支渠老化率　D_{12}. 干支沟配套率　D_{13}. 干支沟老化率　D_{14}. 干支沟淤积率　D_{15}. 斗农渠配套率　D_{16}. 斗农渠淤积率　D_{17}. 斗农渠老化率　D_{18}. 斗农渠衬砌率　D_{19}. 斗农沟配套率　D_{20}. 斗农沟淤积率　D_{21}. 斗农沟老化率　D_{22}. 灌排建筑物完好率　D_{23}. 灌排建筑物老化率　D_{24}. 灌排建筑物配套率　D_{25}、D_{28}、D_{31}. 路面宽　D_{26}、D_{29}、D_{32}. 道路硬化率　D_{27}. 道路通达度　D_{30}、D_{33}、道路通达度　D_{34}. 林带参数　D_{35}. 林带防护率　D_{36}. 林带成活率　D_{37}. 林带管理　D_{38}. 防护工程配套率　D_{39}. 防护工程陈旧率　D_{40}. 防护工程维护率　D_{41}. 农电设备维护率　D_{42}. 农电设备完好率　D_{43}. 农电设备配套率　D_{44}. 用电保证率　D_{45}. 抗旱用电保证率

$=1, 2, \cdots, m$）的差距越大，则该指标在综合评价中所起的作用越大；如果某项指标下的各方案指标属性值全部相等，则该指标在综合评价中几乎不起任何作用。

（2）变异系数法。

变异系数法是一种客观赋权法，它是根据各个指标在所有被评价对象的观测值的变异程度大小来对其赋权。观测值变异程度大的指标，说明能够较好地区分各个评价对象在该方面的情况，应赋予较大的权数；反之，则赋予较小的权数（赵喜仓，2007）。

变异系数赋权法是为了突出各指标的相对变化幅度，从评价的目的来看，就是区别被评价的对象。指标 i 变异系数表示为：

$$G_i=\frac{\sigma_i}{\overline{x}_i}$$

式中 σ_i 是指标 i 的标准差，$\overline{x}_i$ 是第 i 个指标的平均数。C_i 的值大表示 x_i

在不同的对象上变化大，区别对象的能力强，权重大。

（3）线性加权组合法。线性加权组合法是将其各个分目标函数 f_1（X），f_2（X），…，f_t（X），依其数量级和在整体设计中的重要程度相应地给出一组加权因子 ω_1，ω_2，…，ω_t，取 f_j（X）与 ω_j（$j=1$，2，…，t）的线性组合，构成一新目标函数，即可作为单目标优化问题求解（宋晓东，2009）。

选择加权因子对计算结果影响较大，可通过各分目标转化后加权和直接加权两种方法确定加权因子。各分目标转化后加权是在采用线性加权组合法时，为消除各个分目标函数值在数量级上的较大差别，先将各个分目标函数转换成无量纲的，再用转换后的分目标函数构成一个统一的目标函数。直接加权则是把加权因子分为两部分，即第 j 项分目标函数的加权因子 ω_j 为：

$$\omega_j=\omega_{1j}\times\omega_{2j}\ (j=1,\ 2,\ \cdots,\ t)$$

式中，ω_{1j}——反应第 j 项分目标相对重要性的加权因子，称为本征权。

ω_{2j}——第 j 项分目标的校正权因子，用于调整分目标间在量级方面的影响。

（4）乘法合成法。乘法合成法是一种非线性加权综合法，适用于指标间有较强关联的情形，更加强调指标间的协调性和不可替代性。该方法要求评价对象在各方面全面发展，任一方也不能偏废。乘法容易拉开评价档次，对较小数值的变动更敏感（李朝洪等，2000）。乘法合成法的基本公式为：

$$y=\left(\prod_{i=1}^{p}x_i^{w_i}\right)^{\frac{1}{\sum w_i}}$$

式中，y——综合评价值；

w_i——第 i 个指标的权重；

x_i——第 i 个指标的评价值；

p——指标个数。

（5）几种权重确定方法的比较。权重系数确定方法，按大类分主要有：主观赋权法、客观赋权法和组合赋权法。三类方法的优缺点见表 3－7。

表 3－7 主观赋权法、客观赋权法和组合赋权法的优缺点

方法类别	方法名称	优 点	缺 点
主观赋权法	德尔菲法	操作简单，可以利用专家的经验，结论，易于使用	主观性比较强，多人评价时结论难以收敛
	特征向量法（即层次分析法的核心部分）	可科学、综合地整理人们的主观判断，对指标结构复杂而且缺乏必要的数据情况下的权重分析非常实用	评价者对指标本身及其相互间的逻辑关系需掌握较透彻，否则不易通过一致性检验

（续）

方法类别	方法名称	优　点	缺　点
客观赋权法	主成分分析法	用损失少量信息来换取减少变量的方法，可为以后的运算减少工作量，可剔除重复信息，使得评价指标相互独立	需要大量统计数据，并且“降维”后的主成分并不一定具有充分代表性和重要性，依据数据差异程度得到的权重与实际背离
	熵值法 变异系数法	将原始数据的差异大小作为权重确定的依据，可充分反映数据中的客观信息	
组合赋权法	线性加权组合法	将各种赋权方法得出的权数进行加权汇总得出组合权数	计算方法较为繁琐，需用多种方法计算权重
	乘法合成法	该方法将各种赋权方法得出的某一指标的权数相乘，然后进行归一化处理得到组合权数	

主观赋权法是研究者根据其主观价值判断来指定各指标权重的一种方法，德尔菲法和层次分析法属于此类。该方法能较好地体现评价者的主观偏好，但由于每个人的主观价值判断标准有差异，因而得到的权重缺乏理性依据。

客观赋权法是直接根据指标的原始信息，通过统计方法处理后获得权重的一种方法，主成分分析法和熵值法属于客观赋权法。相对而言，这类方法受主观因素影响较小，具有较强的数学理论依据，它的缺陷在于权重的分配会受到样本数据随机性的影响，不同的样本即使用同一种方法也会得出不同的权数。

组合赋权法则是针对现有赋权方法存在的利弊，特别是主客观赋权方法在实际应用中得出的权重不同，研究提出将各种方法得出的权重进行组合，组合方法归纳起来有两种形式，即乘法合成与线性加权组合。

农业工程涉及土地、生产、加工、流通、环境、信息等多个领域，非常复杂，根据目前情况，很难采用客观赋权法，合理利用层次分析法和德尔菲法也能得到较为客观的评价体系指标权重。

5. 指标测度值的确定方法　评价指标体系的测度值是评价工作的关键，对于农业工程这样的复杂系统，只有评价指标测度明确，才能尽可能全面地考虑到各种因素，科学、有效地对各方案进行评价。指标的测度值可以定性，也可以定量，科学的指标测度值应该尽量量化。

（1）定性指标。按照N等分方式，将技术评价指标体系的各级指标的测度标准划分为N等级（N>3），分别用合理的状态值表示。运用头脑风暴方法，分别对各项测度指标的状态值进行定性分析，形成定性描述。例如农产品流通子类技术评价的测度指标，采用的就是定性分析法（表3-8）。

表3-8 子类集成技术评价的测度指标

评价指标	得分		
	5	3	1
实用性	技术装备达到的效果与投入资源的对比程度高，且技术可操作性强	技术装备达到的效果与投入资源的对比程度一般，且技术可操作性一般	技术装备达到的效果与投入资源的对比程度低，且技术可操作性差
先进性	技术装备科技含量高，非常符合未来发展趋势，在很长一段时间内不会被淘汰	技术装备科技含量一般，比较符合未来发展趋势	技术装备科技含量很低，不符合未来发展趋势，容易被淘汰
稳定性	技术装备运行效果稳定性高，技术风险低	技术装备运行效果稳定性一般，技术风险一般	技术装备运行效果稳定性低，技术风险高
经济性	技术的投资回报率高，且投资回收期短	技术的投资回报率一般，且投资回收期一般	技术的投资回报率低，且投资回收期长
生态性	技术装备对环境造成的影响小	技术装备对环境造成的影响一般	技术装备对环境造成的影响严重

（2）定量指标。在定性分析基础上，采用相应方法对定性指标进行定量转化，形成定量的指标测度值。

①标准值参考法。某些评价指标已经制定了国家或行业标准，或是有国际标准可以参考，可以相应标准为参考，调整确定定量的指标测度值。

②统计分析法。一些评价指标虽没有标准可以参考，但是可通过实地调研采集到样本数据，故选用平均值计算方法，统计计算得出最终的定量测度标准。

③模糊评价法。一些评价指标既没有标准可以参考，又无法通过实地调研得到样本数据，就需要通过专家打分方法，确定得出最终的定量测度标准。

农田基础设施工程技术评价指标体系中很多指标都采用了定量的指标测度值（表3-9）。

表 3-9　农田基础设施工程技术评价因素及分值表

控制层	准则层	指标层	指标分值					
			100	80	60	40	20	0
土地平整	耕作田块修筑	耕作田块面积（亩）	≥200	160～200	120～160	80～120	40～80	0～40
		耕作田块长度（m）	200～1 000	160～200， 1 000～1 100	120～160 1 100～1 200	80～120， 1 200～1 300	40～80， 1 300～1 400	＜40， ＞1 400
		耕作田块宽度（m）	50～300	40～50， 300～350	30～40， 350～400	20～30， 400～450	10～20， 450～500	＜10， ＞500
		耕作田块延伸方向（°）	0～15	15～30	30～45	45～60	60～75	75～90
	地力保持	田块平整度（cm）	3	3～6	6～9	9～12	12～15	＞15
		耕地层厚度（cm）	≥25	20～25	15～20	10～15	5～10	＜5
		有效土层厚度（cm）	≥50	45～50	40～45	35～40	30～35	＜30
		地面坡度（°）	＜2	2～5	5～8	8～15	15～25	≥25
		（5°～25°）梯田化率（%）	≥90	80～90	70～80	60～70	50～60	＜50
灌溉与排水	水源	灌溉水源	地表水	地表水与浅层地下水结合	浅层地下水	浅层地下水与深层地下水结合	深层地下水	无
	输水	输水合理度（%）	≥90	80～90	70～80	60～70	50～60	＜50
	喷微灌	灌溉水利用系数	≥90	80～90	70～80	60～70	50～60	＜50
		灌溉设计保证率（%）	≥90	80～90	70～80	60～70	50～60	＜50
	排水	排水完善度（%）	≥90	80～90	70～80	60～70	50～60	＜50
	渠系建筑	渠网密度	≥95	85～95	75～85	65～75	55～65	＜55
	泵站及输配电	泵站及输配电配备率（%）	≥90	80～90	70～80	60～70	50～60	＜50
田间道路	田间路	田间道路密度	≥95	85～95	75～85	65～75	55～65	＜55
		田间道路宽度（m）	5～6	4～5	3～4	2～3	1～2	＜1
		田间道路通达度（%）	100	80～100	60～80	40～60	20～40	0～20
	生产路	生产路宽度（m）	3	2．5～3	2～2．5	1．5～2	1～1．5	＜1
农田防护与生态环境保护	农田林网	农田防护面积比例（%）	10	8～10	6～8	4～6	2～4	0～2
		农田防洪完善度（%）	≥90	80～90	70～80	60～70	50～60	＜50
	岸坡防护	岸坡防护完善度（%）	≥90	80～90	70～80	60～70	50～60	＜50
	沟道治理	沟道治理完善度（%）	≥90	80～90	70～80	60～70	50～60	＜50
	坡面防护	坡面灌排完善度（%）	≥90	80～90	70～80	60～70	50～60	＜50

三、集成方法应用——冀东果蔬批发市场技术集成方案

（一）产地批发市场工程技术集成思路框架

产地批发市场工程技术集成流程如图 3－8 所示。实现完整的产地批发市场工程技术集成过程需要三个步骤。

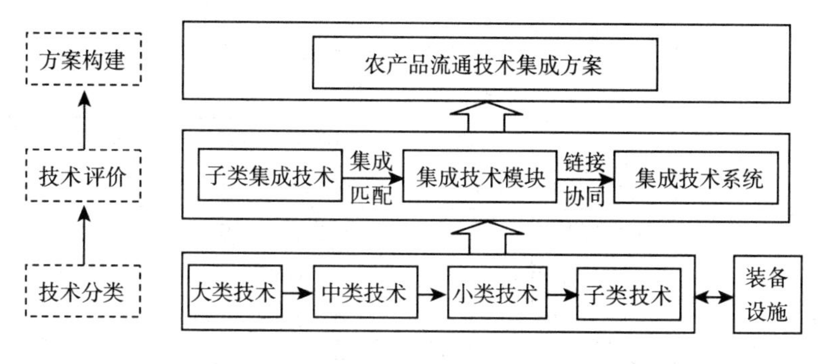

图 3－8　产地批发市场工程技术集成流程

一是技术分类，即根据集成的目标需求，将农产品流通技术分为大类技术、中类技术、小类技术、子类技术和装备设施。

二是技术评价，即按照特定的指标标准，分别对子类集成技术、集成技术模块、集成技术系统进行评价，得到优劣排序。

三是方案构建，即结合不同地区、不同批发市场的功能模块和链条的差异，对集成技术模块和集成技术系统等进行组合筛选，得到优、中、差三个等级的批发市场的功能模块技术集成方案和链条集成方案。

（二）冀东果蔬批发市场工程技术分类

按照农产品流通技术分类方法，对冀东果蔬批发市场进行技术分类，其大类技术、中类技术、小类技术、子类技术及装备设施见表 3－10。

表 3－10　冀东果蔬批发市场蔬菜流通工程技术分类

大类技术	中类技术	小类技术	子类技术	装备设施
贮藏	工程建造技术	土建式建造技术	—	土建式库房（砖混结构、混凝土框架结构）
		装配式建造技术	—	装配库库房
	环境控制技术	温控技术	制冷技术	氨制冷技术
				氟利昂制冷技术
		加湿技术	机械加湿技术	喷雾器、超声波加湿器

（续）

大类技术	中类技术	小类技术	子类技术	装备设施
交易	工程建造技术	土建式建造技术	—	土建式交易棚、土建交易厅
		装配式建造技术	—	装配式交易厅
	交易技术	电子交易技术	网络交易技术	结构技术＋数据库＋门户网站＋B2C 平台
			电子拍卖技术	电子拍卖终端＋拍卖钟＋展台＋数据库＋软件＋PC
		对手交易技术	称重技术	一体化电子秤、地磅、电子秤、机械秤
	结算技术	电子结算技术	电子结算系统	结构技术＋数据库＋IC 卡＋IC 卡识别器＋PC 机＋软件
			网络结算系统	网上银行＋银行卡
	安全技术	网络安全技术	加密技术	数字签名
			防病毒技术	防病毒软件、防火墙
分拣、加工	工程建造技术	土建式建造技术	—	土建式分拣、加工车间
		装配式建造技术	—	装配式分拣、加工车间
	分拣技术	人工分拣技术	—	简易分拣台
		机械分拣技术	风选技术	风扇＋操作台
预冷	工程建造技术	土建式建造技术	—	土建式库房
		装配式建造技术	—	装配库库房
	环境控制技术	预冷技术	自然通风预冷技术	—
			风预冷技术	风预冷系统
			差压预冷技术	差压预冷系统
		加湿技术	机械加湿技术	喷雾器、超声波加湿器
清洗	工程建造技术	土建式建造技术	—	土建式清洗车间
		装配式建造技术	—	装配式清洗车间
	洗净技术	清洗技术	人工清洗技术	人工清洗设备（水泥池＋水管、塑料箱＋水管、水管＋阀门＋清洗台）
			机械清洗技术	果蔬清洗机、水泥池＋清洗设施
		杀菌技术	臭氧杀菌技术	臭氧发生装置＋胶管＋水槽
			次氯酸液杀菌技术	含氯消毒剂＋水槽
		干燥技术	自然通风干燥技术	—
			机械通风干燥技术	风机、风扇
	输送、提升技术	输送技术	人工输送技术	—
			机械输送技术	平带输送带、辊轴输送带、翻转输送带
		提升技术	人工提升技术	—
			机械提升技术	提升机、叉车
分级	工程建造技术	土建式建造技术	—	土建式分级车间
		装配式建造技术	—	装配式分级车间

（续）

大类技术	中类技术	小类技术	子类技术	装备设施
分级	分级技术	大小、重量分级技术	人工分级技术	电子秤、台秤、果实分级卡
			机械分级技术	重量机械分级设备（重量感应器）、大小机械分级设备（滚筒孔式分级机、滚筒栅条式分级机、滚筒层叠式分级机）
			计算机分级技术	CCD摄像机、多光谱成像仪＋光照箱＋图像采集卡＋图像监视器＋PC机＋软件
				CCD摄像机/多光谱成像仪＋光照箱＋图像采集卡＋图像监视器＋PC机＋神经网络训练器＋神经网络分级器
	输送、提升技术	输送技术	人工输送技术	—
			机械输送技术	平带输送带、辊轴输送带、翻转输送带
		提升技术	人工提升技术	—
			机械提升技术	提升机、叉车
包装	工程建造技术	土建式建造技术	—	土建式包装车间
		装配式建造技术	—	装配式包装车间
	包装技术	包装技术	打包技术	传送带＋包装机
			防震技术	网套、填充软材料
			标识技术	商标、条码编号
			材料技术	泡沫箱、竹筐、塑料箱、纸箱
			封条技术	胶带、封箱机＋胶带
	输送、提升技术	输送技术	人工输送技术	—
			机械输送技术	平带输送带、辊轴输送带、翻转输送带
		提升技术	人工提升技术	—
			机械提升技术	提升机、叉车
装卸	工程建造技术	土建式建造技术	—	土建式装卸车间、土封式装卸台
		装配式建造技术	—	装配式装卸车间
	装卸技术	人工装卸技术	—	简易装卸梯架
		机械装卸技术	传输、提升技术	传输带、叉车＋托盘
市场内运输	运输技术	非机动运输技术	—	手推车、地排、人力三轮车
		机动运输技术	—	电动车、燃油车
检测	工程建造技术	土建式建造技术	—	土建式检测室
		装配式建造技术	—	装配式检测室
	快速检测技术	农药残留快速检测技术	酶抑制技术	农药残留快速检测仪
			速测卡技术	农药残留快速检测卡

（续）

大类技术	中类技术	小类技术	子类技术	装备设施
信息化	工程建造技术	土建式建造技术	—	土建式设施
		装配式建造技术	—	装配式设施
	信息化技术	监控技术	—	监控系统台
		价格、供求信息收集、处理、发布技术	人工技术	黑板、LED显示屏+PC
			智能技术	PC+软件+LED显示屏+一体化电子秤

（三）冀东果蔬批发市场工程技术集成评价指标体系及权重

以工程建设为导向，以工程环节为基础，构建技术集成评价指标体系，建立冀东果蔬批发市场工程技术集成评价四级指标体系，根据德尔菲法确定评价指标体系的二级指标和三级指标及其权重（表3-11）。

表3-11　冀东果蔬批发市场工程技术集成评价指标（二级和三级）及其权重

一级指标	二级指标	二级指标权重	三级指标	三级指标权重
市场性能功效	贮藏性能功效	0.050	库房性能功效	0.250
			温控性能功效	0.600
			加湿性能功效	0.150
	交易性能功效	0.200	交易设施性能功效	0.180
			电子拍卖技术性能功效	0.200
			称重技术性能功效	0.270
			电子结算技术性能功效	0.250
			加密技术性能功效	0.050
			防病毒技术性能功效	0.050
	分拣性能功效	0.050	分拣、加工车间性能功效	0.300
			分拣技术性能功效	0.700
	预冷性能功效	0.200	库房性能功效	0.300
			预冷技术性能功效	0.560
			加湿技术性能功效	0.140
	清洗性能功效	0.050	清洗技术性能功效	0.400
			杀菌技术性能功效	0.260
			干燥技术性能功效	0.200
			输送、提升技术性能功效	0.140
	分级性能功效	0.200	大小、重量分级技术性能功效	0.700
			输送、提升技术性能功效	0.300

（续）

一级指标	二级指标	二级指标权重	三级指标	三级指标权重
市场性能功效	包装性能功效	0.100	包装材料性能功效	0.250
			打包技术性能功效	0.200
			防震技术性能功效	0.150
			标识技术性能功效	0.200
			封箱技术性能功效	0.100
			输送、提升技术性能功效	0.100
	装卸性能功效	0.030	车间性能功效	0.200
			传输提升技术性能功效	0.800
	市场内运输性能功效	0.020	运输技术性能功效	1.000
	检测性能功效	0.050	检测室性能功效	0.350
			农药残留快速检测技术性能功效	0.650
	信息化性能功效	0.050	信息设施性能功效	0.200
			监控技术性能功效	0.320
			价格、供求信息收集、处理、发布技术性能功效	0.480

根据层次分析法确定评价指标体系的四级指标权重（表 3－12）。

表 3－12　冀东果蔬批发市场子类技术评价指标（四级评价指标）定义及权重

四级指标	指标定义	权重
实用性	技术装备达到的效果与投入资源的对比程度，以及技术的可操作性	0.297
先进性	技术装备凝结的现代高新技术含量，新颖程度，能否适应我国农业现代化要求与农产品流通未来发展趋势，技术是否可被替代，是否会被淘汰	0.333
稳定性	技术是否成熟，技术装备运行是否稳定和准确无误，技术风险程度	0.082
经济性	技术装备的投资额大小，投资回收期长短，技术回报率	0.227
生态性	技术装备对环境造成的影响	0.061

（四）冀东果蔬批发市场工程技术集成评价指标测度值

采用定性分析法确定冀东果蔬批发市场工程技术集成评价指标测度值。按照优、中、差将四级评价标准划分成三个等级，分别用 5 分、3 分、1 分表示，具体的测试指标见表 3－13。

表 3-13 子类技术集成评价的测度指标

评价指标	得分		
	5	3	1
实用性	技术装备达到的效果与投入资源的对比程度高，且技术可操作性强	技术装备达到的效果与投入资源的对比程度一般，且技术可操作性一般	技术装备达到的效果与投入资源的对比程度低，且技术可操作性差
先进性	技术装备科技含量高，非常符合未来发展趋势，在很长一段时间内不会被淘汰	技术装备科技含量一般，比较符合未来发展趋势	技术装备科技含量很低，不符合未来发展趋势，容易被淘汰
稳定性	技术装备运行效果稳定性高，技术风险低	技术装备运行效果稳定性一般，技术风险一般	技术装备运行效果稳定性低，技术风险高
经济性	技术的投资回报率高且投资回收期短	技术的投资回报率一般且投资回收期一般	技术的投资回报率低且投资回收期长
生态性	技术装备对环境造成的影响小	技术装备对环境造成的影响一般	技术装备对环境造成的影响严重

运用头脑风暴和专家打分相结合的方法，确定子类技术各等级状态值的含义，高等级下限是高权重（加和必须大于0.5），其评价指标打分不低于4，其他指标打分不低于3；中等级下限是高权重（加和必须大于0.5），其评价指标打分不低于3，其他指标打分不低于2。计算各指标所得分数与其相应权重的加和，得到冀东果蔬批发市场果蔬流通设施装备技术集成评价测试值标准（表3-14、表3-15）。

表 3-14 冀东果蔬批发市场果蔬流通子类技术集成评价阈值标准

子类技术	实用性	先进性	稳定性	经济性	生态性	得分
	0.231	0.218	0.113	0.367	0.071	
高等级标准下限	4	4	3	4	3	3.816
中等级标准下限	3	2	2	3	2	2.598
低等级标准下限	1	1	1	1	1	1.000

表 3-15 冀东果蔬批发市场果蔬流通子类技术集成评价标准

	标准等级	标准值
子类技术集成性能功效	优	得分 3.816～5.000
	中	得分 2.598～3.816
	差	得分 1.000～2.598

冀东果蔬批发市场功能模块技术集成评价的高等级下限打分和中等级下限打分原则与子类技术评价时的原则相同。计算各指标所得分数与其相应权重的加和，得到冀东果蔬批发市场功能模块技术集成评价阈值标准（表3-16）。

表 3-16 冀东果蔬批发市场果蔬流通工程技术集成评价标准

功能模块	集成技术	标准等级	标准值
贮藏	库房性能（0.250）＋温控技术（0.600）＋加湿技术（0.150）	优	得分 3.850～5.000
		中	得分 2.850～3.850
		差	得分 0.000～2.850
交易	交易设施性能（0.180）＋交易技术（0.200）＋称重技术（0.270）＋电子结算技术（0.250）＋加密技术（0.050）＋防病毒技术（0.050）	优	得分 3.900～5.000
		中	得分 2.900～3.900
		差	得分 0.000～2.900
分拣、加工	分拣、加工车间性能（0.300）＋分拣技术（0.700）	优	得分 3.700～5.000
		中	得分 2.700～3.700
		差	得分 0.000～2.700
预冷	库房性能（0.300）＋预冷技术（0.560）＋加湿技术（0.140）	优	得分 3.860～5.000
		中	得分 2.860～3.860
		差	得分 0.000～2.860
清洗	清洗技术（0.400）＋杀菌技术（0.260）＋干燥技术（0.200）＋输送、提升技术（0.140）	优	得分 3.860～5.000
		中	得分 2.860～3.860
		差	得分 0.000～2.860
分级	大小、质量分级技术（0.700）＋输送、提升技术（0.300）	优	得分 4.000～5.000
		中	得分 3.000～4.000
		差	得分 0.000～3.000
包装	包装材料（0.250）＋打包技术（0.200）＋防震技术（0.150）＋标识技术（0.200）＋封箱技术（0.100）＋输送、提升技术（0.100）	优	得分 3.800～5.000
		中	得分 2.800～3.800
		差	得分 0.000～2.800
装卸	装卸车间性能（0.200）＋输送、提升技术（0.800）	优	得分 3.800～5.000
		中	得分 3.000～3.800
		差	得分 0.000～3.000
市场内运输	运输技术（1.000）	优	得分 3.816～5.000
		中	得分 2.598～3.816
		差	得分 0.000～2.598
检测	检测室性能（0.350）＋农药残留快速检测技术（0.650）	优	得分 3.675～5.000
		中	得分 3.000～3.675
		差	得分 0.000～3.000
信息化	信息设施性能（0.200）＋监控技术（0.320）＋价格、供求信息收集、处理、发布技术性能功效（0.480）	优	得分 3.800～5.000
		中	得分 2.800～3.800
		差	得分 0.000～2.800

（五）冀东果蔬批发市场子类技术对应设施装备评价

按照子类技术集成评价方法，分别对库房性能、加湿、温控、交易、结算、称重、分拣、分级、预冷、清洗、杀菌、干燥、提升、包装材料、装卸、场内运输、检测、信息化、监控等技术进行打分评价，所得结果见表3-17至表3-50。

表3-17 贮藏库房评价打分表

贮藏库房	实用性	先进性	稳定性	经济性	生态性	得分
	0.231	0.218	0.113	0.367	0.071	
装配式库房	5	4	3	4	4	4.118
砖混结构库房	1	1	3	2	3	1.735
混凝土库房	3	3	5	3	3	3.226

表3-18 加湿技术评价打分表

加湿技术	实用性	先进性	稳定性	经济性	生态性	得分
	0.231	0.218	0.113	0.367	0.071	
超声波加湿器、高压雾化装备	4	5	5	3	5	4.035
湿帘技术	3	2	3	4	3	3.149
人工加湿技术	2	1	1	3	1	1.965

表3-19 温控技术评价打分表

制冷技术	实用性	先进性	稳定性	经济性	生态性	得分
	0.231	0.218	0.113	0.367	0.071	
氨制冷技术	5	4	4	3	4	3.864
氟利昂制冷技术	2	2	4	4	1	2.889

表3-20 交易设施评价打分表

交易设施	实用性	先进性	稳定性	经济性	生态性	得分
	0.231	0.218	0.113	0.367	0.071	
框架结构交易厅	3	2	4	2	3	2.528
钢结构交易厅	4	4	3	4	4	3.887
钢结构交易棚	3	3	2	5	4	3.692
露天场地	1	1	1	3	4	1.947

表 3－21　结算技术评价打分表

结算技术	实用性	先进性	稳定性	经济性	生态性	得分
	0.231	0.218	0.113	0.367	0.071	
电子结算技术	5	5	4	3	4	4.082
现金结算技术	5	1	2	4	5	3.422

表 3－22　加密技术评价打分表

加密技术	实用性	先进性	稳定性	经济性	生态性	得分
	0.231	0.218	0.113	0.367	0.071	
数字签名	4	5	4	3	3	3.78

表 3－23　防病毒技术评价打分表

防病毒技术	实用性	先进性	稳定性	经济性	生态性	得分
	0.231	0.218	0.113	0.367	0.071	
防病毒软件、防火墙	4	5	4	3	3	3.78

表 3－24　交易技术评价打分表

交易技术	实用性	先进性	稳定性	经济性	生态性	得分
	0.231	0.218	0.113	0.367	0.071	
电子交易技术	3	5	5	3	5	3.804
拍卖技术	2	3	3	4	4	3.207
对手交易技术	4	1	1	3	2	2.498

表 3－25　称重技术评价打分表

称重技术	实用性	先进性	稳定性	经济性	生态性	得分
	0.231	0.218	0.113	0.367	0.071	
一体化电子秤技术	4	5	5	3	4	3.964
地磅、电子秤技术	3	3	3	4	4	3.438
机械秤技术	2	1	3	4	4	2.771

表 3－26　分拣、加工车间评价打分表

分拣、加工车间	实用性	先进性	稳定性	经济性	生态性	得分
	0.231	0.218	0.113	0.367	0.071	
框架结构车间	3	3	4	3	3	3.113
钢结构封闭式车间	5	5	4	4	4	4.449
钢结构敞开式车间	4	4	4	5	4	4.367

表 3-27　分拣技术评价打分表

分拣技术	实用性	先进性	稳定性	经济性	生态性	得分
	0.231	0.218	0.113	0.367	0.071	
机械分拣技术	3	5	4	4	3	3.916
简易分拣台技术	3	3	3	3	4	3.071
人工分拣技术	4	1	2	3	5	2.824

表 3-28　预冷库房评价打分表

预冷库房	实用性	先进性	稳定性	经济性	生态性	得分
	0.231	0.218	0.113	0.367	0.071	
装配式库房	4	4	3	4	4	3.887
框架结构库房	3	2	5	3	3	3.008
砖混结构库房	1	2	4	2	4	2.137

表 3-29　预冷技术评价打分表

预冷技术	实用性	先进性	稳定性	经济性	生态性	得分
	0.231	0.218	0.113	0.367	0.071	
差压预冷技术	4	4	4	4	3	3.929
风预冷技术	4	2	3	2	2	2.575
自然通风预冷技术	1	1	1	1	5	1.284

表 3-30　清洗车间评价打分表

清洗车间	实用性	先进性	稳定性	经济性	生态性	得分
	0.231	0.218	0.113	0.367	0.071	
框架结构车间	5	3	4	3	3	3.575
钢结构车间	3	4	3	4	4	3.656
露天场地	1	1	1	4	5	2.385

表 3-31　干燥技术评价打分表

干燥技术	实用性	先进性	稳定性	经济性	生态性	得分
	0.231	0.218	0.113	0.367	0.071	
机械干燥技术	4	4	3	4	3	3.816
机械通风干燥技术	4	3	3	3	4	3.302
自然通风干燥技术	3	1	1	2	5	2.113

表 3-32　杀菌技术评价打分表

杀菌技术	实用性	先进性	稳定性	经济性	生态性	得分
	0.231	0.218	0.113	0.367	0.071	
臭氧杀菌技术	3	3	4	5	4	3.918
杀菌剂杀菌技术	5	1	3	3	1	2.884

表 3-33　清洗技术评价打分表

清洗技术	实用性	先进性	稳定性	经济性	生态性	得分
	0.231	0.218	0.113	0.367	0.071	
全自动清洗技术	3	5	4	4	5	4.058
半自动清洗技术	4	3	3	3	2	3.16
水管＋阀门＋清洗台技术	3	2	3	3	2	2.711
水泥池＋水管、塑料箱＋水管技术	5	1	3	3	1	2.884

表 3-34　提升技术评价打分表

提升技术	实用性	先进性	稳定性	经济性	生态性	得分
	0.231	0.218	0.113	0.367	0.071	
全自动提升技术	3	5	4	4	3	3.916
半自动输送技术	4	2	3	3	3	3.013
半自动提升技术	3	2	3	3	3	2.782
人工输送提升技术	3	1	1	2	5	2.113

表 3-35　分级车间评价打分表

分级车间	实用性	先进性	稳定性	经济性	生态性	得分
	0.231	0.218	0.113	0.367	0.071	
框架结构车间	3	4	3	4	4	3.656
钢结构车间	5	3	4	3	3	3.575
露天场地	1	1	1	3	5	2.018

表 3-36　大小、重量分级技术评价打分表

大小、重量分级技术	实用性	先进性	稳定性	经济性	生态性	得分
	0.231	0.218	0.113	0.367	0.071	
神经网络分级技术	4	5	4	4	4	4.218
计算机视觉分级技术	4	4	4	4	4	4.000
质量机械分级技术	4	2	3	3	3	3.013
大小机械分级技术	4	2	3	3	3	3.013
质量人工分级技术	4	1	2	2	4	2.386
大小人工分级技术	4	1	1	2	4	2.273

表 3-37　包装车间评价打分表

包装车间	实用性	先进性	稳定性	经济性	生态性	得分
	0.231	0.218	0.113	0.367	0.071	
框架结构车间	3	3	4	4	3	3.480
钢结构车间	5	4	4	5	4	4.598
露天场地	1	1	1	3	5	2.018

表 3-38　包装材料技术评价打分表

包装材料技术	实用性	先进性	稳定性	经济性	生态性	得分
	0.231	0.218	0.113	0.367	0.071	
保温材料技术	4	4	5	4	3	4.042
普通材料技术	4	3	3	4	4	3.669
塑料筐、竹筐简易材料技术	2	1	3	4	4	2.771
塑料袋、编织袋简易材料技术	1	1	1	3	3	1.876

表 3-39　打包技术评价打分表

打包技术	实用性	先进性	稳定性	经济性	生态性	得分
	0.231	0.218	0.113	0.367	0.071	
机械打包技术	3	4	5	4	3	3.811
人工打包技术	4	1	2	4	5	3.191

表 3-40　防震技术评价打分表

防震技术	实用性	先进性	稳定性	经济性	生态性	得分
	0.231	0.218	0.113	0.367	0.071	
网套技术	3	4	5	3	3	3.444
填充软材料技术	3	1	3	4	3	2.931

表 3-41　标识技术评价打分表

标识技术	实用性	先进性	稳定性	经济性	生态性	得分
	0.231	0.218	0.113	0.367	0.071	
商标＋条码编号技术	4	5	5	3	4	3.964
商标技术	4	3	3	3	4	3.302

表 3－42　封箱技术评价打分表

封箱技术	实用性	先进性	稳定性	经济性	生态性	得分
	0.231	0.218	0.113	0.367	0.071	
机械封箱技术	3	5	5	4	3	4.029
人工封箱技术	4	1	2	3	3	2.682

表 3－43　装卸车间评价打分表

装卸车间	实用性	先进性	稳定性	经济性	生态性	得分
	0.231	0.218	0.113	0.367	0.071	
土建式装卸车间	3	4	4	4	3	3.698
土建式装卸台	2	2	2	3	5	2.580

表 3－44　装卸技术评价打分表

装卸技术	实用性	先进性	稳定性	经济性	生态性	得分
	0.231	0.218	0.113	0.367	0.071	
机械传输、升降技术	4	5	5	3	3	3.893
机械传输技术	3	3	5	4	4	3.664
简易装卸梯架技术	4	2	3	4	5	3.522
人工装卸技术	4	1	1	3	5	2.711

表 3－45　场内运输技术评价打分表

场内运输技术	实用性	先进性	稳定性	经济性	生态性	得分
	0.231	0.218	0.113	0.367	0.071	
电动车运输技术	5	5	5	4	4	4.562
燃油车传输技术	3	4	5	4	2	3.740
地排、人力三轮车运输技术	1	1	3	3	5	2.244
手推车运输技术	1	1	3	3	5	2.244

表 3－46　检测室评价打分表

检测室车间	实用性	先进性	稳定性	经济性	生态性	得分
	0.231	0.218	0.113	0.367	0.071	
土建式检测间	4	2	5	4	3	3.606
装配式检测间	2	4	1	3	4	2.832

表 3-47 农药残留快速检测技术评价打分表

农药残留快速检测技术	实用性	先进性	稳定性	经济性	生态性	得分
	0.231	0.218	0.113	0.367	0.071	
酶抑制技术	4	4	4	4	3	3.929
速测卡技术	3	2	1	3	4	2.627

表 3-48 信息化室评价打分表

信息化室	实用性	先进性	稳定性	经济性	生态性	得分
	0.231	0.218	0.113	0.367	0.071	
土建式检测间	4	3	5	4	3	3.824
装配式检测间	2	4	1	3	4	2.832

表 3-49 信息化技术评价打分表

信息化技术	实用性	先进性	稳定性	经济性	生态性	得分
	0.231	0.218	0.113	0.367	0.071	
智能技术	3	5	4	4	3	3.916
半自动技术	4	3	3	4	4	3.669
人工技术	1	1	2	5	5	2.865

表 3-50 监控技术评价打分表

监控技术	实用性	先进性	稳定性	经济性	生态性	得分
	0.231	0.218	0.113	0.367	0.071	
监控技术	5	4	5	3	3	3.906

（六）冀东果蔬批发市场功能模块技术集成方案

采用创新法构建基于批发市场功能模块的冀东果蔬批发市场工程技术集成方案。按照技术集成方案构建方法，分别得到贮藏、交易、分拣和加工、预冷、清洗、分级、包装、装卸、市场内运输、检测、信息化等功能的优、中、差三等级技术集成方案，具体结果见表 3-51 至表 3-61。

表 3-51 贮藏功能模块技术集成方案

方案等级	集成方案	评价得分
优等级方案	方案 1——低温贮藏技术：装配式库房＋超声波加湿器、高压雾化装备＋氨制冷设备	3.953

（续）

方案等级	集成方案	评价得分
中等级方案	方案1——低温贮藏技术：装配式库房＋湿帘＋氨制冷设备	3.675
	方案2——低温贮藏技术：框架结构库房＋超声波加湿器、高压雾化装备＋氨制冷设备	3.730
	方案3——低温贮藏技术：框架结构库房＋湿帘＋氨制冷设备	3.597
	方案4——低温贮藏技术：装配式库房＋超声波加湿器、高压雾化装备＋氟利昂制冷设备	3.368
	方案5——低温贮藏技术：装配式库房＋湿帘＋氟利昂制冷设备	3.235
	方案6——低温贮藏技术：框架结构库房＋超声波加湿器、高压雾化装备＋氟利昂制冷设备	3.145
	方案7——低温贮藏技术：框架结构库房＋湿帘＋氟利昂制冷设备	3.012
差等级方案	方案1——低温贮藏技术：框架结构库房＋洒水器、湿草垫＋氟利昂制冷设备	2.835
	方案2——低温贮藏技术：框架结构库房＋氟利昂制冷设备	2.540
	方案3——低温贮藏技术：砖混结构库房＋洒水器、湿草垫＋氟利昂制冷设备	2.462
	方案4——低温贮藏技术：砖混结构库房＋氟利昂制冷	2.167

注：贮藏功能模块技术评价中等级标准上限值和下限值分别为3.850和2.850。

表3-52　交易功能模块技术集成方案

方案等级	集成方案	评价得分
优等级方案	方案1——电子交易技术：钢结构交易厅＋结构技术＋数据库＋门户网站＋B2C平台＋网上银行＋银行卡＋数字签名＋防病毒软件、防火墙	4.209
	方案2——拍卖交易技术：钢结构交易厅＋电子拍卖终端＋拍卖钟＋展台＋数据库＋软件＋PC＋结构技术＋数据库＋IC卡＋IC卡识别器＋PC机＋软件＋数字签名＋防病毒软件、防火墙	4.090
中等级方案	方案1——拍卖交易技术：框架结构交易厅＋电子拍卖终端＋拍卖钟＋展台＋数据库＋软件＋PC＋结构技术＋数据库＋IC卡＋IC卡识别器＋PC机＋软件＋数字签名＋防病毒软件、防火墙	3.845
	方案2——对手交易技术：钢架结构交易厅＋一体化电子秤＋结构技术＋数据库＋IC卡＋IC卡识别器＋PC机＋软件＋数字签名＋防病毒软件、防火墙	3.668
	方案3——对手交易技术：钢架结构交易棚＋一体化电子秤＋结构技术＋数据库＋IC卡＋IC卡识别器＋PC机＋软件＋数字签名＋防病毒软件、防火墙	3.633
	方案4——对手交易技术：框架结构交易厅＋一体化电子秤＋结构技术＋数据库＋IC卡＋IC卡识别器＋PC机＋软件＋数字签名＋防病毒软件、防火墙	3.423
	方案5——对手交易技术：钢结构交易厅＋地磅、电子秤	2.983
	方案6——对手交易技术：钢结构交易棚＋地磅、电子秤	2.948

（续）

方案等级	集成方案	评价得分
差等级方案	方案1——对手交易技术：钢结构交易厅＋机械秤	2.803
	方案2——对手交易技术：钢结构交易棚＋机械秤	2.768
	方案3——对手交易技术：框架结构交易厅＋地磅、电子秤	2.738
	方案4——对手交易技术：机械秤	2.454

注：交易功能模块技术评价中等级标准上限值和下限值分别为3.900和2.900。

表3-53　分拣、加工功能模块技术集成方案

方案等级	集成方案	评价得分
中等级方案	方案1——机械分拣技术：框架结构车间＋风扇＋操作台	3.675
	方案2——人工分拣技术：钢结构封闭式车间＋简易操作台	3.484
	方案3——人工分拣技术：钢结构敞开式车间＋简易操作台	3.460
	方案4——人工分拣技术：框架结构车间＋简易操作台	3.084
差等级方案	方案1——人工分拣技术：钢结构封闭式车间	1.335
	方案2——人工分拣技术：钢结构敞开式车间	1.310
	方案3——人工分拣技术：框架结构车间	0.934

注：分拣、加工功能模块技术评价中等级标准上限值和下限值分别为3.700和2.700。

表3-54　清洗功能模块（蔬菜）技术集成方案

方案等级	集成方案	评价得分
优等级方案	方案1——全自动清洗技术：土建车间＋果蔬清洗装置＋风机＋平带输送带、辊轴输送带、翻转输送带＋提升机、叉车	3.966
	方案2——半自动清洗技术：土建车间＋水泥池＋果蔬清洗设备＋臭氧发生装置＋胶管＋水槽＋风机＋平带输送带、辊轴输送带、翻转输送带＋提升机、叉车	3.976
中等级方案	方案1——半自动清洗技术：土建车间＋水泥池＋果蔬清洗设备＋臭氧发生装置＋胶管＋水槽＋风机＋平带输送带、辊轴输送带、翻转输送带	3.849
	方案2——半自动清洗技术：土建车间＋果蔬清洗装置＋风机＋平带输送带、辊轴输送带、翻转输送带	3.839
	方案3——半自动清洗技术：土建车间＋水管＋阀门＋清洗台＋臭氧发生装置＋胶管＋水槽＋风机＋平带输送带、辊轴输送带、翻转输送带＋提升机、叉车	3.796
	方案4——半自动清洗技术：土建车间＋水泥池＋果蔬清洗设备＋臭氧发生装置＋胶管＋水槽＋风机	3.723
	方案5——半自动清洗技术：土建车间＋水泥池＋果蔬清洗设备＋含氯消毒剂＋水槽＋风机＋平带输送带、辊轴输送带、翻转输送带＋提升机、叉车	3.707
	方案6——半自动清洗技术：土建车间＋水管＋阀门＋清洗台＋臭氧发生装置＋胶管＋水槽＋风机＋平带输送带、辊轴输送带、翻转输送带	3.670

（续）

方案等级	集成方案	评价得分
中等级方案	方案7——半自动清洗技术：土建车间＋水泥池＋果蔬清洗设备＋含氯消毒剂＋水槽＋风机＋平带输送带、辊轴输送带、翻转输送带	3.580
	方案8——半自动清洗技术：土建车间＋水管＋阀门＋清洗台＋臭氧发生装置＋胶管＋水槽＋风机	3.544
	方案9——半自动清洗技术：土建车间＋水泥池＋果蔬清洗设备＋臭氧发生装置＋胶管＋水槽＋风扇＋平带输送带、辊轴输送带、翻转输送带＋提升机、叉车	3.491
	方案10——半自动清洗技术：土建车间＋水泥池＋果蔬清洗设备＋含氯消毒剂＋水槽＋风机	3.454
	方案11——半自动清洗技术：土建车间＋水泥池＋果蔬清洗设备＋臭氧发生装置＋胶管＋水槽＋风扇＋平带输送带、辊轴输送带、翻转输送带	3.365
	方案12——半自动清洗技术：土建车间＋水管＋阀门＋清洗台＋臭氧发生装置＋胶管＋水槽＋风扇＋平带输送带、辊轴输送带、翻转输送带＋提升机、叉车	3.312
	方案13——半自动清洗技术：土建车间＋水泥池＋果蔬清洗设备＋臭氧发生装置＋胶管＋水槽＋风扇	3.239
	方案14——半自动清洗技术：土建车间＋水管＋阀门＋清洗台＋臭氧发生装置＋胶管＋水槽＋风扇＋平带输送带、辊轴输送带、翻转输送带	3.185
	方案15——人工清洗技术：土建车间＋水泥池＋果蔬清洗设备＋臭氧发生装置＋胶管＋水槽＋平带输送带、辊轴输送带、翻转输送带	3.127
	方案16——人工清洗技术：土建车间＋水泥池＋果蔬清洗设备＋臭氧发生装置＋胶管＋水槽＋平带输送带、辊轴输送带、翻转输送带	3.127
	方案17——人工清洗技术：土建车间＋水泥池＋果蔬清洗设备＋含氯消毒剂＋水槽＋风扇＋平带输送带、辊轴输送带、翻转输送带	3.096
	方案18——人工清洗技术：土建车间＋水管＋阀门＋清洗台＋臭氧发生装置＋胶管＋水槽＋风扇	3.059
	方案19——人工清洗技术：土建车间＋水泥池＋果蔬清洗设备＋臭氧发生装置＋胶管＋水槽	3.001
差等级方案	方案1——人工清洗技术：土建车间＋水泥池＋果蔬清洗设备＋含氯消毒剂＋水槽＋平带输送带、辊轴输送带、翻转输送带	2.858
	方案2——人工清洗技术：土建车间＋水管＋阀门＋清洗台＋臭氧发生装置＋胶管＋水槽	2.822
	方案3——人工清洗技术：土建车间＋水管＋阀门＋清洗台＋含氯消毒剂＋水槽＋风扇	2.790
	方案4——人工清洗技术：土建车间＋水泥池＋果蔬清洗设备＋含氯消毒剂＋水槽	2.732
	方案5——人工清洗技术：土建车间＋水管＋阀门＋清洗台＋含氯消毒剂＋水槽	2.553

注：蔬菜清洗功能模块技术评价中等级标准上限值和下限值分别为3.860和2.860。

表 3-55　预冷功能模块技术集成方案

方案等级	集成方案	评价得分
优等级方案	方案1——差压预冷技术：装配式库房＋差压预冷系统＋超声波加湿器、高压雾化装备	3.931
中等级方案	方案1——差压预冷技术：装配式库房＋差压预冷系统＋湿帘	3.807
	方案2——差压预冷技术：框架结构库房＋差压预冷系统＋超声波加湿器、高压雾化装备	3.668
	方案3——差压预冷技术：框架结构库房＋差压预冷系统＋湿帘	3.544
	方案4——风预冷技术：装配式结构库房＋风预冷系统＋超声波加湿器、高压雾化装备	3.173
	方案5——风压预冷技术：装配式结构库房＋风预冷系统＋湿帘	3.049
	方案6——风压预冷技术：框架结构库房＋风预冷系统＋超声波加湿器、高压雾化装备	2.909
	方案7——风压预冷技术：装配式结构库房＋风预冷系统＋洒水器、湿草垫	2.883
差等级方案	方案1——风预冷技术：框架结构库房＋风预冷系统＋湿帘	2.785
	方案2——风预冷技术：框架结构库房＋风预冷系统＋洒水器、湿草垫	2.620
	方案3——自然通风预冷技术：框架结构库房	0.902
	方案4——自然通风预冷技术：砖混结构库房	0.641

注：预冷功能模块技术评价中等级标准上限值和下限值分别为3.860和2.860。

表 3-56　分级功能模块技术集成方案

方案等级	集成方案	评价得分
优等级方案	方案1——全自动计算机分级技术：土建式车间＋CCD摄像机、多光谱成像仪＋光照箱＋图像采集卡＋图像监视器＋PC机＋神经网络训练器＋神经网络分级器＋平带输送带、辊轴输送带、翻转输送带＋提升机、叉车	4.127
中等级方案	方案1——全自动计算机分级技术：土建式车间＋CCD摄像机、多光谱成像仪＋光照箱＋图像采集卡＋图像监视器＋PC机＋软件＋平带输送带、辊轴输送带、翻转输送带＋提升机、叉车	3.975
	方案2——半自动计算机分级技术：土建式车间＋CCD摄像机、多光谱成像仪＋光照箱＋图像采集卡＋图像监视器＋PC机＋神经网络训练器＋神经网络分级器＋平带输送带、辊轴输送带、翻转输送带	3.857
	方案3——半自动计算机分级技术：土建式车间＋CCD摄像机、多光谱成像仪＋光照箱＋图像采集卡＋图像监视器＋PC机＋软件＋平带输送带、辊轴输送带、翻转输送带	3.704
	方案4——全自动分级技术：土建式车间＋质量感应器＋平带输送带、辊轴输送带、翻转输送带＋提升机、叉车	3.284
	方案5——全自动分级技术：土建式车间＋滚筒层叠式分级机、滚筒栅条式分级机、滚筒孔式分级机＋平带输送带、辊轴输送带、翻转输送带＋提升机、叉车	3.284
	方案6——半自动分级技术：土建式车间＋质量感应器＋平带输送带、辊轴输送带、翻转输送带	3.013
	方案7——半自动分级技术：土建式车间＋滚筒层叠式分级机、滚筒栅条式分级机、滚筒孔式分级机＋平带输送带、辊轴输送带、翻转输送带	3.013

（续）

方案等级	集成方案	评价得分
差等级方案	方案1——半自动分级技术：土建式车间＋质量感应器	2.743
	方案2——半自动分级技术：土建式车间＋滚筒层叠式分级机、滚筒栅条式分级机、滚筒孔式分级机	2.743
	方案3——人工分级技术：土建式车间＋电子秤、机械秤	2.304
	方案4——人工分级技术：土建式车间＋果实分级卡	2.225

注：分级洗功能模块技术评价中等级标准上限值和下限值分别为4.000和3.000。

表3-57　包装功能模块技术集成方案

方案等级	集成方案	评价得分
优等级方案	方案1——全自动包装技术：土建式车间＋包装机＋网套＋商标＋条码编号＋泡沫箱＋封箱机＋胶带＋平带输送带、辊轴输送带、翻转输送带＋提升机、叉车	3.877
中等级方案	方案1——全自动包装技术：土建式车间＋包装机＋网套＋商标＋条码编号＋纸箱＋封箱机＋胶带＋平带输送带、辊轴输送带、翻转输送带＋提升机、叉车	3.783
	方案2——全自动包装技术：土建式车间＋包装机＋网套＋商标＋泡沫箱＋封箱机＋胶带＋平带输送带、辊轴输送带、翻转输送带＋提升机、叉车	3.744
	方案3——半自动包装技术：土建式车间＋包装机＋网套＋商标＋条码编号＋泡沫箱＋胶带＋平带输送带、辊轴输送带、翻转输送带＋提升机、叉车	3.742
	方案4——半自动包装技术：土建式车间＋包装机＋网套＋商标＋泡沫箱＋封箱机＋胶带＋平带输送带、辊轴输送带、翻转输送带	3.654
	方案5——半自动包装技术：土建式车间＋包装机＋网套＋商标＋条码编号＋泡沫箱＋胶带＋平带输送带、辊轴输送带、翻转输送带	3.652
	方案6——全自动包装技术：土建式车间＋包装机＋网套＋商标＋纸箱＋封箱机＋胶带＋平带输送带、辊轴输送带、翻转输送带＋提升机、叉车	3.651
	方案7——半自动包装技术：土建式车间＋包装机＋网套＋商标＋条码编号＋纸箱＋胶带＋平带输送带、辊轴输送带、翻转输送带＋提升机、叉车	3.649
	方案8——半自动包装技术：土建式车间＋包装机＋网套＋商标＋泡沫箱＋胶带＋平带输送带、辊轴输送带、翻转输送带＋提升机、叉车	3.610
	方案9——半自动包装技术：土建式车间＋填充软材料＋商标＋条码编号＋纸箱＋封箱机＋胶带＋平带输送带、辊轴输送带、翻转输送带＋提升机、叉车	3.582
	方案10——半自动包装技术：土建式车间＋包装机＋网套＋商标＋泡沫箱＋封箱机＋胶带	3.564
	方案11——人工包装技术：土建式车间＋包装机＋网套＋商标＋条码编号＋泡沫箱＋胶带	3.562
	方案12——半自动包装技术：土建式车间＋包装机＋网套＋商标＋纸箱＋封箱机＋胶带＋平带输送带、辊轴输送带、翻转输送带	3.561
	方案13——半自动包装技术：土建式车间＋包装机＋网套＋商标＋条码编号＋纸箱＋胶带＋平带输送带、辊轴输送带、翻转输送带	3.558
	方案14——半自动包装技术：土建式车间＋包装机＋网套＋商标＋泡沫箱＋胶带＋平带输送带、辊轴输送带、翻转输送带	3.519

（续）

方案等级	集成方案	评价得分
中等级方案	方案15——半自动包装技术：土建式车间＋包装机＋网套＋商标＋纸箱＋胶带＋平带输送带、辊轴输送带、翻转输送带＋提升机、叉车	3.516
	方案16——半自动包装技术：土建式车间＋填充软材料＋商标＋条码编号＋纸箱＋封箱机＋胶带＋平带输送带、辊轴输送带、翻转输送带	3.492
	方案17——半自动包装技术：土建式车间＋包装机＋网套＋商标＋纸箱＋封箱机＋胶带	3.471
	方案18——人工包装技术：土建式车间＋包装机＋网套＋商标＋条码编号＋纸箱＋胶带	3.468
	方案19——半自动包装技术：土建式车间＋填充软材料＋商标＋纸箱＋封箱机＋胶带＋平带输送带、辊轴输送带、翻转输送带＋提升机、叉车	3.450
	方案20——人工包装技术：土建式车间＋包装机＋网套＋商标＋泡沫箱＋胶带	3.429
	方案21——半自动包装技术：土建式车间＋包装机＋网套＋商标＋纸箱＋胶带＋平带输送带、辊轴输送带、翻转输送带	3.426
	方案22——半自动包装技术：土建式车间＋填充软材料＋商标＋条码编号＋纸箱＋封箱机＋胶带	3.402
	方案23——半自动包装技术：土建式车间＋填充软材料＋商标＋纸箱＋封箱机＋胶带＋平带输送带、辊轴输送带、翻转输送带车	3.360
	方案24——人工包装技术：土建式车间＋包装机＋网套＋商标＋纸箱＋胶带	3.336
	方案25——半自动包装技术：土建式车间＋填充软材料＋商标＋纸箱＋封箱机＋胶带	3.270
	方案26——人工包装技术：土建式车间＋填充软材料＋商标＋条码编号＋纸箱＋胶带	3.267
	方案27——人工包装技术：土建式车间＋填充软材料＋商标＋纸箱＋胶带	3.135
差等级方案	方案1——人工包装技术：土建式车间＋填充软材料＋商标＋条码编号＋塑料筐、竹筐	2.775
	方案2——人工包装技术：土建式车间＋商标＋纸箱＋胶带	2.695
	方案3——人工包装技术：土建式车间＋填充软材料＋商标＋塑料筐、竹筐	2.642
	方案4——人工包装技术：土建式车间＋网套＋纸箱＋胶带	2.552
	方案5——人工包装技术：土建式车间＋填充软材料＋纸箱＋胶带	2.475
	方案6——人工包装技术：土建式车间＋填充软材料＋商标＋塑料袋、编织袋	2.419
	方案7——人工包装技术：土建式车间＋网套＋纸箱	2.283
	方案8——人工包装技术：土建式车间＋填充软材料＋纸箱	2.206
	方案9——人工包装技术：土建式车间＋商标＋塑料筐、竹筐	2.203
	方案10——人工保鲜包装技术：土建式车间＋网套＋塑料筐、竹筐	2.059
	方案11——人工包装技术：土建式车间＋纸箱＋胶带	2.035
	方案12——人工包装技术：土建式车间＋填充软材料＋塑料筐、竹筐	1.982
	方案13——人工包装技术：土建式车间＋商标＋塑料袋、编织袋	1.979
	方案14——人工保鲜包装技术：土建式车间＋网套＋塑料袋、编织袋	1.835
	方案15——人工包装技术：土建式车间＋填充软材料＋商标＋条码编号＋塑料袋、编织袋	1.758
	方案16——人工包装技术：土建式车间＋填充软材料＋塑料袋、编织袋	1.758
	方案17——人工包装技术：土建式车间＋塑料筐、竹筐	1.542
	方案18——人工包装技术：土建式车间＋塑料袋、编织袋	1.319

注：包装功能模块技术评价中等级标准上限值和下限值分别为3.800和2.800。

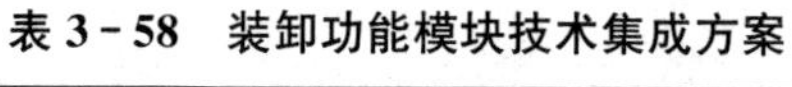

表 3-58　装卸功能模块技术集成方案

方案等级	集成方案	评价得分
优等级方案	方案 1——全自动计算机分级技术：土建式装卸车间＋叉车＋托盘	3.854
中等级方案	方案 1——半自动装卸技术：土建式装卸车间＋传输带	3.671
	方案 2——人工装卸技术：土建式装卸车间＋简易装卸梯架	3.447
	方案 3——半自动装卸技术：土建式装卸台＋传输带	3.557
	方案 4——人工装卸技术：土建式装卸台＋简易装卸梯架	3.334
差等级方案	方案 1——人工装卸技术：土建式装卸车间	2.908
	方案 2——人工装卸技术：土建式装卸台	2.685

注：装卸功能模块技术评价中等级标准上限值和下限值分别为 3.800 和 3.000。

表 3-59　运输功能模块技术集成方案

方案等级	集成方案	评价得分
优等级方案	方案 1——机动车运输技术：电动车	4.562
中等级方案	方案 1——机动车运输技术：燃料车	3.740
差等级方案	方案 1——非机动车运输技术：地排、人力三轮车	2.244
	方案 2——非机动车运输技术：手推车	2.244

注：运输功能模块技术评价中等级标准上限值和下限值分别为 3.816 和 2.598。

表 3-60　检测功能模块技术集成方案

方案等级	集成方案	评价得分
优等级方案	方案 1——酶抑制技术：土建式检测间＋农药残留快速检测仪	3.816
中等级方案	方案 1——酶抑制技术：装配式检测间＋农药残留快速检测仪	3.545
差等级方案	方案 1——速测卡技术：土建式检测间＋农药残留快速检测卡	2.970
	方案 2——速测卡技术：装配式检测间＋农药残留快速检测卡	2.699

注：检测功能模块技术评价中等级标准上限值和下限值分别为 3.675 和 3.000。

表 3-61　信息化功能模块技术集成方案

方案等级	集成方案	评价得分
优等级方案	方案 1——智能信息化技术：土建式信息设施＋PC＋软件＋LED 显示屏＋一体化电子秤＋监控系统	3.894
中等级方案	方案 1——信息化技术：土建式信息设施＋ PC＋ LED 显示屏＋监控系统	3.776
	方案 2——智能信息化技术：装配式信息设施＋PC＋软件＋LED 显示屏＋一体化电子秤＋监控系统 PC＋ LED 显示屏	3.696
	方案 3——信息化技术：装配式信息设施＋ PC＋ LED 显示屏＋监控系统	3.577
	方案 4——信息化技术：土建式信息设施＋黑板＋监控系统	3.390
	方案 5——信息化技术：装配式信息设施＋黑板＋监控系统	3.192

（续）

方案等级	集成方案	评价得分
差等级方案	方案 1——信息化技术：土建式信息设施＋ PC＋ LED 显示屏	2.526
	方案 2——信息化技术：装配式信息设施＋ PC＋ LED 显示屏	2.328
	方案 3——信息化技术：土建式信息设施＋监控系统	2.015
	方案 4——信息化技术：装配式信息设施＋监控系统	1.816
	方案 5——信息化技术：黑板	1.375

注：信息化功能模块技术评价中等级标准上限值和下限值分别为 3.800 和 2.800。

以上通过对冀东果蔬批发市场所需流通技术的分析，构建了果蔬批发市场的流通工程技术分类，并从工程建设的角度开展了技术评价，形成了基于果蔬批发市场功能模块的技术集成方案优化集。对某一市场应采用的建设方案（模式），应在对市场的具体流通工艺与工程技术进行剖析的基础上，在主体组织、环境条件、运营投资等多种条件限制约束下进行具体构建与优化。

参考文献

卞有生．1999．留民营农业生态工程能量流分析与计算［J］．生态农业研究（3）：71－76．

蔡文，杨春燕，林伟初．1997．可拓工程方法［M］．北京：科学出版社．

曹明霞．2007．灰色关联分析模型及其应用的研究［D］．南京：南京航空航天大学．

常立农．2003．技术哲学［M］．长沙：湖南大学出版社．

陈海素．2008．基于 AHP—模糊评判法的土地利用总体规划实施评价研究［D］．福州：福建师范大学．

陈敬全．2004．科研评价方法与实证研究［D］．武汉：武汉大学．

陈忠．2005．现代系统科学学［M］．上海：上海科学技术文献出版社：231－240．

查先进．2000．信息分析与预测［M］．武汉：武汉大学出版社．

戴彬．2008．基于不完全信息的灰色关联决策方法及其程序实现［D］．长沙：长沙理工大学．

戴汝为．1995．智能系统的综合集成［M］．杭州：浙江科技出版社．

丁春梅，董邑宁，吕天伟．2006．农村水利现代化评价指标体系初步研究［J］．中国农村水利水电（9）：74－76．

杜栋．2008．现代综合评价方法与案例精选［M］．北京：清华大学出版社．

段永瑞．2006．数据包分析——理论和应用［M］．上海：上海科学普及出版社．

殷瑞钰．2006．关于工程创新与落实科学发展观的认识［M］．北京：北京理工大学出版社：1－10．

傅家骥．2004．企业怎样进行技术整合［J］．科技信息（11）：39－40．

海峰．2001．企业管理集成的理论和方法［D］．武汉：武汉理工大学．

何璠．2006．基于 BP 人工神经网络的环境质量评价模型研究［D］．成都：四川大学．

何克瑾．2008. 大型自然港区节水改造项目后评估方法及应用研究［D］．西安：西安理工大学．

黄杰，熊江陵，李必强．2003. 集成的内涵与特征初探［J］．科学学与科学技术管理（7）：20－22.

黄玉祥．2006. 数量分析在我国农机装备管理种的应用研究进展［J］．西北农林科技大学学报（自然科学版），34（6）：159－163.

蒋和平，黄德林，郝利．2005. 中国农业现代化发展水平的定量综合评价［J］．农业经济问题（增刊）：52－60.

江辉，陈劲．2000. 技术集成：一类新的创新模式［J］．科研管理，21（5）：31－39.

李宝山，刘志伟．1998. 集成管理——高科技时代的管理创新［M］．北京：中国人民大学出版社：34－35.

李伯聪．2006. 工程创新和工程人才［M］．北京：北京理工大学出版社：28.

李朝洪，许俊杰，余波涛，等．2000. 中国森林资源可持续发展综合评价方法［J］．东北林业大学学报，28（5）：122－124.

李兴国，张晋国，张小丽，等．2006. 我国农业机械化系统分析及评价指标体系构建［J］．中国农机化（5）：55－56.

刘东生．2004. 农村可再生能源建设项目环境影响评价方法及案例研究［D］．北京：中国农业大学．

刘思峰，郭天榜，党耀国．1999. 灰色系统理论及其应用［M］．北京：科学出版社．

刘晓强．1997. 集成论初探［J］．中国软科学（10）：103.

刘艳平．2006. 可拓综合评价方法及在物流中心规划方案中的应用［D］．天津：河北工业大学．

刘志伟．1998. 集成管理：高科技时代的管理创新［D］．北京：中国人民大学：19－21.

骆健民．2006. 农业机械化发展水平的评估与发展模式的研究［D］．杭州：浙江大学．

欧建峰，程吉林．2010. 基于AHP与BP神经网络的农村水利现代化评价［J］．中国农村水利水电（11）：94－97.

秦寿康．2003. TOPSIS价值函数模型［J］．系统工程学报，18（1）：37－43.

施德铭，方放，王海，等．1997. 县域农村能源可持续发展能力评价指标体系的研究［J］．农业工程学报（1）：144－148.

施鸿宝．1993. 神经网络及其应用［M］．西安：西安交通大学出版社．

施式亮．2000. 矿井安全非线性动力学评价模型及应用研究［D］．长沙：中南大学．

舒彩霞，廖庆喜．2001. 我国农业机械化作业综合程度的系统评价方法［J］．湖北农机化（5）：26.

舒志鹏．2008. 多目标二层规划问题的算法研究［D］．武汉：武汉理工大学．

宋文．2002. 烟气脱硫装置技术经济分析的研究［D］．武汉：武汉理工大学．

宋晓东．2009. 铁路空车调配多目标优化模型研究［D］．长沙：中南大学．

宋兴光．2001. 多属性决策理论、方法及其在矿业中的应用研究［D］．昆明：昆明理工大学．

唐然．2008. 城镇污水处理工艺优选决策模型研究［D］．重庆：重庆大学．

田军，张朋柱，王刊良，等 . 2004. 基于德尔菲法的专家意见集成模型研究 [J] . 系统工程理论与实践 (1)：57 - 62，69.

田芯 . 2008. 大中型沼气工程的技术经济评价研究 [D] . 北京：北京化工大学 .

王春秀 . 2005. AHP—模糊综合评价法在岗位评价与绩效评估中的应用研究 [D] . 北京：华北电力大学 .

王革华 . 1993. 北方农户能源经济系统经济效益简要分析 [J] . 可再生资源 (3)：25 - 26.

王佳 . 2009. 基于数据包络分析方法的供应商评价研究 [D] . 广州：暨南大学 .

王晓红，张宝生，陈浩 . 2011. 虚拟科技创新团队成员选择决策研究——基于多级可拓综合评价 [J] . 科研管理，32 (3)：108 - 112，120.

魏权龄 . 2004. 数据包络分析 [M] . 北京：科学出版社 .

吴林海 . 2000. 中国科技园区域创新能力论 [M] . 北京：中国经济出版社 .

夏绍玮，杨家本，杨振斌 . 1995. 系统工程概论 [M] . 北京：清华大学出版社 .

肖峰 . 2006. 从工程大国到工程强国 [M] . 北京：北京理工大学出版社：81.

严广乐，张宁，刘媛华 . 2009. 系统工程 [M] . 北京：机械工业出版社 .

严省益，傅忠，黄大明 . 2005. 农机化装备结构多目标优化的模糊综合评判方法 [J] . 中国农机化 (3)：41 - 44.

杨林村，杨擎 . 2002. 集成创新的知识产权管理 [J] . 中国软科学 (12)：119.

叶珍 . 2010. 基于 AHP 的模糊综合评价方法研究及应用 [D] . 广州：华南理工大学 .

衣爱东 . 2007. 黑龙江垦区农业现代化评价体系研究 [J] . 中国农垦 (10)：32 - 35.

余振华 . 2005. 基于数据包络分析的供应链绩效评价体系研究 [D] . 重庆：重庆大学 .

余志良，张平，区毅勇 . 2003. 技术整合的概念、作用与过程管理 [J] . 科学学与科学技术管理 (3)：38 - 40.

曾利彬 . 2008. 我国农业现代化评价指标体系设计 [J] . 安徽农业科学，36 (4)：1634 - 1635，1652.

张丽娜 . 2006. 综合评价法在生态工业园区评价中的应用 [D] . 大连：大连理工大学 .

张鹏 . 2004. 基于主成分分析的综合评价研究 [D] . 南京：南京理工大学 .

张扬 . 2007. 工程中的技术集成研究 [D] . 长沙：湖南农业大学 .

张正义 . 1999. 知识经济与成套设备的技术集成 [J] . 制造业自动化，8 (21)：344 - 347.

赵喜仓 . 2007. 区域科技投入绩效评估研究 [D] . 镇江：江苏大学 .

中华人民共和国国土资源部 . 2003. 农用地分等规程 [S] . 北京：中国标准出版社 .

朱甸余，刘天福 . 1989. 农业机械化的经济效果评价 [J] . 农业技术经济 (2)：63 - 64.

朱建军 . 2005. 层次分析法的若干问题研究及应用 [D] . 沈阳：东北大学 .

朱建忠 . 2009. 我国制造业面向产品的技术集成机理研究 [D] . 杭州：浙江大学 .

Harrison J S，Freeman R E. 1999. Stakeholders，Social Responsibility & performance：Empirical Evidence & Theoretical Evidence [J] . Academy of Management Journal，42 (5)：479 -485.

Iansiti M. 1998. Technology Integration：making critical choices in a dynamic world [M] . Boston：Harvard business School Press.

Iansiti M，Jonathan W. 1999. From Physics to Function：An Empirical Study of Research and Development Performance in the Semiconductor Industry [J]. Journal of Product Innovation Management (16): 385-399.

Kodama F. 1992. Technology Fusion & the R&D [J]. Harvard Business Review, Jul. - Aug.: 70-78.

Park J, Jung W, Ha J. 2001. Development of the step com-plexity measure for emergency operating procedures u-sing entropy concepts [J]. Reliability Engineering and System Safety, 71 (2): 115-130.

Rasul G, Thapa G. 2004. Sustainability of ecological and conventional agricultural systems in Bangladesh: an assessment based on environmental [J]. Economic and Social Perspectives, 79 (3): 327-351.

Rumelart D E, McClelland J L. 1986. Parallel distributed processing [M]. MA: MIT press, Cambridge, 1 (2): 125-187.

Saaty T L. 1980. The analytic hierarchy process [M]. New York: Mcgraw-Hill.

第四章　农业工程技术模式构建和优化的理论与方法

第一节　农业工程技术模式构建与优化概述

一、内涵

（一）定义

模式（Pattern）其实质就是解决某一类问题的方法论。把解决某类问题的方法总结归纳到理论高度，就是模式。模式是一种指导，在一个良好的指导下，有助于完成任务，有助于做出一个优良的设计方案，达到事半功倍的效果，得到解决问题的最佳办法。

模式标志了事物之间隐藏的规律关系，而这些事物并不必然是图像、图案，也可以是数字、抽象的关系、甚至是思维方式。模式强调的是形式上的规律，而非实质上的规律。模式是前人积累的经验的抽象和升华。简单地说，就是从不断重复出现的事物中发现和抽象出的规律、经验的总结。只要是一再重复出现的事物，就可能存在某种模式。

不同的领域有不同的模式，农业工程也有自身的模式。这些模式的归纳、总结、创新可以指导农业工程的理论和实践。

模式的构建与优化建立在模式评价的基础上，是为了选择符合规律、指导实践的方法和途径，以便做出正确的决策。因此模式评价的内容、工具、指标都应是动态的。

综上所述，农业工程技术模式是指以技术集成为基础，在一定的环境影响和条件约束下，反映农业工程各经营主体、服务对象、产业类型、技术装备之间的交互作用，形成有序而稳定的内在关系结构及其外在表现形式。而农业工程技术模式的构建与优化是农业工程技术发挥最大效能的重要工具，是农业工程各要素在工程设计、资源分配等方面发挥最佳经济效益、社会效益和生态效益的方法。

（二）特点

农业工程技术模式具有区域性、阶段性、系统性、层次性和多样性的

特点。

1. 区域性特征　农业工程技术模式具有很强的区域性特点。自然环境的地域差异是农业工程技术模式的自然基础，是农业工程区域布局难以跨越的基本法则，适用于平原地区的农业工程，不一定适用于山区；适用于城市郊区的，不一定适用于广大农村。因此农业工程技术模式虽然是人工构建的，但必须适应地区特点。

2. 阶段性特征　农业工程技术模式是发展的，技术模式的每一个阶段总与一定的发展阶段相适应，并通过向前关联、向后关联和侧向关联实现其对农业发展的指导与促进，并不停留在某一个水平上。地区的自然条件，相对来说比较稳定，一般不会在短期内发生大的变化，但社会经济条件（包括工程技术）却可能发生变化，有时甚至发生急剧变化，这就必然会影响到农业工程的发展。

3. 系统性特征　农业工程技术集成以系统整体优化为目标，使系统各要素集合成为一个有机整体，并以系统为对象，综合性地解决农业工程问题，可以说，系统性特征是农业工程技术模式的突出特征。因为，在农业工程技术模式中，组成工程的各项技术和影响工程的各方面的复杂因素，相互协调地存在着，组成一个能够提供效益的功能完善的系统。这个系统不是孤立的，它与其他农业工程系统存在着相互依存、相互制约的关系，共同存在于地区的农业系统中（陶鼎来，2002）。

4. 层次性特征　系统的层次性特征指的是，组成系统诸要素的种种差异包括结合方式上的差异，使得系统组织在地位与作用、结构与功能上表现出等级秩序性，形成了具有质的差异的系统等级，即形成了统一系统中的等级差异性，层次概念就反映这种有质的差异的不同的系统等级或系统中的等级差异性（魏宏森，曾国屏，1995）。农业工程技术模式是由要素组成的。一方面，某模式是上一级模式的子模式，即要素；另一方面，该模式的要素却又是由低一层的模式（要素）组成的，低一层的模式又是由更低一层的模式（要素）组成。农业工程是一个复杂的巨系统，是由低层次的模式构成，高层次的模式包含着低层次，低层次从属于高层次。高层次和低层次之间的关系，是一种整体和部分、系统和要素之间的关系。高层次作为整体制约着低层次，具有低层次不具有的特征；低层次构成高层次，受制于高层次，但也可拥有属于自己的特性。所以对农业工程模式层次性的认识，在深度上和广度上应该是无穷尽的。

5. 多样性特征　张德常（2012）在《产业多样性的理论与实证研究》中，论述了产业多样性对于经济结构和经济增长的重要性，尤其是产业结构适度多样化对某个区域经济发展的现实意义。与产业多样性一样，农业工程技术模式在追求专业化的同时，也要寻求多样性。这里论述的农业工程模式的多样性一方面是模式构建的多样性，另一方面又要强调在我国某一地区寻求模式存在的多样性。如上所述，模式由很多要素组成，各个要素的评价、筛选、集成因为区域、经济、社会、文化等因素而有差异，模式中各个要素之间的客观的纵向和横向联系和差异，不允许完全平等地在同一水平上进行处理。所以在模式的构建过程中，针对不同的农业工程主体、技术要素、服务对象、产业类型等要素，采用不同的模式构建方法，从而产生不同的模式，这就构成了模式的多样性。同时，我国正处于产业结构调整的重要战略机遇期和转型期，农业工程要分阶段、有步骤、循序渐进地完成这一转型，就要求各种不同的农业工程技术模式在某一时期、某一地区同时存在，各种不同模式的协调、平衡与可持续，在未来一段时期将长期存在。

二、目的与意义

（一）目的

农业工程技术模式构建与优化就是要通过农业工程技术模式的集成和评价，揭示农业工程主体组织、服务对象、产业类型、技术装备之间的内在匹配、协同程度，通过改进优化，全面提升现有农业工程技术模式的现代化水平。借助技术集成匹配和装备设施组装配套，构建更为先进的农业工程技术模式，使其替代原有、落后的模式，推动农业的转型升级。

（二）意义

1. 促进转变农业发展方式 农业发展到一定阶段，必须向深层次推进。近年来，我国农业生产持续增长，农产品有效供给保持稳定，农民收入逐年增加。但是，如果继续维持现有农业生产方式，农业结构调整慢，农业规模化生产、产业化经营进程慢和农民增收难的“两慢一难”问题将日益突出，农业、农村、农民的现状和城乡二元结构就难以有突破性的改变。

农业发展方式的转变是农业现代化的基本内涵。农业发展方式转变包括农业生产、农业经济、农业要素转型和农业生态转型等。2008 年，我国农业劳动力比例约为 40%，大约相当于英国 1841 年和美国 1900 年的水平；我国农业增加值比例约为 11%，大约相当于英国 1880 年和美国 1929 年的水平。加快农业结构调整，促进农业升级，是提高我国农业现代化水平的一个重要方面（何传启，2012）。

农业工程在农业现代化的过程中为农业提供许多具体的工程措施的同时，

还要求农业重视工程的设计，讲求工程效率和效益，这就改变了我国传统的农业生产方式。农业工程技术模式不但要为农业提供许多单项的工程措施，还要求按照工程项目建设农业，就是应用系统工程观点和方法，根据地区资源条件和市场对农产品的需求，制订农业工程发展规划，提出建设项目，强调可行性研究，进行技术设计，讲究经济、社会、生态效益；在建设过程中加强施工管理，监测工程质量和进度；建成以后还要重视工程的维护、保养，确保工程高效运行，取得预期的设计效益（陶鼎来，2002）。

2. 有利于完善现代农业产业体系　随着农业发展形态的变化和市场化程度的加深，农业生产领域加快向产前、产后延伸，农业的分工分业进程加快，新的产业形态不断涌现，现代农业已经发展成为一、二、三产业高度融合的产业体系。要大力发展农业产业化和农产品加工储运业，实现产加销一条龙和贸工农一体化，提高农民在产业链条中的收益分配比例，实现龙头企业与农民及专业合作社共舞共进共富，让广大农民平等参与现代化进程、共同分享现代化成果。

农业工程的发展离不开现代农业产业体系。农业工程技术模式的实施是将分散的农民用经济手段组织起来，按市场规律，运用商业化的资金、先进的工程技术、完善的物质条件，不断提高农业综合生产能力。

3. 有利于提高农业劳动生产率　劳动生产率是指劳动者在一定时期内创造的劳动成果与其相适应的劳动消耗量的比值。何传启（2012）指出，2008年在131个国家中，中国农业效率指标的世界排名是：水稻单产排第15位，谷物单产排第18位，小麦单产排第22位，农业劳动生产率排第91位。中国谷物单产达到发达国家平均水平，但中国农业劳动生产率仅为发达国家（高收入国家平均值）的2%。很显然，中国农业发展，一条腿长（谷物单产高），一条腿短（劳动生产率低），农业劳动生产率是中国农业现代化的最短木板，提高农业劳动生产率应该成为中国农业现代化的重中之重。

中国农村劳动力多，耕地少，因此有人一直认为农业工程在中国应当主要着眼于提高土地生产率，而不是提高劳动生产率（陶鼎来，2002），在20世纪80年代的确如此。王裕雄，林岗（2012）认为，当前，中国农业正在发生重大变化，一方面农业劳动力不足的情况在各地频繁发生，另一方面农业劳动力成本快速上升，成为导致农业生产成本不断提高的重要因素。如果联系中国经济当前的发展阶段——刘易斯拐点时期到来，就会发现上述情况的发生并非偶然和暂时性的，它恰恰是刘易斯拐点时期的特有现象。根据二元结构理论，刘易斯拐点对于农业发展的一个直接含义在于它标志着农业劳动力相对稀缺时代的到来。刘易斯拐点后，劳动替代型的技术进步是弥补劳动力不足的主要途径。日本、韩国以及中国台湾在跨越刘易斯拐点之后，均大力提升农业机械化水平。在政策的支持下，这些国家和地区均在刘易斯拐点之后的10年时间内将其农业机械化水平提升到了90%以上。虽然中国在2004年已经开始实施农业机械购置补贴，农业机械化水平快速上升，截至2011年中国农作物耕种收综合机械化水平已达到54.8%，但与发达国家90%以上的机械化水平还有较大距离，还需要进一步提升。张桃林（2012）认为农业机械是发展现代农业的重要物质基础，农业机械化是农业现代化的重要标志。发达国家的经验表明，实现农业现代化，要以实现农业机械化为前提。

除了提高农业机械化水平，还需要充分考虑到中国农业在刘易斯拐点时期的独特性——劳动力短缺与其他要素特别是土地资源和水资源短缺交叠。同时也要考虑到当前现代农业的发展所呈现出的新特征，即科技进步在很大程度上使农业机械主导和生物技术主导的技术相互交织，出现了机械技术与生物技术结合，资本密集和技术密集结合，资源节约和循环利用结合等多种农业工程技术发展模式。因此，中国在跨过刘易斯拐点之后，除了农业机械推广，集约利用农业劳动力资源外，还需要大力发展土地集约型农业，大力发展包括育种产业等在内的农业生物技术，集约利用土地、水等农业资源，以区域适度的农业工程集成技术模式服务于现代农业建设。

4. 有利于完善农业基础支撑体系 不断夯实基础设施、装备条件，是着力强化现代农业发展的基础保障。加强农业基础设施建设，改善农业生产条件，大规模开展高标准农田建设和中低产田改造，推进养殖业、渔船渔港等生产设施建设和更新改造，优化农业机械装备结构，加强农业信息化建设，无一不是农业工程技术模式的重要研究内容。

好的农业工程技术模式可以营造好的发展环境，引导好的发展行为，有利于完善农业基础支撑体系。只有在技术模式上不断深化研究，才能实现农业工程事业的科学发展，才能有效支持现代农业建设。

5. 有利于加快农业科技创新 我国农业发展到今天，已经到了更加依靠科技突破资源环境约束、实现持续稳定发展的新阶段，必须把农业科技摆上更突出的位置（温家宝，2012）。农业是强基础、促发展、安天下的战略性产业，确保农产品有效供给始终是农业农村经济工作的首要任务，关系到社会和谐稳定和经济又好又快发展。从需求看，工业化、城镇化加快推进时期，对粮食等农产品需求持续较快增长，粮食和主要农产品供给形势将受人口持续增长、资源约束日益加剧、耕地不断减少等因素制约，稳定粮食生产的压力加大。从供给看，多数农产品价格陆续上涨，导致农产品总量平衡的压力不断增大，农产品结构平衡的难度加大，农产品质量提升任务艰巨，农业保障支撑作用日益重要。

现代农业是在近代农业的基础上发展起来的以现代科学技术为主要特征的农业，是广泛应用现代市场理念、经营管理知识和工业装备与技术的市场化、集约化、专业化、社会化的产业体系。我国现代农业发展滞后，必须充分发挥工业化、城镇化对发展现代农业的带动作用，用先进的物质条件装备农业，用先进的科学技术改造农业，用先进的组织形式经营农业，用先进的管理理念指导农业，全面提高我国现代农业发展水平。

农业工程已经为中国农业以及整个国民经济的发展作出了不可替代的贡献。广大农民以及全国人民已从农业工程中获益。但农业工程技术所具有的许多潜力还远远没有发挥出来。世界发达国家的经验证明农业工程是改变贫穷落后面貌和促进从农业国向工业国转变的最重要的一门工程技术（陶鼎来，2002)。所以，农业工程技术模式的理论和方法研究可为解决包括农业工程设计在内的现代农业建设提供方法论的指导。例如，工程设计中怎样选择设计参数，使设计方案既满足设计要求又能降低成本；资源分配中，怎样分配有限资源，使分配方案既能满足各方面的基本要求，又能获得好的经济效益；在人类活动的各个领域中，诸如此类，不胜枚举。模式优化，正是为这些问题的解决提供理论基础和求解方法。模式优化包括寻找最小值和最大值两种情况。

三、研究现状与存在的问题

（一）模式构建与优化的相关理论和方法

1. 模式构建与优化的相关理论 国内外学者多应用系统论（系统动力学、协同论）、集成论（技术集成理论、技术创新理论）、产业供应链理论（产业链管理、供应链管理、价值链管理）等来研究各领域的集成与优化问题，下面选择常用的理论加以介绍。

（1）系统动力学（简称 SD)。它是系统科学的一个分支，由 Forester 于 1956 年创建，20 世纪 80 年代逐步成熟，90 年代以后被广泛应用与传播，20 世纪 70 年代末引入中国。该理论能够指导对复杂问题的建模工作，借助计算机模拟和反馈分析手段，实现对研究对象动态变化的把握。钟永光等（2006）发现目前我国 SD 工作者和研究人员在区域和城市规划、企业研究、产业研究、科技管理、生态环保、海洋经济和国家发展等应用研究领域已取得巨大成绩。王伟（2006）在综合分析多体系统动力学仿真与设计优化研究现状的基础上，针对目前多体系统动力学仿真与设计优化的需要，提出了多体系统仿真、优化的系统设计总体框架、基于宏或命令语言的建模方法、基于 ADAMS 命令语言的多体动力学建模平台和ADAMS与Matlab之间的基于接口的多学科协同仿真技术。

（2）技术集成理论。海峰等（1999）在《管理集成论》中认为集成活动的实质是人类认识自然、改造自然的社会实践行为；集成的目的除了实现功能倍增效应以外，还包括功能涌现效应；集成关系不是固定不变的，集成类型和集成模式也不是唯一的，随着内部条件和外部环境的变化，集成系统发生自组织而改变集成类型或集成模式，或某些集成单元退出或进入集成系统，从而构成新的集成关系。张扬（2007）在《工程中的技术集成研究》中依据技术集成理论，从工程中的技术集成的概念、特征和效应出发，在充分认识工程中的技术集成现状和问题的基础上，探讨了工程中技术集成运行机制及其内外部影响因素，以及集成过程中需要处理好的几个关系，包括个体主体与集体主体的关系、集中与分散的关系、复杂性与简单性的关系等。

（3）产业供应链管理理论。作为一种新的经营与运作模式，其思想与方法兴起的主要原因在于20世纪80年代以来企业所面临的市场环境发生的巨大变化。我国产业供应链管理应用始于20世纪90年代后期，主要集中于机械制造业、零售业和批发企业。张雨石（2006）在《产业供应链下库存与运输系统集成优化研究》中即依据产业供应链理论，在同时考虑需求量和运输费用的前提下，针对市场需求和订货提前期这两个在库存模型中难以控制的因素，分别在需求和订货提前期都确定；需求确定、订货提前期随机；需求随机、订货提前期确定；需求和订货提前期都随机四种情况下建立了产业供应链下库存与运输系统的集成优化模型。

（4）综合集成法。钱学森（1988，2001）首次把处理开放的复杂巨系统的方法定名为从定性到定量的综合集成法。综合集成是从整体上考虑并解决问题的方法论。钱学森指出，这个方法不同于近代科学一直沿用的培根式的还原论方法，是现代科学条件下认识方法论上的一次飞跃。它向计算机、网络和通讯技术、人工智能技术、知识工程等提出了高新技术问题。钱学森认为对简单系统可从系统相互之间的作用出发，直接综合成全系统的运动功能，还可以借助于大型或巨型计算机。对简单巨系统不能用直接综合方法，把亿万个分子组成的巨系统功能略去细节，用统计方法概括起来，这就是普里高津和哈肯的贡献，即自组织理论。它的主要特点，一是定性研究与定量研究有机结合，贯穿全过程；二是科学理论与经验知识结合，把人们对客观事物的点点知识综合集成解决问题；三是应用系统思想把多种学科结合起来进行综合研究；四是根据复杂巨系统的层次结构，把宏观研究与微观研究统一起来；五是必须有大型计算机系统支持，不仅有管理信息系统、决策支持系统等功能，而且还要有综合

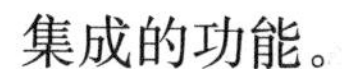

集成的功能。

2. 模式构建与优化的相关方法 国内外学者多以运筹学为基础，应用整数规划模型、多目标规划、网络计划技术、产品生命周期评价、层次分析法等来分析和解决各领域的模式构建与优化问题，下面简述八个最常用的方法。

（1）多目标规划法。该方法是一种有效和实用的构模、求解和分析多目标系统问题的数学规划方法。在目标规划中，人们把通过决策变量达到最优的目标理想目标，理想目标配上期望值则变成了现实目标，约束条件在目标规划中则通常被当作一组特殊的现实目标。例如，Ebru. K. Bish 等以集装箱船舶在港周转时间最小化为目标函数，构建混合整数规划模型，研究一组船的集装箱装卸、到港集装箱在堆场的配位，以及集装箱在前沿码头与堆场间的运输路线问题，并采用启发式算法进行求解。

（2）网络计划技术法。该方法作为统筹方法的一种，所遵循的基本原理是从需要管理的任务的总进度着眼，以任务中各工作所需要的工时为时间因素，按照工作的先后顺序和相互关系做出网络图，然后进行时间参数计算，找出计划中的关键工作和关键路线，通过改善网络计划对完成任务各项工作所需的人、财、物进行合理安排，得到最优方案，如《供应链上信息流集成的实现和优化分析》。

（3）产品生命周期评价法（Life Cycle Assessment，LCA）。该方法有时也称生命周期分析，是近年来发展起来的一种产品环境影响评价方法，是指对一种产品从加工制造到废弃分解的全过程进行全面的环境影响分析和评估，并找出进一步改善的途径。LCA 所强调的生命周期阶段包括原材料的获取、制造、使用、重用、维护及回收、废弃物管理。LCA 包含 4 个相关过程，分别是目标设定、清单分析（确定生命周期各阶段的输入和输出）、影响评价（又包括分类、特性化和赋值 3 个环节）和改善评价（通过对工艺过程、产品或技术进行某种改变，依次进行数据搜集和影响评价，以期得出改善产品的最佳决策）。王丽琴（2007）在《生命周期评价与生命周期成本的集成与优化研究》中详细论述了实现 LCA 与 LCC 集成的若干关键技术和实现环境与成本效益综合最优的若干关键技术，构建了自主开发的生命周期评价与生命周期成本集成与优化原型系统，并以 4135G 柴油发动机为例演示了系统集成评价和优化的完整过程。

（4）层次分析法（Aanalytic Hierarchy Process，AHP）。该方法由美国运筹学家 T. L. Saaty 于 20 世纪 70 年代中期正式提出。它是一种定性和定量相结合的、系统化、层次化的分析方法，适用于多目标决策，用于存在多个影响指标的情况下，评价各方案的优劣程度。当一个决策受到多个要素的影响，且各要素间存在层次关系，或者有明显的类别划分，同时各指标对最终评价的影响程度无法直接通过足够的数据进行量化计算的时候，就可以选择使用 AHP。由于该方法在处理复杂的决策问题上的实用性和有效性，已广泛应用到经济计划和管理、能源政策和分配、行为科学、军事指挥、运输、农业、教育、人才、医疗和环境等领域。

（5）多属性效用理论法（Multi Attribute Utility Theory，MAUT）。该方法主要解决具有多个属性指标的有限决策方案的排序问题。根据多属性效用理论，各属性的结果值对决策者产生一定的效用。因此，各属性的结果值也都可以按一定的效用函数关系折算为无量纲的效用值。正因为效用值是无量纲的，所以就可以把不同属性的效用值合并为一个综合效用值，从而使多属性结果值纯量化，并达到据此选择最优方案的目的，即以多属性效用作为标准来进行多目标决策。

（6）成本效益分析法（Cost-Benefit Analysis，CBA）。该方法是通过比较各种备选方案的全部预期效益和全部预计成本的现值来评价这些备选方案，从而选出最佳方案，作为决策者进行选择和决策时的参考和依据，是一种选择不同方案时常用的计量技术经济分析方法。成本效益分析法最早用在企业投资方案的选择之中，随着时代的发展，该方法逐渐扩展应用到各个领域。最低费用法与成本效益法最大的区别是，它不用货币单位来计量备选财政支出项目的社会效益，只计算每项备选项目的有形成本，并以成本最低为择优的标准。

（7）定标比超法。该方法是指企业的产品、服务或其他业务活动过程与本企业的杰出部门、确定的竞争对手或者行业内外的一流企业进行对照分析，提炼出有用的情报或具体的方法，从而改进本企业的产品、服务或者管理等环节，达到取而代之、战而胜之的目的，最终赢得并保持竞争优势的分析方法。定标比超法的实施主要包括确定定标比超内容、选择定标比超目标、收集分析数据、分析比较、提出对策等几个基本步骤。

（8）模糊综合评价法。该方法对技术集成评价的思路大致为：确定评价对象的主要构成并因此组成一个因素集合，再根据主要构成在评价对象中的重要程度定出权重分配系数。最后将评价对象权重分配系数所构成的矩阵与各子因素评价结果组建的一个模糊关系矩阵进行“差”积，便可得出最终的结论。该方法简单实用，是工程评价的一种操作性强的实用方法。

对于不同类型、不同层面、不同阶段的科学技术进行评价的具体方法均不相同。可以说几乎没有一种可在技术评价的全过程中通用，只分别适用于技术评价的一定范围（沈滢，2007）。

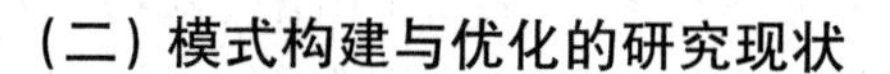

（二）模式构建与优化的研究现状

近年来，随着现代农业的发展，一大批农业工程技术运用于农业生产实际中，形成具有代表性的农业工程集成模式。大体上，可以分横向集成模式和纵向集成模式两大类。

1. 横向集成模式　横向集成模式是指通过将生产环节中各类技术要素的集成，使该环节达到最优。在农业工程技术中，涉及的横向集成模式有很多，如：荷兰 Venlo 型智能温室生产模式、东北地区农业节水高效栽培模式等。

（1）荷兰 Venlo 型智能温室生产模式。该模式利用荷兰传统的 Venlo 型连栋温室进行蔬菜和花卉的种植，温室内配备灌溉施肥设施、CO_2 施肥系统、加温系统和光照系统，目前生产基本实现了光、温、水、肥、气全面自动化。该模式把计算机技术应用于温室作物生产的各个环节中，通过先进的传感器全程监测跟踪与记录蔬菜、花卉的生长指标以及温湿度、光照、水肥等环境因子，通过将监测数据发送到计算机中心进行数据处理，自动启动与控制温室风机、湿帘、遮阳网、天窗等设备，使得温室各项设备运行达到最佳指标，使得作物始终处于最佳的生长条件。模式集成了包括机械技术、工程技术、电子技术、计算机管理技术、现代信息技术、生物技术等科技，实现全年均衡生产的现代化农业生产经营方式，使有限的土地生产出高额的经济效益。

（2）东北地区农业节水高效栽培模式。该模式针对东北地区各节水农业类型区域特点，通过选择适宜节水技术进行试验研究和集成组装，开发构建了东北地区农业节水高效栽培模式。集成模式包括：农艺节水高效栽培与水资源高效利用技术（即节水型作物的选育、水肥联合调控与高效利用等）、高效节水灌溉工程技术（即渠系防冻裂和防渗高效输水技术、精细地面灌溉技术等）、农业高效节水管理技术（即水管理组织结构的调整、建立并运行灌溉用水动态监测与预报系统等），从而有效促进了农业增产、农民增收。

2. 纵向集成模式　纵向集成模式是指该模式中每个环节相互联系，前一环节是后一环节的条件和基础，后一环节是前一环节的结果和延伸，这种联系将一项具体集成模式创造为最优化的集成链条。农业工程技术中的纵向集成模式有：猪—沼—果能源生态模式、都市型设施园艺生产观光模式等。

（1）猪—沼—果能源生态模式。该模式是以农户为基本单元，利用房前屋后的山地、水面、庭院等场地，主要建设畜禽舍、沼气池、果园等几部分，同时使沼气池建设与畜禽舍和厕所三结合，形成养殖—沼气—种植三位一体的庭院经济格局。基本要素：每户建一口沼气池，人均年出栏两头猪，人均种好一亩果。其基本运作方式是：沼气用于农户日常做饭照明，沼肥用于果树或其他农作物，沼液用于鱼塘淡水养殖和饲料添加剂喂养生猪，果园套种蔬菜和饲料作物，可满足庭院畜禽养殖的饲料需求。除养猪外，还包括养牛、养羊、养鸡等庭院养殖业；除与果业结合外，还可以与粮食、蔬菜、经济作物等相结合，构成猪—沼—果、猪—沼—菜、猪—沼—鱼、猪—沼—稻等多种模式，在北方即为四位一体能源生态模式。

该模式从各环节集成优化着手，通过运用生态学理论，将种养循环有机地结合起来，实现物质能量的多层次高效利用。

（2）都市型设施园艺生产观光模式。近年来，随着人民生活水平的提高以及城市化进程的加快，设施园艺的功能正在向多领域拓展，其中以满足城市居民精神与物质双重功能需求的都市型设施园艺产业发展最为迅速。都市型设施园艺生产观光模式是与都市型现代农业紧密相连的一种模式，主要以工厂化生产、反季节栽培以及观光栽培模式为主体，以无土栽培及其综合配套技术为核心，配套休闲、旅游、养生等功能，为城市居民提供干净、整洁、无病虫害的作物生长环境及高雅景观环境。随着城市化进程的加快和都市农业的快速发展，都市型设施园艺生产观光发展迅速，已经成为现代农业研究的热点。

（三）存在的主要问题

国内对于模式构建与优化的理论与方法研究大多还停留在对国外理论的讨论和概念描述，缺乏深层次的系统性研究，研究大多集中于技术模式，不同程度上忽视了组织、经济、文化等非技术因素对工程的影响。更重要的是，目前对于组织模式的研究更多地集中于管理层面，而对于基于技术模式的工程模式的深入研究较少，在农业工程方面的研究更少。如农业工程各组成要素之间的关系，农业工程的适度规模问题，农业工程的合理资源配置问题，以及农业工程与农业、农村之间的关系问题等都还处于研究的初级阶段。我国农业工程技术模式主要存在以下几方面问题。

1. 缺少顶层设计，存在设计局限性 根据农业工程技术模式的定义，应综合考虑技术、组织、对象、产业等各要素的相互关系，充分考虑涉及农业工程技术的微观、中观、宏观影响，根据区域性、阶段性、层次性、系统性和多样性特点进行构建，而现有模式大多充分考虑了模式的区域性、多样性特征，但却忽略了一定的系统性、阶段性和层次性特征，从开始构建就存在着一定的局限性。

如四位一体循环农业模式、猪—沼—果生态农业模式侧重于模式的生态性。而精细农业模式，将技术与管理结合，具有系统诊断、优化配方、技术组装、科学管理的要素，但在我国农业机械化水平和管理水平都不高的情况下，从发展阶段性来讲，显得超前。

所以，农业工程技术模式的构建应全面考量农业工程技术的各要素，不能只看矛盾的一方，不看矛盾的另一方；只知过去，不知现在和将来；只了解局部，不了解全局。农业工程技术模式的构建必须从中国国情出发，从我国农业的实际出发，才能有生命力。

2. 注重经验总结，缺少模式优化的分析手段　任何一种模式都是在某种环境和条件下的产物，在现有农业工程技术模式中，各种不同样式、不同名称的模式并存着，究竟是哪个模式好，哪个模式不好，缺少评价手段。关于模式的优化方法有几十种，而农业工程的复杂性又决定了从这些优化方法上选择适宜的优化方法的难度。缺少一个系统、科学优化方法的模式，很难保证其区域适应性和可持续性。在我国，由于区域差异大农业工程技术模式本身缺少适宜性分析，缺少模式的优化分析手段，严重阻碍了模式的应用和推广。

3. 缺少基于农业工程技术的模式构建和优化方法　明确农业工程在我国农业发展新阶段的作用和任务，促进农业工程在农业现代化建设中充分发挥作用（朱明，2003），选择一条适合国情，保持开放、兼容、全面协调和可持续的中国特色的农业工程技术模式，是现代农业发展的必然要求和现实选择。关于模式构建和优化的理论和方法各有所长，在各个领域发挥着重要作用，但适于农业工程技术的方法缺少必要的理论研究和分析，在理论的选择、方法的应用上均不成熟，这也造成了农业工程领域在模式构建和优化的研究上，具有很大的随意性。

第二节　农业工程技术模式构建和优化的理论与方法

一、目标与原则

（一）模式构建与优化的目标

从现代农业发展的现实和需求来看，通过构建科学、完整、系统的农业工程技术集成模式来指导和支撑我国现代农业发展已经成为转变产业发展方式的关键途径。就模式本身而言，其构建的目的不仅是为了解释现象背后的驱动结构，而是由这些驱动力出发获得能够运用于生产实践、指导科学研究和基础设施建设的可行路径和方法，以适应当前及未来发展的要求。因此，农业工程技术模式的构建与优化就是在大量调查研究的基础上，从技术装备、组织主体、地域区域、生产对象等影响要素出发对现有模式进行归纳、提炼，然后进行整体耦合获得广义的农业工程技术模式，并借鉴战略分析决策工具、以特定时期为基准对构建模式的要素进行动态评价，探索不同时期模式的特点和演进规律，进而优化得到适于特定要素的我国农业工程技术模式。

（二）模式构建与优化的原则

在模式构建、评价和模式的优化选择中，要充分体现以下 4 个原则。

1. 效益性原则 即从价值寻优的角度出发，不关注局部效益的大小，而以产业工程技术模式整体效益最大化为目标。

2. 前瞻性原则 即应当符合产业发展的趋势，不包含那些阶段性、过渡性和综合效益或条件差的集成模式。

3. 代表性原则 即以 80％以上主要类型为主，不考虑那些特征分散、过于多样化、通用性较差的集成模式。

4. 涌现性原则 即耦合后的模式应当使要素具有内部支撑和放大的效果，便于集成模式整体更具有竞争力。

二、思路与方法

（一）模式构建与优化的思路

按产业链分类，农业工程领域主要包括农田基础设施工程、农业机械化工程、设施农业工程、农产品产地加工与贮藏工程、农产品流通工程、农产品生产环境保护工程、农业信息化工程等诸多研究方向。各研究方向的经营主体、服务对象、产业类型、技术装备等因素各不相同，致使相应的模式构建与优化方法不同，但是所采用的研究思路是相同的。

农业工程技术模式构建与优化的总体思路是：以时段空间为前提，以需求目标为导向，以服务工程投资、优化、运营、政策决策为核心，以技术集成路径选择为主线，综合现代农业工程发展的要素特点、外部环境和决策主体，综合运用评价与决策工具，将集成了技术系统、经济系统、社会系统的复杂模式具体化、实用化、标准化，获得具有具象化直观表达、适应不同空间尺度和外部环境特点的宏观集成模式，再通过对各个不同时期模式的评价，选择优化出在当前和未来具有研究和推广价值的典型模式。

结合现实条件和未来需求，主要存在三种农业工程技术模式集成与优化路

径（此处称“三种工程”）：

第一种是扩建工程。即存在已有的工程技术模式，只需对其进行改进，此种情况下工程技术模式优化的路径是“已有工程技术模式总结—已有工程技术模式评价—基于已有工程技术模式的技术集成路径优化—对已有工程技术模式进行整体优化”。

第二种是改建工程。即存在已有的工程技术模式，但需对其转型升级，此种情况下模式优化的路径是“已有工程技术模式总结—已有工程技术模式评价—植入工程技术新模式—基于植入工程技术模式的新模式构建及技术集成路径优选—对新模式进行整体优化”。

第三种是新建工程。即需要构建新的模式，此种情况下模式优化的路径是“工程技术模式设计—工程技术模式优选—基于优选模式的技术集成路径优选—对新模式进行整体优化”。

（二）模式构建与优化的方法

遵循模式构建与优化的主体思路和路径，结合农业工程领域内各研究方向的特点，将现代农业工程技术模式构建与优化的方法归纳为两大类。一是基于技术、组织、产业模式耦合集成的模式构建与优化方法（方法一）；二是基于主体需求及产品种类的模式构建与优化方法（方法二）。

1. 基于技术、组织、产业模式耦合集成的模式构建与优化方法（方法一）

以政府、组织、个人为应用主体，综合考虑产业发展的要素特点和外部环境，基于产业发展理论，结合实际调研成果，将模式耦合集成，并进行具象化直观表达。在此基础上，利用GE矩阵，构建“先进性—现实性”评价矩阵对模式进行评价，最终获得优化的集成模式。本方法适于农业工程领域内设施园艺、设施养殖等方向工程集成模式的优化。步骤上，分模式的集成构建、模式的评价优化两大部分。

（1）模式的集成构建。

①模式构建的要求。

a. 结构与内在关系。集成模式从广义上讲是一种具有相对自稳定性、开放性和动态性的自耦合系统，该系统具有多个层次的子系统，形成一个功能相对稳定的整体结构。将农业工程技术体系作为一个大系统，区域内技术作为子系统，如图4-1所示。当然，每一个区域子系统均有更加微观的子系统与不同的要素。虽然国家层面的模式是由各区域模式组成的整体，但其在运动方式与功能上还是具有不同的特征，具有区域子系统所没有的新功能，具有显著的整体涌现性。

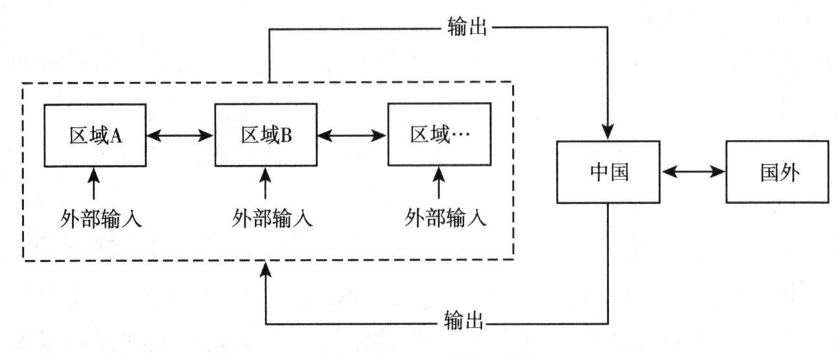

图 4-1 系统关系图

b. 功能与应用方式。为达到我国农业工程技术与模式在不同层次上的协调发展，研究所获得的集成模式应当尽量接近一个有机整体，即某个子系统的输入正好是其他子系统或子系统的输出。模式中各子系统具有不同的结构与功能输出并服务于不同的行为载体，如政府、企业、个人等。从现实需求看，模式研究的成果综合考虑国内外因素的影响，在宏观上能够有效指导全国及区域内农业工程技术关键要素的投入，在中观上能够为经营者提供不同层次的设施配置路线与管理规程，在微观上能达到较好的生产操作效果。

②模式构建的依据。

a. 产业发展理论。无论国家或地方，提高区域产业竞争力始终是产业发展面临的最重要任务。为此，需要在转变农业发展方式的总要求下，将优化产业发展模式作为实现这一目标的主要途径，将产业结构的调整和升级作为根本方法，即不仅要加强区域内部的协调，还必须与优化产业组织结构及技术创新结构相结合。模式构建方法在内容与逻辑上应遵循并体现上述路线与特征。

b. 系统研究方法。将集成模式视为一个开放复杂的巨系统，具有动态演化性、共生性、开放性、人的参与性和空间层次性等特征，要求在技术路线和方法上体现出系统研究的特点、原则，即研究问题全面化（宏观微观相协调）、技术路线科学化（有方法论指导）、解决问题系统化（多要素综合改善）、成果应用集成化（技术装备到管理），上述“四化”中指导和贯穿全过程的就是方法论的确立。

③模式构建的途径。为实现宏观层面的协调有序，将技术、组织、产业三种模式当作 3 个不同层次的子系统，这些子系统自身能够形成一个自耦合系统达到内稳态，同时这 3 个子系统组成一个更高层次的大系统时，也能相互耦合。这 3 个子系统的运动方式具有共性，其模型如图 4-2 所示。

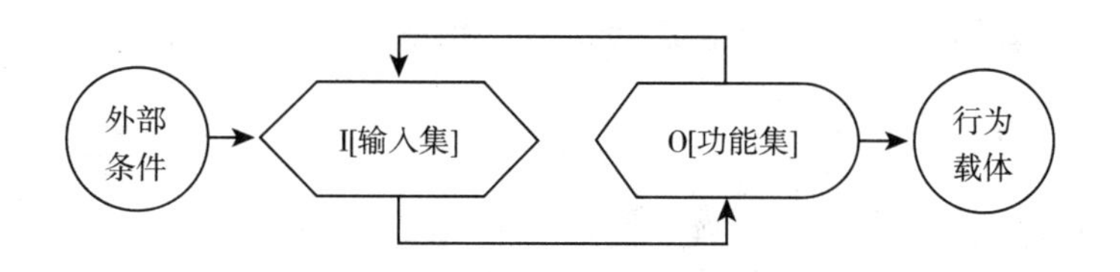

图 4-2　子系统模型图

以“技术模式”为例，外部条件为社会、经济、自然、市场、区位等环境因素；输入集 I 包括资金、技术、装备、人才、标准、规程等；功能集 O 包括具有不同工程装备水平和产出能力的设施功能。技术系统的输出与其他外部条件一起，构成组织模式的输入集，对组织模式产生影响。与此同时，组织模式的变化也会对技术模式产生反作用。3 个子系统的相互关系如图 4-3 所示。

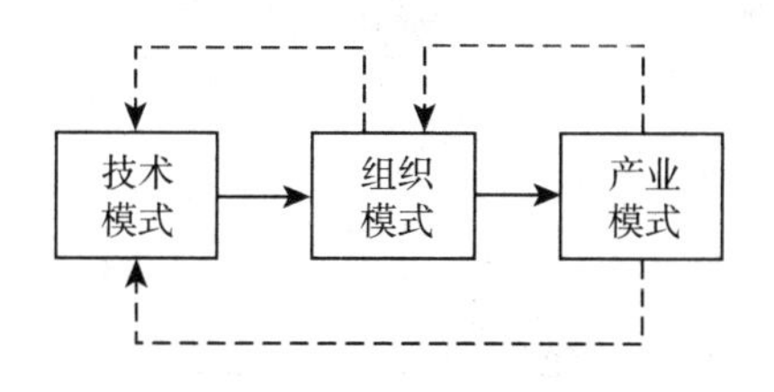

图 4-3　子系统关系图

④模式构建的方法。在构建方法上采用整体与还原相结合、自组织与他组织相配合的思路，即通过对子系统模式的构建进而整合形成更高层次的系统模式，在实现“技术、组织”子系统良好自组织状态的基础上，以提升“组织模式”自组织能力为核心，通过有效发挥“产业”子系统的他组织作用，调动其内部自组织机制，以实现他组织作用与自组织机制的结合，达到模式在应用上适度先进又可持续的目标。这种方法同样可以放大到更高层次的系统，如国家层面。

a. 技术模式。这是总体模式构建的基础，内容接近于简单巨系统，内部作用具有一定的线性关系，可分为两个层次来研究，即成套设备与技术（子系统整体层次）和配套设备与专项技术（子系统局部层次）。主要过程包括 4 个步骤：一是通过调查研究获得现状数据和趋势性结论；二是通过实验研究选择适用技术并确定关键技术断点和盲点；三是通过建立优化设计模型形成在适当满足趋势性要求下的优化集成模式；四是按照实际尺度的要求，进行集成模式的示范建设与测试反馈，以修正设计模型。技术模式的核心成果就是形成分档次的“推广模式”。技术路线如图 4-4 所示。

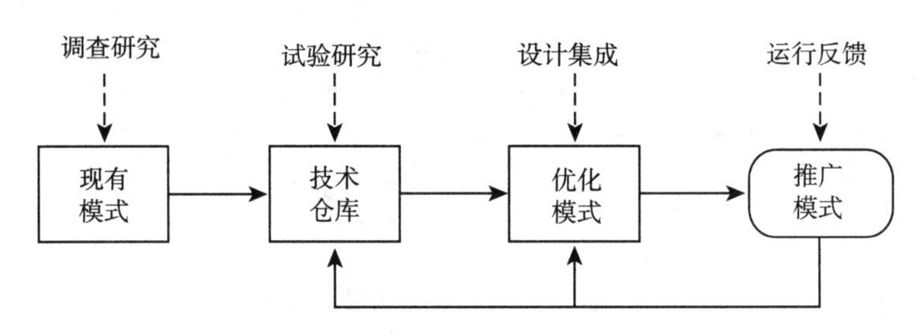

图 4-4　技术模式构建技术路线图

在构建过程中，要充分利用信息技术形成数据库（技术、装备、标准等）、专家系统（农艺、装备、管理）等辅助设计和决策工具，并在使用测试中诊断出缺失和缺陷信息，为下一步研究和分阶段实现系统长远目标提供技术方向。技术创新始终是农业工程技术发展的最大动力和最有力的竞争武器，但提高技术创新与推广的效果任重道远，成为我国农业工程建设的主要挑战之一。因而这一基础模式的构建更显示出重要的战略意义和现实价值。

当然，技术和技术目的受到社会经济、政治和文化的强烈制约，这就是它的他组织特征。技术既是自组织的，也是他组织的，是自组织与他组织的统一，因此技术模式的构建也要充分尊重这一现实规律，既要有前瞻性的引导，更要尊重经济、社会与政治发展现实。

b. 组织模式。该模式的实质是分析和选择适合不同区域的生产经营体制。组织模式下连技术系统、上承产业系统，成为模式构建的重点与核心。因组织和制度是实现经济增长的关键，在同样的资源禀赋、地理环境和生态条件下，农业生产经营状况如何，在很大程度上取决于制度制订是否合理。该模式涉及人和机构、系统内有自组织和他组织的行为及自发调节以适应市场环境等特性，因此具有复杂适应性系统的特点，线性和非线性作用交织，在构建方法上以对不同组织形式的整体分析为主，以效益最大化为主要目标。我国农业的组织创新一直是个不断等待破解的难题，特别是近 10 余年来，虽然我国农业经济组织的形式日渐丰富，但创新的速度和质量远远落后于经济发展的要求。以设施园艺产业化运行机制为例，经过多年实践，各地在“公司＋农户”、“专业市场＋农户”等基本组织模式的基础上探索发展出“公司＋基地＋农户”、“公司＋中介组织＋农户”、“多方合作”等新兴产业化组织模式，以提高农业生产经营组织系统的自我创新、适应市场等自组织能力。国内学者也在调研的基础上，界定出 5 个经济自组织子系统，这就是企业、市场、行业协会、市场中介组织和地方政府，这也印证了区域对象选择的合理性。以设施园艺为例，综合考虑设施园艺生产可控、高投入高产出等特点，不同的组织模式会影响到生产要素的投入效果和生产经营效率，因此必须对区域内特定模式进行技术经济分析和综合比较。技术路线如图 4-5 所示。

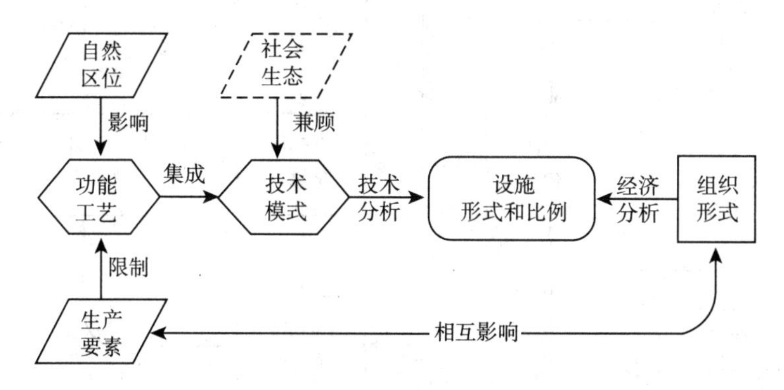

图 4-5 组织模式构建技术路线图

图 4-5 中，生产要素主要包括资金、技术、人才、渠道等限制性要素；自然区位包括气候、交通状况等对设施选择影响较大的要素；社会生态包括区域园艺产品消费需求、环境保护等需要兼顾的要素。组织模式的核心成果是在不同组织形式和不同外部约束条件下效益最大化的设施形式与比例。

c. 产业模式。该模式的实质是在满足区域社会经济发展要求、提高区域农业产业竞争力的前提下，构建能够调整产业布局、优化发展环境、提高产业支撑保障能力的方法。理论上讲，任何一个独立的经济体都是以自身的产业体系为基础，因此有助于促进产业升级是产业模式研究的重点。由于产业升级支撑于区域内乃至区域外多重要素作用、牵制于经济社会发展的方方面面，要发挥产业模式的积极作用，客观上要求其应具有良好的支撑协调自组织状态和指导区域产业发展的他组织功效，是一个比较典型的开放复杂巨系统，非线性作用明显。为将此开放的复杂研究对象具体化，借鉴构建新型产业体系和产业升级战略研究的理论和方法，以区域产业目标为基点，通过产业群、支撑体系、环境体系中关键要素的设置形成产业模式。技术路线如图 4-6 所示。

其中，目标体系的确立应符合本区域社会经济发展目标要求以及产业的竞争条件，核心是现代农业三次产业结构的设计与优化，即种/养殖生产、加工制造、物流服务的产业比重，特别是种/养殖生产品种的分布，以达到区域内增产、增收、增效三者的动态平衡。产业群建设是组织模式在区域空间内的合理分布；支撑体系包括品牌、技术、人才、金融、政策、信息等要素；环境体系的要素以基础设施、生态环境、市场诚信、政府服务为主。例如产业政策应排除市场失灵和系统失灵给集群带来的致命威胁，客观上还要规范集群内各主体的市场行为，以增强集群的自组织力量，消除恶意垄断，促进良性竞争局面的形成。产业模式的核心成果是具有较强市场适应性（市场弹性）的区域产业

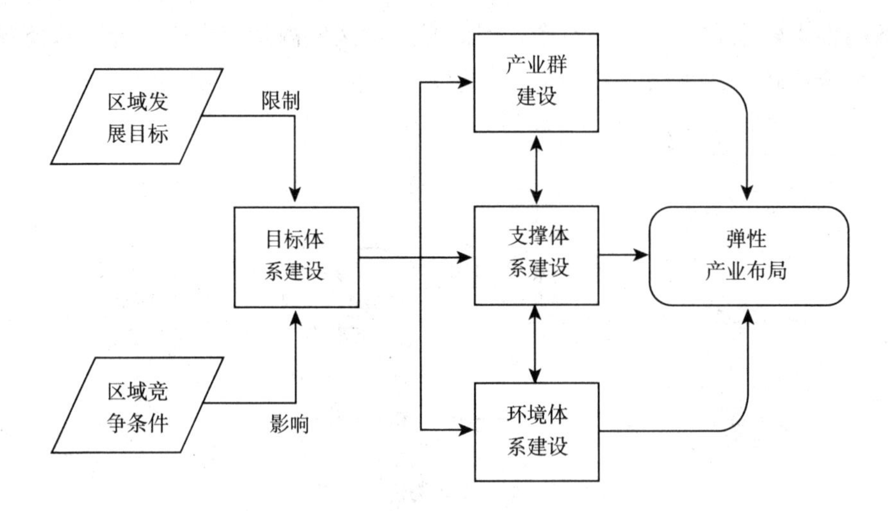

图 4-6　产业模式构建技术路线图

布局规划，包括产业发展的规模、速度、结构比例、目标市场等。

d. 模式耦合。耦合是一个吸收、排列和功能放大的集成过程，模式的耦合就是要将技术、组织、产业 3 个系统在更高层次系统影响下具体化和有组织化的过程，使 3 种模式能够在相互支撑的前提下呈现出新的系统涌现性，即单项模式所无法获得的功能与效用。模式耦合会形成特殊复杂巨系统，非线性特征会更加显著，成果的差异性和不确定性更大，在方法上需要借鉴钱学森“综合集成法”中的思想和原理，将专家经验、统计数据和信息资料、计算机技术结合，将局部的定性向整体定量转化、将低层次的定量向高层次定性转化，从而获得适应于不同规模和尺度要求的工程集成模式，微观化可以到市、县、乡、园区、企业，宏观化到区域、区域联合体或国家。技术路线如图 4-7 所示。

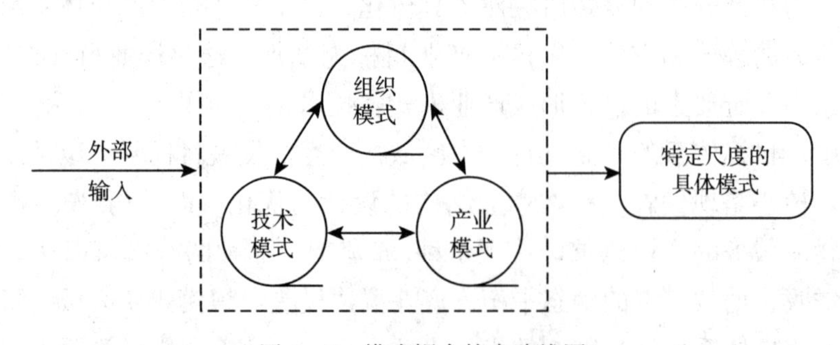

图 4-7　模式耦合技术路线图

图 4-7 中“外部输入”是 3 种模式相互作用的外部环境和条件；特定尺度的模式是一个包含技术与社会要求、适于不同组织规模、有确定模式参数的特定经济系统。因经济系统的自组织程度是与它的效率和活力成正比的，所以

3种模式内部耦合的要求就是要在充分尊重系统运动客观规律的前提下提高模式自组织能力，使之同时具有良好的动力性能和良好的平衡性能，既能保证经济单元有旺盛的活力，又能保持更高层次系统有计划按比例协调发展。

在模式耦合中，要注重农业工程产业链中各环节的协调。同时，发展经验也表明，农户以组织的形式进入市场、农户自身为治理主体的自组织形式将是我国农业经济组织今后发展的主导方向，因此在组织模式中要尽量发挥“农联模式”等现代体制机制对提高产业链协调性的积极作用，以提高模式运行中抵抗风险的能力和自我发展能力。

（2）模式的评价优化。由于农业工程领域各方向的复杂性特点，为更好的阐明优化方法，在模式评价优化阶段，选取设施园艺为例进行说明。

①技术路线。总体技术路线是以调查研究为起点、理论分析为过程、指标评价为工具、典型模式获取为终点，具体如下：

a. 现有模式调研总结。在对全国设施园艺发展情况进行调研的基础上，结合各地发展现实和演变的规律，找出现实中“合理”存在的所有模式。

b. 主要模式抽象分类。通过由个别到一般和普遍到个别的分析，将所有模式的特征从技术、组织、产业三个方面进行抽象化、标准化、典型化和集成化。

c. 合理模式初步筛选。从理论模式中，按照研究确定的原则，将那些明显落后的模式剔除，保留那些可能在较长时期存在的模式作为合理模式。

d. 合理模式发展评价。设置定性与定量相结合的指标体系，借鉴GE矩阵的评价思想和基本原理，对合理模式发展的先进性和现实性进行综合评价。

e. 典型模式动态分析。分析模式的战略演进路径，获得中期内（5～10年）符合我国设施园艺发展要求的典型模式，为我国设施园艺科学发展提供依据。

②模式表达方式的标准化。模式耦合的内外部关系分析如图4-8所示。

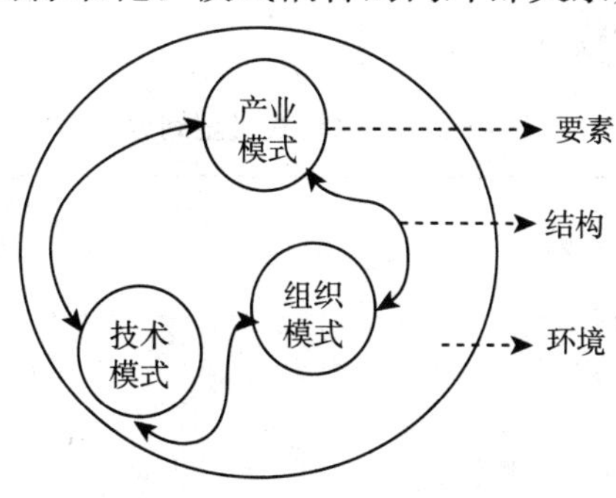

图4-8　模式耦合的内外部关系图

模式作为复杂系统，其性能取决于系统内部的要素、结构和系统外的环境三个方面，其中，要素是指 3 个子系统（模块）以及子系统的下级系统，结构是指要素间的相互作用关系（机理），环境是指特定尺度外的更高层次系统，如中国相对于区域（华中、西北……）。在进行模式耦合与标准化的过程中，必须充分考虑上述关系，最终形成有利于区域产业发展，既能保持经济单元有旺盛的活力，又能保持更高层次系统有计划按比例协调发展的设施园艺产业发展模式。

a. 模式标准化表达。模式标准化表达的目的，是为了在揭示模式结构特征的基础上使之能够以模块化的方式表达出来。设施园艺工程集成模式是在技术、组织、产业 3 个模块的基础上耦合形成，其在某一时刻稳定的现实表达方式（未含时间维度），如图 4－9 所示。

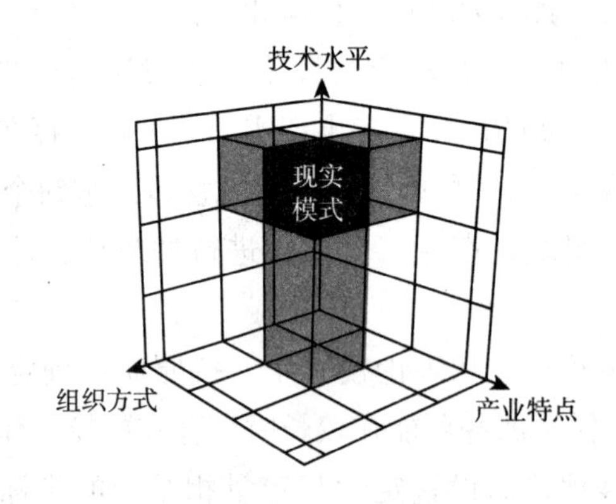

图 4－9　现实模式表达方式示意

b. 技术模式标准化表达。技术模式是设施园艺产业的基础和内在依据，因此成为模式的核心。按照技术现代化特征的表现程度，从最能代表设施园艺工程技术装备水平的生产规模、设施寿命、环境调控程度、产业链完整性四个方面，划分出主要技术模式（表 4－1）。

表 4－1　技术模式类型划分表

类型＼特征	生产规模	设施寿命	调控程度	产业链完整性
分散化	较小	较短	较低	不完整
规模化	大	较长	较高	较完整
专业化	大	长	高	完整

c. 组织模式标准化表达。组织和制度是实现经济增长的关键，因此组织模式也成为提升模式运行效果的关键，按照组织运行的自组织程度（主要是那些与生产相关、参与生产决策主体的组织特征）和市场渠道控制能力两个方面，划分出将在我国长期存在的主要组织模式（表 4-2）。

表 4-2 组织模式类型划分表

类型 \ 特征	自组织程度	渠道控制力	备注
农户式	低	弱	家庭联产承包经营为主要特征
合作式	较高	较强	具有“农业合作社法”规定特征及其他各种农联模式
企业式	高	强	公司＋农户、公司＋基地＋农户、公司＋中介＋农户、多方合作等企业作用较大的组织形式

d. 产业模式标准化表达。产业模式是模式的外在条件，是设施园艺产业生存和发展的保障。按照产业所处区域的宏观产业发展条件（企业能力之外），按照决定微观经济体发展状况的最重要外部因素：区域布局、支撑条件、发展环境三个方面，划分出主要的产业模式（表 4-3）。

表 4-3 产业模式类型划分表

类型 \ 特征	区域布局	支撑条件	发展环境
自发型	无	一般	一般
市场型	较合理	较好	较好
协调型	合理	好	好

e. 耦合模式标准化与合理模式的筛选。作为技术、组织、产业三种模块的组合，在每种模块分别被划分为 3 种特征的前提下，耦合模式理论上具有 27 种模块化的标准化表达方式。从研究人员对全国设施园艺发展模式进行的调研来看，上述模式表达较完整地涵盖了我国设施园艺发展过程中出现的和现存的各种模式，具有完整性、准确性和典型性的特点。

通过分析不同的产业模式和组织模式，以“技术模式”这种有形的载体为最终表达，在 27 种模式中获得 16 种合理模式，其他模式在逻辑上或现实上不存在或占比极小（表 4-4）。

表4-4 合理模式划分表

类型＼特征	组织模式		
	农户式	合作式	企业式
自发型	分散化	分散化	规模化
市场型	分散化、规模化	分散化、规模化	规模化、专业化
协调型	分散化、规模化	分散化、规模化、专业化	规模化、专业化

③模式动态评价方法。模式评价的过程是一个决策过程，其目的是为了选择符合规律、能够指导实践的方法和途径，因此评价的内容、工具、指标都应具有动态性，发挥出指导当前设施园艺发展和判断未来发展的趋势的作用。方法力图从宏观上把握不同模式的发展，为进一步优化发展模式、促进设施园艺产业经济结构调整和转变发展方式提供参考。

a. 评价模式的选择。基于我国市场经济短期内尚难以完善的现实，在短期、中期内较大区域内的协调型产业环境无法形成，因此，合理模式中暂不考虑协调型的产业模式，而是将其作为未来发展和继续研究的一个目标。据此，仅选择自发型和市场型产业模式下具有较好的典型性和发展性的9种模式（表4-5）作为模式评价的目标模式。

表4-5 目标模式列表

序号	模式描述
1	自发环境、农户组织下的分散化技术模式
2	自发环境、合作组织下的分散化技术模式
3	自发环境、企业组织下的规模化技术模式
4	市场环境、农户组织下的分散化技术模式
5	市场环境、农户组织下的规模化技术模式
6	市场环境、合作组织下的分散化技术模式
7	市场环境、合作组织下的规模化技术模式
8	市场环境、企业组织下的规模化技术模式
9	市场环境、企业组织下的专业化技术模式

b. 评价工具的选择。评价工具服务于决策、应用于实践。经过对多种

战略分析工具的比较研究，选择具有直观和适度精确特点的GE矩阵作为评价工具。在发展现代农业的总要求下，设施园艺需要在经济、社会发展的约束下追求更加先进的模式，因此集成模式选择的主要矛盾就是模式的先进性和现实性两方面。据此，利用GE矩阵建立“先进性—现实性”的模式评价矩阵，将每个维度划分为高、中、低3级，以不同的圆圈表示不同的模式，圆圈中的数字表示该模式在所有模式中所占的比例（图4-10）。

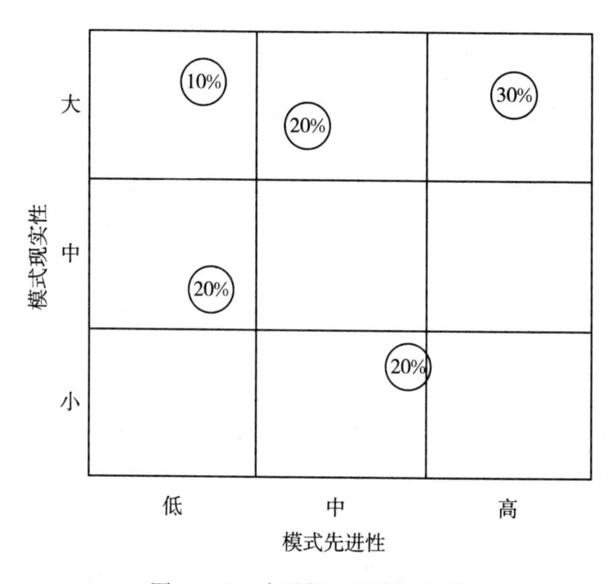

图4-10 先进性—现实性矩阵

c. 评价指标的选取。由于评价主要是在宏观上判断模式的优劣，因此在评价指标的选取上也充分体现这一特点，选取能综合反映要素质量、发展结果、环境特点的指标。

先进性评价指标：模式的先进性综合体现在市场竞争力（议价能力、平均单产、质量水平）、抗风险能力（抗自然风险、抗市场风险、融资能力）、可持续能力（社会持续性、环境生态持续性）三个方面。

现实性评价指标：模式的现实性综合体现在受到市场环境（市场衔接便利性、价格承受性、顾客信任程度）、政策环境（政策完备性、政策执行性）、要素环境（资金投入、技术供应、人才保障、土地供给）的直接制约。

d. 模式演化的路径。GE矩阵划分为3个部分、9个方格。右上角3个单元的模式先进性和现实性都较高，应当采取积极的措施大力发展；左下角的3个单元既不先进也不现实，应当淘汰；左上角到右下角对角线上的3个单元则需根据时机和条件区别对待。据此，在我国农业现代化加速推进的前提下，可以获得设施园艺不同模式随时间发展的理性演化路径（图 4－11）。该演进分析可作为模式优化的路径，也作为一定时期内的政策导向和产业宏观发展战略制订的依据。

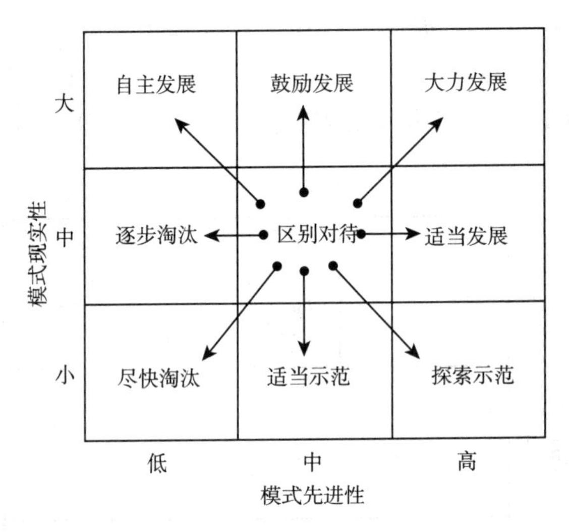

图 4－11　模式的演化路径

④模式的评价与选择。将模式评价矩阵横轴和纵轴最大值设置为 10，通过德尔菲法获得表 4－5 中 9 种模式的评价分，形成 9 种模式在评价矩阵中的位置。

a. 当前模式评价。当前模式发展状况的评价是模式选择的基础和起点。以当前发展情况为评价时段，以全国层面为例，通过对“议价能力、平均单产、质量水平、抗自然风险、抗市场风险、融资能力、社会持续性、环境生态持续性”8 个二级指标评价分值的加权，获得 9 种模式的“先进性”综合分值；通过对“市场衔接便利性、价格承受性、顾客信任水平、政策完备性、政策执行性、资金投入、技术供应、人才保障、土地供给”9 项二级指标的评分值加权，获得 9 种模式的“现实性”综合分值（表 4－6），由此获得当前模式评价矩阵（图 4－12），由于我国尚缺乏对现存不同模式数量、比例等的权威统计，因此模式圆圈中用模式编号来代替模式占比。

b. 远期模式评价。远期模式评价是为了分析和判断在今后某个时期不同模式发展的状况和价值，以确定产业发展的主导方向和科学研究、技术推广的重点。为在理论和实践中获得阶段性发展权威数据，评价时段尽量与国民经济与社会发展规划、产业发展规划和相关专项规划、区域发展规划的时段相适应。因此，以未来 8～10 年的时段对模式进行远期评价，评价方法采用与当前模式评价同样的方法，获得 9 种模式的“先进性、现实性”综合分值（表 4－

表 4-6　当前模式评价表

当前模式“先进性”评价																	
一级	市场竞争力						抗风险能力						可持续能力				合计
二级	议价能力		平均单产		质量水平		抗自然风险		抗市场风险		融资能力		社会持续性		环境生态持续性		
权重	0.15		0.15		0.10		0.10		0.15		0.10		0.15		0.10		1.00
模式	得分	加权值	得分	加权值	得分	加权值	得分	加权值	得分	加权值	得分	加权值	得分	加权值	得分	加权值	加权值
1	1.00	0.15	1.00	0.15	1.00	0.10	1.00	0.10	1.00	0.15	1.00	0.10	7.00	1.05	1.00	0.10	1.90
2	3.00	0.45	2.00	0.30	2.00	0.20	2.00	0.20	3.00	0.45	2.00	0.20	8.00	1.20	2.00	0.20	3.20
3	4.00	0.60	4.00	0.60	4.00	0.40	5.00	0.50	6.00	0.90	4.00	0.40	7.00	1.05	4.00	0.40	4.85
4	3.00	0.45	2.00	0.30	2.00	0.20	3.00	0.30	6.00	0.90	2.00	0.20	7.00	1.05	2.00	0.20	3.60
5	5.00	0.75	4.00	0.60	4.00	0.40	5.00	0.50	6.00	0.90	2.00	0.20	5.00	0.75	3.00	0.30	4.40
6	6.00	0.90	4.00	0.60	4.00	0.40	5.00	0.50	6.00	0.90	4.00	0.40	10.00	1.50	4.00	0.40	5.60
7	7.00	1.05	6.00	0.90	6.00	0.60	6.00	0.60	7.00	1.05	6.00	0.60	8.00	1.20	7.00	0.70	6.70
8	9.00	1.35	8.00	1.20	7.00	0.70	8.00	0.80	8.00	1.20	8.00	0.80	6.00	0.90	8.00	0.80	7.75
9	10.00	1.50	10.00	1.50	9.00	0.90	10.00	1.00	8.00	1.20	9.00	0.90	6.00	0.90	9.00	0.90	8.80

（续）

当前模式“现实性”评价																			
一级	市场环境						政策环境				要素环境								合计
二级	市场衔接便利性		价格承受性		顾客信任程度		政策完备性		政策执行性		资金投入		技术供应		人才保障		土地供给		
权重	0.10		0.15		0.05		0.10		0.10		0.20		0.15		0.10		0.05		1.00
模式	得分	加权值	得分	加权值	得分	加权值	得分	加权值	得分	加权值	得分	加权值	得分	加权值	得分	加权值	得分	加权值	加权值
1	3.00	0.30	10.00	1.50	5.00	0.25	8.00	0.80	8.00	0.80	10.00	2.00	10.00	1.50	10.00	1.00	10.00	0.50	8.65
2	5.00	0.50	9.00	1.35	6.00	0.30	5.00	0.50	5.00	0.50	9.00	1.80	6.00	0.90	7.00	0.70	8.00	0.40	6.95
3	8.00	0.80	6.00	0.90	7.00	0.35	2.00	0.20	2.00	0.20	6.00	1.20	7.00	1.05	6.00	0.60	5.00	0.25	5.55
4	3.00	0.30	8.00	1.20	5.00	0.25	9.00	0.90	8.00	0.80	9.00	1.80	9.00	1.35	9.00	0.90	10.00	0.50	8.00
5	6.00	0.60	7.00	1.05	6.00	0.30	6.00	0.60	6.00	0.60	6.00	1.20	7.00	1.05	6.00	0.60	4.00	0.20	6.20
6	7.00	0.70	9.00	1.35	5.00	0.25	10.00	1.00	7.00	0.70	7.00	1.40	8.00	1.20	8.00	0.80	8.00	0.40	7.80
7	9.00	0.90	6.00	0.90	5.00	0.25	7.00	0.70	7.00	0.70	6.00	1.20	7.00	1.05	6.00	0.60	7.00	0.35	6.65
8	10.00	1.00	5.00	0.75	6.00	0.30	3.00	0.30	3.00	0.30	4.00	0.80	5.00	0.75	4.00	0.40	5.00	0.25	4.85
9	6.00	0.60	2.00	0.30	10.00	0.50	1.00	0.10	1.00	0.10	1.00	0.20	2.00	0.30	1.00	0.10	8.00	0.40	2.60

7），由此获得远期模式评价矩阵（图 4-13）。

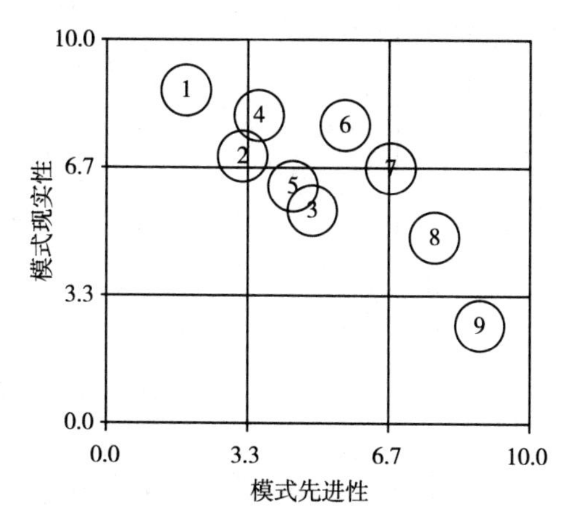

图 4-12 当前模式评价矩阵

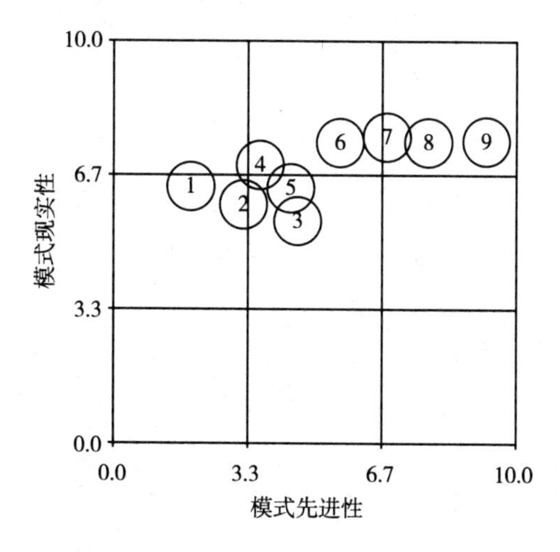

图 4-13 远期模式评价矩阵

c. 模式的优化选择与应用。模式优化选择的目的一是掌握现状，二是把握未来发展的规律，以在尊重客观现实的基础上合乎规律地调整设施农业技术结构和产业结构，不断优化产业发展。图 4-12 显示出在当前发展阶段，模式 6、模式 7 处在鼓励发展区，通过调研我们也验证了这种判断的正确性。在图 4-13 中可以看出模式 6、模式 7、模式 8、模式 9 均进入了鼓励发展和大力发展区域，在未来 8～10 年内应当重点研究和发展。这 4 种模式分别是：

模式 6：市场环境、合作组织下的分散化技术模式

模式 7：市场环境、合作组织下的规模化技术模式

模式 8：市场环境、企业组织下的规模化技术模式

模式 9：市场环境、企业组织下的专业化技术模式

表 4-7 远期模式评价表

远期模式“先进性”评价																	
一级	市场竞争力						抗风险能力						可持续能力				合计
二级	议价能力		平均单产		质量水平		抗自然风险		抗市场风险		融资能力		社会持续性		环境生态持续性		
权重	0.15		0.10		0.10		0.10		0.15		0.10		0.15		0.10		1.00
模式	得分	加权值	得分	加权值	得分	加权值	得分	加权值	得分	加权值	得分	加权值	得分	加权值	得分	加权值	加权值
1	1.00	0.15	1.00	0.10	1.00	0.10	1.00	0.10	1.00	0.15	1.00	0.10	7.00	1.05	1.00	0.15	1.90
2	3.00	0.45	2.00	0.20	2.00	0.20	2.00	0.20	3.00	0.45	2.00	0.20	8.00	1.20	2.00	0.30	3.20
3	4.00	0.60	4.00	0.40	4.00	0.40	5.00	0.50	4.00	0.60	4.00	0.40	7.00	1.05	4.00	0.60	4.60
4	3.00	0.45	2.00	0.20	2.00	0.20	3.00	0.30	6.00	0.90	2.00	0.20	7.00	1.05	2.00	0.30	3.60
5	5.00	0.75	4.00	0.40	4.00	0.40	5.00	0.50	6.00	0.90	2.00	0.20	5.00	0.75	3.00	0.45	4.40
6	6.00	0.90	4.00	0.40	4.00	0.40	5.00	0.50	6.00	0.90	4.00	0.40	10.00	1.50	4.00	0.60	5.60
7	7.00	1.05	6.00	0.60	6.00	0.60	6.00	0.60	7.00	1.05	6.00	0.60	8.00	1.20	7.00	1.05	6.80
8	9.00	1.35	8.00	0.80	7.00	0.70	8.00	0.80	8.00	1.20	8.00	0.80	6.00	0.90	8.00	1.20	7.80
9	10.00	1.50	10.00	1.00	9.00	0.90	10.00	1.00	9.00	1.35	9.00	0.90	8.00	1.20	9.00	1.35	9.20

（续）

远期模式“现实性”评价																			
一级	市场环境						政策环境				要素环境								合计
二级	市场衔接便利性		价格承受性		顾客信任程度		政策完备性		政策执行性		资金投入		技术供应		人才保障		土地供给		
权重	0.10		0.15		0.05		0.05		0.05		0.20		0.15		0.10		0.15		1.00
模式	得分	加权值	得分	加权值	得分	加权值	得分	加权值	得分	加权值	得分	加权值	得分	加权值	得分	加权值	得分	加权值	加权值
1	1.00	0.10	8.00	1.20	4.00	0.20	8.00	0.40	8.00	0.40	6.00	1.20	8.00	1.20	8.00	0.80	6.00	0.90	6.40
2	3.00	0.30	8.00	1.20	6.00	0.30	5.00	0.25	5.00	0.25	6.00	1.20	6.00	0.90	6.00	0.60	6.00	0.90	5.90
3	5.00	0.50	6.00	0.90	6.00	0.30	2.00	0.10	2.00	0.10	6.00	1.20	7.00	1.05	6.00	0.60	5.00	0.75	5.50
4	3.00	0.30	8.00	1.20	5.00	0.25	9.00	0.45	8.00	0.40	7.00	1.40	8.00	1.20	8.00	0.80	6.00	0.90	6.90
5	6.00	0.60	7.00	1.05	6.00	0.30	6.00	0.30	6.00	0.30	6.00	1.20	8.00	1.20	6.00	0.60	5.00	0.75	6.30
6	7.00	0.70	9.00	1.35	5.00	0.25	10.00	0.50	7.00	0.35	7.00	1.40	7.00	1.05	8.00	0.80	7.00	1.05	7.45
7	9.00	0.90	8.00	1.20	9.00	0.45	7.00	0.35	7.00	0.35	7.00	1.40	8.00	1.20	7.00	0.70	7.00	1.05	7.60
8	10.00	1.00	7.00	1.05	9.00	0.45	8.00	0.40	8.00	0.40	6.00	1.20	8.00	1.20	7.00	0.70	7.00	1.05	7.45
9	9.00	0.90	8.00	1.20	10.00	0.50	8.00	0.40	8.00	0.40	5.00	1.00	7.00	1.05	7.00	0.70	9.00	1.35	7.50

这显示出未来 8～10 年，市场价格承受力将会随着国家经济社会发展和城镇化率的提高而提高，产品质量也会随消费水平的提升而更高，专业化高档次细分市场将比较发达，在产业政策上将更倾向于集约化经营，技术与人才水平将进一步提高，土地供应将更加紧张等新的特点。

为此，我国在市场与政策环境建设、经营制度设计与培育、技术研发与推广等方面均应围绕上述四种模式展开，以保证农业现代化快速推进过程中对设施园艺产业发展的有效支撑。

d. 模式在微观上的优化路径。前文中对模式的评价与筛选是在宏观上对模式总体结构和功能进行的初步优化，为使模式达到指导实践的最终目的，需要在微观上进一步具体化，即通过对技术、组织、产业 3 个模块的具体内容进行细化、选择、排列、测试、调整，从而实现模式耦合和功能放大，特别是要在合理的结构下体现出超越单项技术简单叠加、系统功能被放大的整体涌现性，并使最终模式尽量接近一个有组织整体，即某个子系统的输入正好是其他子系统或本子系统的输出。例如选择出技术模式中可推广的技术装备配套方案，获得具体组织形式下设施装备的形式与比例，提出有利于组织发展和提高竞争力的产业布局规划要求（产业群、环境、支撑体系），针对所获得的具体模式耦合目标，形成相对稳定模式设计方案及应用方法指南，直接将其应用于某个区域或经济体内。

在微观优化的过程中，必须充分尊重模式所具有的社会系统特点和发展规律，其复杂性和异质性决定了在某个区域或某个经济体内多种模式可能并存，向最优模式的演变也将是一个逐步的过程，不能一蹴而就。

2. 基于主体需求及产品种类的模式构建与优化方法 结合区域的环境条件，根据决策主体的需求意愿，明确要选择的优化路径。结合已有工程规划和设计方案或者新制订的工程规划和设计方案，确定模式构建与优化的总体结构框架和核心功能模块，匹配优选合适的技术装备方案，形成完整的、可运行的工程模式系统。在此基础上，从战略层、策略层、行为层对该工程模式进行分层评价，提出相应的工程模式优化策略，并不断滚动调整。选取农产品流通工程技术模式优化为例，将相应模式优化方法进行阐述。

(1) 农产品流通装备与设施工程模式概念界定。农产品流通装备与设施工程模式是农产品流通（含批发市场）主体组织、流体工艺、装备设施之间交互作用、逐步形成的有序而稳定的内在关系结构及其外在表现形式；其中流体工艺决定工程模式的档次，装备设施决定工程模式的等级，主体组织决定工程模式的效果，如图 4－14 所示。

基于主体组织、流体工艺、装备设施之间作用关系的不同，可认为存在 7

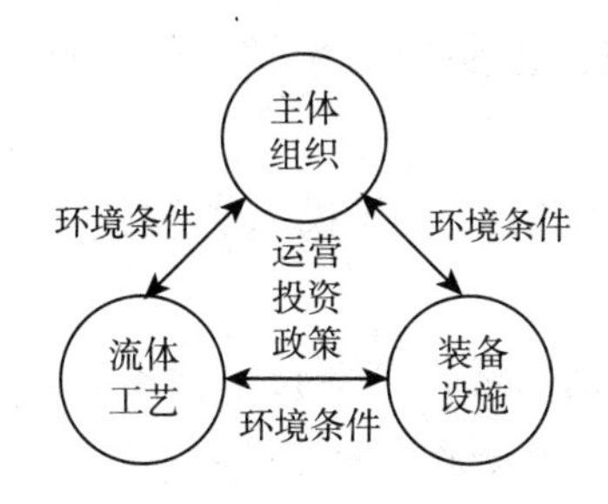

图 4-14　农产品流通装备与设施工程模式的概念界定

种不同的工程模式，分别是高端高配型工程模式、高端低配型工程模式、中端高配型工程模式、中端低配型工程模式、中端适度型工程模式、低端高配型工程模式和低端低配型工程模式。

（2）农产品流通装备与设施工程模式效果评价方法。农产品流通装备与设施工程模式的效果评价方法在扩建工程、改建工程或新建工程中都可使用，既可用于对已有工程模式的效果进行对比评价（横向比较评价），也可用于对工程模式优化前后的效果进行对比评价（纵向比较评价）。

①评价目标。通过评价，深层揭示农产品流通装备与设施工程模式的内在匹配、协同程度，通过改进优化，全面提升已有工程模式现代化的水平。

②评价指标。根据评价目标，分析确定农产品流通装备与设施工程技术评价指标，形成一套二级评价指标体系（表 4-8）。

表 4-8　农产品流通装备与设施工程模式效果评价指标体系

一级指标	二级指标
性能功效	实用性
	先进性
	稳定性
经济性	成本
	损耗
安全性	品质
	安全
生态性	能耗
	排放
适宜性	各环节之间协同程度
	对区域环境适应程度

a. 性能功效指标。

指标含义：从鲜活农产品流通模式的技术角度出发，能够完成特定功能的能力特性和所获得的效益。主要用实用性、先进性、稳定性三项测度指标来衡量。

实用性：技术装备达到的效果与投入资源的对比程度，以及技术的可操作性。

先进性：技术装备凝结的现代高新技术含量，新颖程度，能否适应我国农业现代化要求与农产品流通未来发展趋势，技术是否可被替代，是否会被淘汰。

稳定性：技术是否成熟，技术装备运行是否稳定和准确无误，技术风险程度。

b. 经济性指标。

指标含义：从鲜活农产品流通模式的经济效益角度出发，各个流通环节（批发市场的各个功能模块）所产生的成本和损耗。主要用成本、损耗两项测度指标来衡量。

成本：流通过程中形成的人工、材料、设备维修、燃料、技术专利、信息、检测等成本，以及促进整个流通产业链的组织之间有效链接的相关成本的总和。

损耗：鲜活农产品流通过程中的基本环节（批发市场的各个功能模块）所产生的腐烂率（死亡率、破损量）。

c. 安全性指标。

指标含义：从鲜活农产品流通的社会效益角度出发，鲜活农产品的质量，包括外在的质量特性和内在的安全特性。主要用品质、安全两项测度指标来衡量。

品质：鲜活农产品外在质量特性，具体是指能够通过视觉、触觉、嗅觉、味觉等感知到的有关农产品品质的信息，包括农产品的形状、大小、颜色、气味、组织、营养结构、风味等。

安全：鲜活农产品内在质量特性，具体是指由于被微生物、寄生虫、天然毒素、化学物质等感染造成食用后人体生病或死亡的一种显性或潜在风险，安全信息很难通过肉眼观察来获得，一般需要借助物理或化学分析仪器来检验。

d. 生态性指标。

指标含义：从鲜活农产品流通的生态效益角度出发，鲜活农产品在流通过程中所涉及的装备设施对环境所带来的影响。主要用能耗、排放两项测度指标来衡量。

能耗：流通过程中所产生的能量资源消耗，包括一次能源（如煤、石油、水）和次能源（由一次能源转换成的，如电、煤气、汽油）。

排放：流通过程中所产生的废弃物排放和环境有害物排放，包括废气、废水、固体废弃物和噪声等。

e. 适宜性指标。

指标含义：从鲜活农产品流通的产业链的协同性和与区域经济的适应程度出发，鲜活农产品流通模式各个环节之间的连续性与经济发展的适应程度。主要用各环节之间的协同程度、对区域环境的适应程度两项测度指标来衡量。

各环节之间的协同程度：由采收、商品化处理、暂养、贮存、信息检测等基本环节构成的鲜活农产品各个流通环节之间相互匹配的衔接程度。

对区域环境适应程度：鲜活农产品流通模式对于区域环境发展的适应程度，匹配程度越高越有利于两者的相互促进发展。

④指标权重。借助模糊层次分析法中的两两比较判断矩阵，确定各级指标权重。即将每一级的评价指标作为一组，分别建立6组（一级1组，二级5组）单因素模糊判断矩阵，以对上一层次的重要程度为准则，对每组评价指标进行两两比较并赋予分值；每一组选择20位农产品流通领域专家进行打分，可得到20个打分矩阵（表4-6），将此20个打分矩阵中的分值一一计算加权算术平均值，得到一个集结的打分矩阵，再计算得出最终的打分权重值。

⑤测度标准。评价指标体系的测度是评价工作的关键，对于农产品流通这样的复杂系统，只有评价指标测度明确，才能尽可能全面地考虑各种因素，科学、有效地对各方案进行评价。完整的测度标准确定过程分定性分析和定量转化两个步骤。

定性分析。按照三等分方式，将一级、二级评价指标的测度标准划分为3个等级，即“优、中、差”，分别用状态值5、3、1表示。运用头脑风暴方法，分别对各项测度指标的状态值进行定性分析，形成定性描述（表4-9至表4-14）。

表4-9　农产品流通装备与设施工程模式效果评价一级指标的测度标准

评价指标	得分		
	5	3	1
性能功效	技术的实用性、先进性、稳定性至少两项为优，不能存在差	技术的实用性、先进性、稳定性至少一项为中，不能存在差	技术的实用性、先进性、稳定性至多一项为中
经济性	鲜活农产品在流通环节（功能模块）中成本损耗明显低于平均水平	鲜活农产品在流通环节（功能模块）中成本损耗在平均水平小范围内波动	鲜活农产品在流通环节（功能模块）中成本损耗明显高于平均水平

（续）

评价指标	得分		
	5	3	1
安全性	鲜活农产品在流通环节（功能模块）中在安全的基础上品质为优	鲜活农产品在流通环节（功能模块）中在安全的基础上品质为中	鲜活农产品在流通环节（功能模块）中在安全的基础上品质为差
生态性	鲜活农产品流通过程中能耗和排放两项评价都为优	鲜活农产品流通过程中能耗和排放两项评价至少有一项为中，不存在差	鲜活农产品流通过程中能耗和排放两项评价至多有一项为中
适宜性	各环节之间匹配程度、对区域环境适应程度两项评价都为优	各环节之间匹配程度、对区域环境适应程度两项评价至少有一项为中，不存在差	各环节之间匹配程度、对区域环境适应程度两项评价至多有一项为中

表 4-10　农产品流通模式评价性能功效二级指标的测度标准

评价指标	得分		
	5	3	1
实用性	技术装备达到的效果与投入资源的对比程度高，且技术可操作性强	技术装备达到的效果与投入资源的对比程度一般，且技术可操作性一般	技术装备达到的效果与投入资源的对比程度低，且技术可操作性差
先进性	技术装备科技含量高，非常符合未来发展趋势，不容易被淘汰	技术装备科技含量一般，比较符合未来发展趋势	技术装备科技含量很低，不符合未来发展趋势，容易被淘汰
稳定性	技术装备运行效果稳定性高，技术风险低	技术装备运行效果稳定性一般，技术风险一般	技术装备运行效果稳定性低，技术风险高

表 4-11　农产品流通模式评价经济性二级指标的测度标准

评价指标	得分		
	5	3	1
成本	活农产品在流通环节（功能模块）中成本明显低于平均成本	鲜活农产品在流通环节（功能模块）中成本在平均成本小范围内波动	鲜活农产品在流通环节（功能模块）中成本明显高于平均成本
损耗	鲜活农产品在流通环节（功能模块）中成本明显低于平均损耗	鲜活农产品在流通环节（功能模块）中成本在平均损耗小范围内波动	鲜活农产品在流通环节（功能模块）中成本明显高于平均损耗

表 4-12　农产品流通模式评价安全性二级指标的测度标准

评价指标	得分		
	5	3	1
品质	鲜活农产品在流通环节（功能模块）中外在质量特性非常好	鲜活农产品在流通环节（功能模块）中外在质量特性较好	鲜活农产品在流通环节（功能模块）中外在质量特性不好
安全	鲜活农产品的安全方面，直接引用国家相关标准，选择最常检测的几项安全指标及检测标准作为评价指标标准，全部检测项目合格就视为安全，得分为5	只要有一项检测项目不合格就视为安全不合格，得分为0	

表 4-13　农产品流通模式评价生态性二级指标的测度标准

评价指标	得分		
	5	3	1
能耗	鲜活农产品流通过程中所产生的能量资源消耗明显低于平均水平	鲜活农产品流通过程中所产生的能量资源消耗在平均水平小范围内波动	鲜活农产品流通过程中所产生的能量资源消耗明显高于平均水平
排放	鲜活农产品流通过程中所产生的废弃物排放和环境有害物排放符合相关国家或地方标准	只要有一种排放物质超过国家标准，得分即为0	

表 4-14　农产品流通模式评价适宜性二级指标的测度标准

评价指标	得分		
	5	3	1
匹配性	各环节主体和整个链条都能实现投资和回报目标最大化	各环节主体能够实现投资和回报目标最大化，但整个链条不能实现整体投资和回报目标最大化	各环节主体和整个链条都没能实现投资和回报目标最大化
适应性	能够与区域经济发展水平、产业发展阶段和政策条件完全适应	能够与区域经济发展水平、产业发展阶段和政策条件较好适应	不能与区域经济发展水平、产业发展阶段和政策条件很好适应

定量转化。在定性分析的基础上，经济性指标及其测度指标、生态性指标中的能耗指标，大部分可通过实地调研采集到样本数据，故选用平均值计算方法，统计计算得出最终的定量测度标准；安全性指标及其测度指标、生态指标中的排放指标难以直接采集数据，但已制定了国家或行业标准，故选用标准值参考方法，依据国家标准或行业标准，以其为参考调整确定得出相应的定量测度指标。性能功效指标及其测度指标、适宜性指标及其测度指标难以直接采集数据，也尚未制定相应的标准，故选用专家打分方法，通过对打分分值的统计计算，确定得出最终的定量测度标准。详见“模式优化应用”部分。

（3）农产品流通装备与设施工程模式属性识别方法。农产品流通装备与设施工程模式的属性识别方法多用于改进工程之中，因为只有具有相同属性的模式系统或者集成技术模块，经过拆分、重组之后，才更有可能实现匹配协同。

①已有工程模式与植入工程模式的属性相似性识别。农产品流通装备与设施工程模式的不同，根本表现在主体组织、流体工艺、装备设施之间内在作用关系的不同，但可借助固定成本、可变成本、损耗风险、收益利润等的关系结构模型，对其差异程度进行定量测量。

a. 成本结构模型。可分为固定成本和可变成本，具体包括固定资产折旧、工具消耗费用摊销、人工成本、能源消耗、相关费用摊销（如车辆维修费、车辆保险费、过路费、超载费），以及促进各环节之间有效链接的相关成本的总和。具体计算公式如下：

$$C = \sum_{i=1}^{j} C_i = \sum_{i=1}^{j} (C_{i(F)} + C_{i(V)}) \qquad (4-1)$$

$$C_{i(F)} = \sum_{g=1}^{h} C_{i(F)g}$$

$$C_{i(V)} = \sum_{m=1}^{n} C_{i(V)m}$$

式中，C——农产品流通成本；

C_i——农产品流通第 i 个环节成本；

i——农产品流通环节；

j——农产品流通环节总数；

$C_{i(F)}$——农产品流通第 i 个环节的固定成本；

g——农产品流通第 i 个环节的固定成本要项；

h——农产品流通第 i 个环节的固定成本要项总数；

$C_{i(V)}$——农产品流通第 i 个环节的可变成本；

m——农产品流通第 i 个环节的可变成本要项；

n——农产品流通第 i 个环节的可变成本要项总数。

b. 损耗结构模型。包括流体伤亡和流体失重所带来的经济风险损失之和。具体计算公式如下：

$$C_{loss} = \gamma\alpha P_1 Q + \beta P_1 Q \quad (4-2)$$

式中，C_{loss} ——农产品流通损耗；

α ——农产品流通过程中的流体伤亡率；

β ——农产品流通过程中的流体失重率；

γ ——伤亡流体的折价率；

P_1 ——农产品流通第一个环节的流体价格；

Q ——农产品流通总量。

c. 利润结构模型。除去成本和损耗，收益中余下的部分就是农产品流通的利润，具体计算公式如下：

$$R = E - C - C_{loss} \quad (4-3)$$

$$E = (P_j - P_1)Q$$

式中，R ——农产品流通利润；

E ——农产品流通收益；

P_j ——农产品流通第 j 个环节的价格（市场平均价格）。

d. 关系结构模型。综合上述结构模型，可得农产品流通的单位固定成本、单位可变成本、单位流体损耗、单位流体利润与单位流体收益之间的等量关系（公式 4-4），由此等量关系可以看出，相关主体要想获得更多的单位流体利润，需要尽可能地提高单位流体收益，减少单位固定成本和单位可变成本，以及减少单位流体损耗；故选用 FAC/AE（单位固定成本/单位流通收益）、C_{loss}/AE（单位流体损耗/单位流通收益）、AR/AE 倒数（单位流通利润/单位流通收益的倒数）三项比率指标值的乘积来代表工程模式的内在关系结构（公式 4-5），三项比率指标值的乘积越小，说明工程模式的内在关系结构越合理。

$$AR = AE - FAC - VAC - AC_{loss} \quad (4-4)$$

$$Y = (FAC/AE) \times (AC_{loss}/AE) \times (AE/AR) = (FAC \times AC_{loss})/(AE \times AR) \quad (4-5)$$

式中，AR ——农产品流通单位流体利润；

AE ——农产品流通单位流体收益；

FAC ——农产品流通单位固定成本；

VAC ——农产品流通单位可变成本；

AC_{loss} ——农产品流通单位流体损耗；

Y ——内在关系结构合理性。

e. 现代化属性辨识的逻辑关系模型。将流体工艺档次水平、技术装备集成水平、组织方式紧密化程度设为系数，与三项比率指标值乘积共同表示工程模式的内在属性（公式 4－6）。不同工程模式所得分值越接近，其属性的相似性越强（公式 7）。

$$Z = \theta_1 \theta_2 \theta_3 Y \qquad (4-6)$$

$$\lambda = Z'/Z'' \qquad (4-7)$$

式中，θ_1 ——流体工艺档次水平；

θ_2 ——技术装备集成水平；

θ_3 ——组织方式紧密化程度；

Z ——工程模式的内在属性；

λ ——已有工程模式与植入模式的属性相似性（λ 越接近 1，说明属性相似性越强，反之属性差异性越强）。

②植入工程模式对已有工程模式的替代性分析。具有同类属性的工程模式之间，其不同之处主要来自阶段和环境的差异，所以相互之间相对更容易建立替代关系。这里分别从主体组织、流体工艺、装备设施三个方面，对植入工程模式的已有工程模式的替代性加以分析。

a. 基于主体组织的替代性分析。农产品流通主体组织的不同主要表现为主体组织化程度的不同以及组织关系紧密程度的不同。一般对于高端高配型的工程模式，组织化程度较高的主体组织容易替代组织化程度较低的主体组织；对于高端低配型、中端高配型、中端低配型、中端适度型和低端高配型的工程模式，组织程度适度的主体更为合适；对于低端低配型的工程模式，组织化程度较低的主体组织容易替代组织化程度较高的主体组织。

b. 基于流体工艺的替代性分析。流体工艺的不同主要表现为受生产因素、流通因素、消费因素及其相互之间转化因素等的影响，不同农产品具有不同的适宜流通半径、流通批量等，进而也会选择不同等级的流体工艺。一般高端高配型、中端高配型、低端高配型的工程模式，在流体工艺上可大部分兼容替代高端低配型、中端低配型、低端低配型的工程模式；反之难度较大，即使可行也会造成较大损失。

c. 基于装备设施的替代性分析。装备设施的不同主要表现为装备设施中所含关键技术或关键集成技术等级水平的不同，进而整个装备设施系统的等级水平也将有所差异。与流体工艺相似，一般高端高配型、中端高配型、低端高配型的工程模式，在装备设施上可大部分兼容替代高端低配型、中端低配型、低端低配型工程模式；但反之难度较大。

（4）农产品流通装备与设施工程模式动态优化方法。农产品流通装备与设施工程模式的动态优化方法主要用于新建工程（多采取创新式的技术集成路径）之中，也就是基于已有约束条件和可备选的技术、装备、设施，来构建新的工程模式。

①优化的需求目标。借助技术集成匹配和装备设施组装配套，构建新的、更为先进的农产品装备与设施工程模式，使其替代原有、落后的农产品装备与设施工程模式，以此推动整个农产品流体产业的转型升级。

②优化模型的构建。

假设 1：在农产品流通装备与设施工程模式一定的情况下，对于同等运距和时间、同类档次和品种、同等批量和周转频率的农产品流通，在各个环节所使用的集成技术和装备设施分别为环节 1（$x_{1.j}$）、环节 2（$x_{2.j}$）、环节 3（$x_{3.j}$）、环节 4（$x_{4.j}$）和环节 5（$x_{5.j}$）。

假设 2：受宏观、中观和微观环境条件的影响，农产品流通装备与设施工程模式的优化过程将受到五个方面的约束，分别是资金约束（$I_{i.j}$）、风险约束（$R_{i.j}$）、标准约束（$S_{i.j}$）、环境生态约束（$E_{i.j}$）、生产安全约束（$L_{i.j}$）。

根据假设 1 和假设 2，得到约束函数如下：

$$a_1x_{1.1}+b_1x_{2.1}+c_1x_{3.1}+d_1x_{4.1}+e_1x_{5.1}\leqslant I_0$$
$$a_2x_{1.2}+b_2x_{2.2}+c_2x_{3.2}+d_2x_{4.2}+e_2x_{5.2}\leqslant R_0$$
$$a_3x_{1.3}+b_3x_{2.3}+c_3x_{3.3}+d_3x_{4.3}+e_3x_{5.3}\leqslant S_0$$
$$a_4x_{1.4}+b_4x_{2.4}+c_4x_{3.4}+d_4x_{4.4}+e_4x_{5.4}\leqslant E_0$$
$$a_5x_{1.5}+b_5x_{2.5}+c_5x_{3.5}+d_5x_{4.5}+e_5x_{5.5}\leqslant L_0$$
$$I_0\geqslant 0,R_0\geqslant 0,S_0\geqslant 0,E_0\geqslant 0,L_0\geqslant 0$$

假设 3：引入 0～1 变量 $Y_{i.j}$，$Y_{i.j}=0$ 表示 $x_{i.j}$ 环节与其他环节不匹配协同，$Y_{i.j}=1$ 表示环节与其他环节匹配协同，由此得到农产品流通装备与设施工程模式优化的备选方案集合，见表 4-15。

表 4-15　农产品流通技术、装备、设施的备选集

方案（Y_i）	环节 1（$x_{1.j}$）	环节 2（$x_{2.j}$）	环节 3（$x_{3.j}$）	环节 4（$x_{4.j}$）	环节 5（$x_{5.j}$）
Y_1	1	1	1	1	1
Y_2	1	0	0	0	0
Y_3	0	1	0	0	0
Y_4	0	0	1	0	0
Y_5	0	0	0	1	0
Y_6	0	0	0	0	1
Y_7	1	1	0	0	0
Y_8	1	0	1	0	0

（续）

方案（Y_i）	环节1（$x_{1,j}$）	环节2（$x_{2,j}$）	环节3（$x_{3,j}$）	环节4（$x_{4,j}$）	环节5（$x_{5,j}$）
Y_9	1	0	0	1	0
Y_{10}	1	0	0	0	1
Y_{11}	0	1	1	0	0
Y_{12}	0	1	0	1	0
Y_{13}	0	1	0	0	1
Y_{14}	0	0	1	1	0
Y_{15}	0	0	1	0	1
Y_{16}	0	0	0	1	1
Y_{17}	0	0	1	1	1
Y_{18}	0	1	0	1	1
Y_{19}	0	1	1	0	1
Y_{20}	0	1	1	1	0
Y_{21}	1	0	0	1	1
Y_{22}	1	0	1	0	1
Y_{23}	1	0	1	1	0
Y_{24}	1	1	0	0	1
Y_{25}	1	1	0	1	0
Y_{26}	1	1	1	0	0
Y_{27}	1	1	1	1	0
Y_{28}	1	0	1	1	1
Y_{29}	1	1	0	1	1
Y_{30}	1	1	1	0	1
Y_{31}	1	1	1	1	0
Y_{32}	0	0	0	0	0

注：匹配协同用“1”表示，不匹配协同用“0”表示。

假设4：在备选集合中，所有环节均不匹配、只有单个环节匹配而其他环节均不匹配的情况不可行，由此得到农产品流通装备与设施工程模式优化的可行方案集合，见表4-16。

表4-16 农产品流通技术、装备、设施的可行集（26种方案）

方案（Y_i）	环节1(x_1)	环节2(x_2)	环节3(x_3)	环节4(x_4)	环节5(x_5)
Y_1	1	1	1	1	1
Y_2	1	1	0	0	0

（续）

方案 (Y_i)	环节 1(x_1)	环节 2(x_2)	环节 3(x_3)	环节 4(x_4)	环节 5(x_5)
Y_3	1	0	1	0	0
Y_4	1	0	0	1	0
Y_5	1	0	0	0	1
Y_6	0	1	1	0	0
Y_7	0	1	0	1	0
Y_8	0	1	0	0	1
Y_9	0	0	1	1	0
Y_{10}	0	0	1	0	1
Y_{11}	0	0	0	1	1
Y_{12}	0	0	1	1	1
Y_{13}	0	1	0	1	1
Y_{14}	0	1	1	0	1
Y_{15}	0	1	1	1	0
Y_{16}	1	0	0	1	1
Y_{17}	1	0	1	0	1
Y_{18}	1	0	1	1	0
Y_{19}	1	1	0	0	1
Y_{20}	1	1	0	1	0
Y_{21}	1	1	1	0	0
Y_{22}	1	1	1	1	0
Y_{23}	1	0	1	1	1
Y_{24}	1	1	0	1	1
Y_{25}	1	1	1	0	1
Y_{26}	1	1	1	1	0

注：匹配用“1”表示，不匹配用“0”表示。

以上述假设条件为前提，构建农产品流通装备与设施工程模式优化的 0～1 规划模型：

$$\max z = \sum (1-R(Y_{i.j}))(1-S(Y_{i.j}))(1-E(Y_{i.j}))(1-L(Y_{i.j}))(P(Y_{i.j}) - AC(Y_{i.j}))Q(Y_{i.j})$$

式中，$I_{i.j}(Y_{i.j}) = (P(Y_{i.j}) - AC(Y_{i.j}))Q(Y_{i.j})$，$i = 1,2,\cdots,5$，$j = 1,2,\cdots,5$

$$a_1x_{1.1} + b_1x_{2.1} + c_1x_{3.1} + d_1x_{4.1} + e_1x_{5.1} \leqslant I_0$$

$$a_2x_{1.2} + b_2x_{2.2} + c_2x_{3.2} + d_2x_{4.2} + e_2x_{5.2} \leqslant R_0$$

$a_3x_{1.3}+b_3x_{2.3}+c_3x_{3.3}+d_3x_{4.3}+e_3x_{5.3}\leqslant S_0$

$a_4x_{1.4}+b_4x_{2.4}+c_4x_{3.4}+d_4x_{4.4}+e_4x_{5.4}\leqslant E_0$

$a_5x_{1.5}+b_5x_{2.5}+c_5x_{3.5}+d_5x_{4.5}+e_5x_{5.5}\leqslant L_0$

$x_{i.j}\leqslant I_{i.j}Y_{i.j}$

$x_{i.j}\leqslant R_{i.j}Y_{i.j}$

$x_{i.j}\leqslant S_{i.j}Y_{i.j}$

$x_{i.j}\leqslant E_{i.j}Y_{i.j}$

$x_{i.j}\leqslant L_{i.j}Y_{i.j}$

$I_0\geqslant 0$，$R_0\geqslant 0$，$S_0\geqslant 0$，$E_0\geqslant 0$，$L_0\geqslant 0$

$x_{i.j}\geqslant 0$，$i=1,2,\cdots,5$，$j=1,2,\cdots,5$

$Y_{i.j}=0$ 或 1，$i=1,2,\cdots,5$，$j=1,2,\cdots,5$

（5）农产品流通装备与设施工程模式优化成果。

①低端低配型和低端高配型工程模式。该类型模式多存在于产地或销地（优势产区或都市销区的区内流通），由当地农产品经销商主导，为了提高其匹配、协同水平，通常选取改进式技术集成路径。此类模式所需投资不大、对主体运营能力要求也不高，但受当地政策影响较大，所以在改进优化过程中，只需适当满足略高的节本降耗、质量保障、节能减排等需求目标即可，适当争取更多的政府政策及投入支持。

②高端低配型和高端高配型工程模式。该类型模式多存在于大企业之中（区际流通），一般由农产品联盟组织、第三方或第四方物流企业、一体化企业等主导，为了提高其匹配、协同水平，通常选取植入式技术集成路径（局部可选取创新式和改进式技术集成路径）。此类模式所需投资很大、对主体运营能力要求很高，但受产销两地政策影响都不大，所以在设计优化过程中，需要同时满足高水平的节本降耗、质量保障、节能减排等需求目标，重点解决投资和运营成本合理化问题。

③中端低配型、中端高配型和中端适度型工程模式。该类型模式在产地、销地或大企业中都有可能存在，一般由当地农产品经销大户、第三方物流企业等主导，为了提高其匹配、协同水平，选取创新式和改进式技术集成路径的可能性都较大。此类模式所需投资较大、对主体运营能力要求也较高，受产销两地的政策影响也较大，所以在升级优化过程中，需要重点满足节本降耗需求目标，同时也要达到较高的质量保障和节能减排水平，由此对投资、运营、政策等问题都要一一解决。

三、模式优化应用

为验证模式优化方法的实用性及适用性，分别选取相应工程实际案例进行优化应用。针对方法一，选取我国设施园艺发展具有特色并具有典型气候特征的华北、西北两大区域的设施园艺工程集成试验点——银川宁夏园艺产业园和天津滨海国际花卉科技园为研究对象，进行优化应用。针对方法二，选取以广东何氏水产物流公司为例，具体阐述其从中端低配型工程模式向中端高配型工程模式逐步集成优化的过程。

（一）基于技术、组织、产业模式耦合集成的模式构建与优化方法应用

1. 基本情况介绍

（1）宁夏园艺产业园。宁夏园艺产业园位于银川市以北，贺兰县西北，坐落于京藏高速公路东、西两侧，占地 3 000 多亩，交通十分便利，距银川市 15km，银川火车站 20km，河东机场 30km。产业园是集园艺博览，科技推广，示范培训、观光旅游于一体的国家级综合现代农业园区。

园区共分为科研开发区，综合服务区、生产示范区、会议展览区和休闲农业区五大功能区。其中科研开发区主要建设宁夏设施农业产业研究示范中心，包括各类试验温室、露地试验区、检测实验室以及与生产要求配套的生物质利用中心等，着重对新兴日光温室结构、透光材料、新品种、先进的栽培方式等进行研究。综合服务区主要用于产业园的综合科技研发服务，包括研发服务中心、综合实验室、信息网络服务中心和专家办公室、公寓及职工宿舍等。生产示范区主要进行具有西北特色的水果、蔬菜、食用菌、中草药和花卉等品种的工厂化育苗与生产，对新型日光温室结构、透光材料、新品种、先进栽培方式等进行展示。会议展览区主要进行花卉透光材质、新品种、蔬菜透光材质、新品种、水果以及其他宁夏特色的园艺展示，也是举办各类会议、论坛的理想场所。休闲农业区是产业园为城市居民提供观光、休闲、度假、餐饮的主要场所。休闲区主要包括生态餐厅、农耕文化展示馆、有机厨房、室外垂钓、露天烧烤等。

宁夏园艺产业园有智能化连栋玻璃温室 4 万多平方米，包括育苗温室与练苗温室以及组培车间。有以色列型、山东寿光Ⅵ型、西北试Ⅰ～Ⅴ型、银川Ⅱ节能型、内置式双层等 10 余种类型的日光温室 200 多栋，另外还有三连跨、8m 与 16m 塑料大棚 100 余栋，以及建有设施完善的配套科研辅助用房，园艺设施具有网络型计算机数据采集控制系统和远程无线监测系统，其智能化、信息化水平全国先进、西北领先。

选取宁夏园艺产业园内由农业合作组织承包、委托农户经营的日光温室蔬菜生产模式为研究对象。

技术方面：该模式使用日光温室生产蔬菜，日光温室面积约 667m^2，种植面积约 560m^2，温室配备较为齐全的保温被、自动卷帘装置。在栽培技术上，

使用土壤有机肥栽培为主，灌溉方式采用滴灌与漫灌方式结合。

组织方面：种植户从合作组织处租赁温室，合作组织负责产品的销售及相关技术培训。

（2）天津滨海国际花卉科技园。滨海国际花卉科技园位于东丽湖地区总体规划区内，是滨海新区六大农业科技园之一，占地面积 3 400 亩，总投资 22.59 亿元，建设周期为 5 年，分 3 期建成。园区一期工程包括建设 24 万 m^2 的智能温室、2.1 万 m^2 的加工及包装车间、2 670m^2 的综合楼、3.3 万 m^2 的指挥中心、研发中心及展销大厅，并完成绿化、水、电、路、供暖等基础配套设施。滨海国际花卉科技园预计 2014 年全部完工，将形成综合管理服务区、高档花卉工厂化生产区、高新技术成果展示区（旅游观光区）3 个功能区。园区通过打造高档花卉生产、技术推广、生态休闲三大产业体系，将建成我国北方花卉高新技术孵化中心、科技培训服务中心、物流集散中心，成为全国知名、北方最大的高档花卉研发和产业基地。全部投产后，预计年产花卉种苗 3 900万株、高档盆花 2 400 万株、草花 3 000 万株。园区充分发挥天津市花卉工程技术中心的科技研发、成果转化及引领示范作用，开发创立具有国际独立知识产权的名贵花卉种苗、生产、销售技术体系，并建立国家级花卉产品质量评级中心。

技术方面：该模式全套引进荷兰盆花生产技术，采用标准化 Venlo 温室配制完备的室内外遮阳保温系统及顶部开窗降温系统，室内灌溉技术采用潮汐灌并集成自动供肥装置。基质填钵、花盆转运均采用机械化物流运输，减少人工劳动。

组织方面：公司作为园区组织运作主体，按照“政府引导、企业主体、市场化运作”的原则，进行组织管理和经营运作，设立董事会、监事会和专家顾问组，实行董事会领导下的总经理负责制，对公司的经营进行决策、监督和协助，园区内设有花卉拍卖市场，有力地保证了花卉的销售。

2. 模式优化分析 为对选取的两研究点进行设施园艺工程集成模式的研究分析，根据模式优化评价方法，将两研究点的模式进行标准化表达，见表4－17。

表 4－17 宁夏园艺产业园和天津滨海国际花卉科技园设施园艺工程集成模式标准化表达表

园区名称 模式要素	宁夏园艺产业园	天津滨海国际花卉科技园区
技术模式	分散化	专业化
组织模式	合作组织式	企业式
产业模式	市场型	市场型

根据以上分析，宁夏园艺产业园试验点的模式为市场环境、合作组织下的分散化技术模式；天津滨海国际花卉科技园试验点的模式属于市场环境、企业组织下的专业化技术模式。为准确评价两试验点模式的先进性和现实性，特结合两研究点的特性，分别编制了模式先进性—现实性评价调研表（表 4 - 18、表 4 - 19）。

表 4 - 18　宁夏园艺产业园试验点模式评价调研表

“先进性”评价				
一、市场竞争力	1. 议价能力	A 级	10	生产反季节程度高，收获期能够抓住市场空当，产品品质好，具有冷库等初加工设施
		B 级	8	产品品质好，具有冷库等初加工设施
		C 级	6	产品品质好
		D 级	4	生产反季节程度高，收获期能够抓住市场空当，产品品质一般
		E 级	2	产品品质一般并与大田生产几乎同步
	2. 平均单产	A 级	10	年亩产量≥1 t ＝10 000 kg
		B 级	8	年亩产量≥8 000 kg
		C 级	6	年亩产量≥6 000 kg
		D 级	4	年亩产量≥4 000 kg
		E 级	2	年亩产量≥2 000 kg
	3. 质量水平	A 级	10	果实圆润、外观一致、口感优良
		B 级	8	色泽均匀、表皮光洁、口感优良
		C 级	6	果腔充实、果肉坚实有弹性
		D 级	4	口感、风味迎合消费习惯
		E 级	2	无损伤、无裂口、无疤痕
二、抗风险能力	4. 抗自然风险能力	A 级	10	设施结构坚固、棚膜完整、设有应急加温、补光灯等环控设施
		B 级	8	设施结构坚固、棚膜完整
		C 级	6	设施结构坚固、棚膜有破损
		D 级	4	设施结构简易、棚膜完整
		E 级	2	设施简易、棚膜破损、结构存在隐患
	5. 抗市场风险能力	A 级	10	80%以上产品为订单计划，或有稳定超市、市场供货渠道
		B 级	8	60%以上产品为订单计划，或有稳定超市、市场供货渠道
		C 级	6	40%以上产品为订单计划，或有稳定超市、市场供货渠道
		D 级	4	20%以上产品为订单计划，或有稳定超市、市场供货渠道
		E 级	2	产品由商贩收购

（续）

“先进性”评价				
二、抗风险能力	6. 融资能力	A级	10	100%获得贷款额度
		B级	8	获得贷款额度的80%以上
		C级	6	获得贷款额度的60%以上
		D级	4	获得贷款额度的40%以上
		E级	2	获得贷款额度的20%以上
三、可持续能力	7. 社会持续性	A级	10	每亩收入超过5万元
		B级	8	每亩收入超过4万元
		C级	6	每亩收入超过3万元
		D级	4	每亩收入超过2万元
		E级	2	每亩收入1万元及以下
	8. 环境生态持续性	A级	10	根据单位产品的能耗及不造成连作障碍（次生盐渍化&土传病害）定级
		B级	8	—
		C级	6	—
		D级	4	—
		E级	2	
“现实性”评价				
一、市场环境	1. 市场衔接便利性	A级	10	农户有固定销售渠道、自行育苗
		B级	8	农户有固定销售渠道、外购苗
		C级	6	—
		D级	4	—
		E级	2	农户无固定销售渠道、外购苗
	2. 价格承受性	A级	10	原材料价格波动对农户运营影响不大
		B级	8	—
		C级	6	—
		D级	4	—
		E级	2	原材料价格波动对农户运营影响较大
	3. 顾客信任程度	A级	10	产品品质达到有机认证，有品牌
		B级	8	产品品质达到有机认证，无品牌
		C级	6	产品品质达到绿色无公害认证，有品牌
		D级	4	产品品质达到绿色无公害认证，无品牌
		E级	2	产品无品牌

（续）

"现实性"评价				
二、政策环境	4. 政策完备性	A级	10	具有产业扶持、支撑政策
		B级	8	—
		C级	6	—
		D级	4	—
		E级	2	没有产业扶持政策
	5. 政策执行性	A级	10	有当地政府具体的配套扶持措施
		B级	8	—
		C级	6	—
		D级	4	—
		E级	2	无当地政府具体的配套扶持措施
三、要素环境	6. 资金投入	A级	10	每亩建设投入超过15万元
		B级	8	每亩建设投入超过10万元
		C级	6	每亩建设投入超过8万元
		D级	4	每亩建设投入超过4万元
		E级	2	每亩建设投入4万元以内
	7. 技术供应	A级	10	易获得相应的技术支持及供应
		B级	8	—
		C级	6	—
		D级	4	—
		E级	2	不易获得相应的技术支持及供应
	8. 人才保障	A级	10	劳动力具有大学及以上文化程度
		B级	8	劳动力具有高中文化程度
		C级	6	劳动力具有初中文化程度
		D级	4	劳动力具有小学文化程度
		E级	2	劳动力具有小学以下文化程度
	9. 土地供给	A级	10	有存量的土地供给
		B级	8	租用土地
		C级	6	—
		D级	4	—
		E级	2	没有土地条件

表 4-19　天津滨海国际花卉科技园模式评价调研表

"先进性"评价				
一、市场竞争力	1. 议价能力	A级	10	产品市场占有率超过10%，企业自身设有产品集散机构
		B级	8	产品市场占有率超过5%
		C级	6	产品市场占有率超过3%
		D级	4	产品市场占有率超过1%
		E级	2	产品市场占有率小于1%
	2. 平均单产	A级	10	以蝴蝶兰为例，60株以上/m^2
		B级	8	以蝴蝶兰为例，50株以上/m^2
		C级	6	以蝴蝶兰为例，40株以上/m^2
		D级	4	以蝴蝶兰为例，30株以上/m^2
		E级	2	以蝴蝶兰为例，20株以内/m^2
	3. 质量水平	A级	10	特级产品、一级产品占总产品的50%以上（特级，每个花枝有大于等于10朵；一级，每个花枝有8～10朵；二级，每个花枝6～7朵；三级，每个花枝5朵以内）
		B级	8	特级产品、一级产品占总产品的30%以上，二级产品占总产品的50%以上
		C级	6	特级产品、一级产品占总产品的10%以上，二级产品占总产品的50%以上
		D级	4	特级产品、一级产品、二级产品占总产品的50%以上
		E级	2	三级产品占总产品的50%以上
二、抗风险能力	4. 抗自然风险能力	A级	10	高质量连栋温室，配备完备的环境调控装置
		B级	8	日光温室，配备加温设施
		C级	6	日光温室，不配备加温设施
		D级	4	塑料大棚，不配备加温设施
		E级	2	遮阳棚
	5. 抗市场风险能力	A级	10	80%以上产品为订单计划，或有稳定超市、市场供货渠道
		B级	8	60%以上产品为订单计划，或有稳定超市、市场供货渠道
		C级	6	40%以上产品为订单计划，或有稳定超市、市场供货渠道
		D级	4	20%以上产品为订单计划，或有稳定超市、市场供货渠道
		E级	2	产品由商贩收购
	6. 融资能力	A级	10	100%获得贷款额度
		B级	8	获得贷款额度的80%以上
		C级	6	获得贷款额度的60%以上
		D级	4	获得贷款额度的40%以上
		E级	2	获得贷款额度的20%以上

（续）

“先进性”评价				
三、可持续能力	7. 社会持续性	A级	10	成本利润率超过30%
		B级	8	成本利润率超过20%
		C级	6	成本利润率超过10%
		D级	4	成本利润率超过5%
		E级	2	成本利润率小于5%
	8. 环境生态持续性	A级	10	根据单位产品产量的能耗（电耗）分级
		B级	8	电能全自动控制，节约水、热等能耗资源
		C级	6	—
		D级	4	—
		E级	2	—
“现实性”评价				
一、市场环境	1. 市场衔接便利性	A级	10	企业拥有销售平台，自行组培育苗
		B级	8	—
		C级	6	—
		D级	4	—
		E级	2	企业无固定销售渠道，直接购买小苗
	2. 价格承受性	A级	10	原材料价格波动对企业运营影响不大
		B级	8	—
		C级	6	—
		D级	4	—
		E级	2	原材料价格波动对企业运营影响较大
	3. 顾客信任程度	A级	10	有自主的品牌
		B级	8	—
		C级	6	—
		D级	4	—
		E级	2	无品牌
二、政策环境	4. 政策完备性	A级	10	具有产业扶持、支撑政策
		B级	8	—
		C级	6	—
		D级	4	—
		E级	2	没有产业扶持政策
	5. 政策执行性	A级	10	有当地政府具体的配套扶持措施
		B级	8	—
		C级	6	—
		D级	4	—
		E级	2	无当地政府具体的配套扶持措施

（续）

"现实性"评价				
三、要素环境	6. 资金投入	A级	10	每公顷的建设投入 3 625 万元
		B级	8	—
		C级	6	—
		D级	4	—
		E级	2	
	7. 技术供应	A级	10	易获得相应的技术支持及供应
		B级	8	比较容易获得相应的技术支持及供应
		C级	6	—
		D级	4	—
		E级	2	不易获得相应的技术支持及供应
	8. 人才保障	A级	10	专职技术人员占企业总人数的 50%以上
		B级	8	专职技术人员占企业总人数的 40%以上
		C级	6	专职技术人员占企业总人数的 30%以上
		D级	4	专职技术人员占企业总人数的 20%以上
		E级	2	专职技术人员占企业总人数的 10%以内
	9. 土地供给	A级	10	有存量的土地供给
		B级	8	—
		C级	6	按照规划范围合理使用，无存量
		D级	4	—
		E级	2	没有土地条件

通过现场调研及试验验证，结合之前得到的优化评价理论，得到两模式的评价结果，见表 4 - 20、表 4 - 21；根据该评价结果计算得到模式先进性—现实性矩阵，如图 4 - 15 所示。

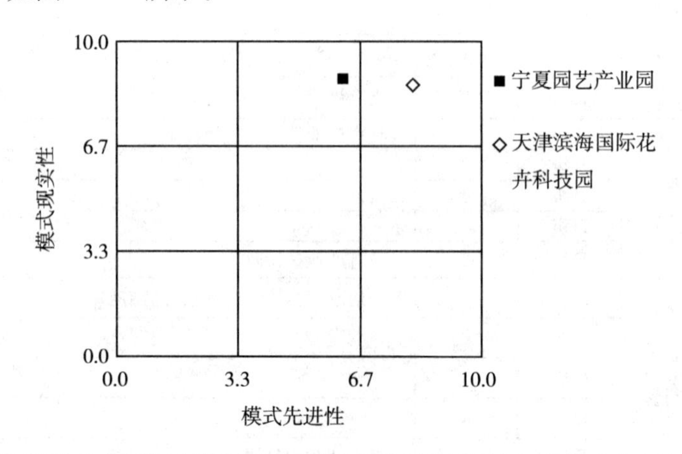

图 4 - 15　宁夏园艺产业园和天津滨海国际花卉科技园设施园艺工程模式先进性—现实性矩阵

表 4-20 宁夏园艺产业园（模式 1）和天津滨海国际花卉科技园区（模式 2）设施园艺工程模式“先进性”评价结果

一级指标	市场竞争力						抗风险能力						可持续能力				合计
二级指标	议价能力		平均单产		质量水平		抗自然风险		抗市场风险		融资能力		社会持续性		环境生态持续性		
模式	得分	加权值	得分	加权值	得分	加权值	得分	加权值	得分	加权值	得分	加权值	得分	加权值	得分	加权值	加权值
1	8	1.2	6	0.9	8	0.8	6	0.6	10	1.5	2	0.2	4	0.6	4	0.4	6.2
2	8	1.2	4	0.6	10	1	10	1	10	1.5	8	0.8	8	1.2	8	0.8	8.1

表 4-21 宁夏园艺产业园（模式 1）和天津滨海国际花卉科技园区（模式 2）设施园艺工程模式“现实性”评价结果

一级指标	市场竞争力						抗风险能力						可持续能力						合计
二级指标	市场衔接便利性		价格承受性		顾客信任程度		政策完备性		政策执行性		资金投人		技术供应		人才保障		土地供给		
模式	得分	加权值	得分	加权值	得分	加权值	得分	加权值	得分	加权值	得分	加权值	得分	加权值	得分	加权值	得分	加权值	加权值
1	8	0.8	8	1.2	6	0.3	10	1	10	1	10	2	10	1.5	6	0.6	8	0.4	8.8
2	10	1	8	1.2	10	0.5	10	1	10	1	8	1.6	8	1.2	8	0.8	6	0.3	8.6

结合图4-15可以看出，宁夏园艺产业园集成模式处于鼓励发展区域，而天津滨海国际花卉科技园模式则处于大力发展区。宁夏园艺产业园集成模式技术上属典型的日光温室生产蔬菜技术模式，组织上属于合作组织下的农户分散经营。只要技术选择得当、组织合理，该模式的现实性及先进性优势显著，模式极具生命力，是我国现有主流分散化生产模式升级的选择和方向。

天津滨海国际花卉科技园集成模式技术上是连栋智能温室生产盆花，属典型高技术、规模化生产模式，先进性得分较高。但由于此类模式资金及土地资源投入较大、对生产人员素质要求较高，所以一般现实性得分略低。但天津滨海国际花卉科技园由于地处天津滨海新区，土地多为盐碱地等非耕地，并且企业资金及技术储备较为成熟，故上述因素均不制约模式的发展，模式现实性得分较高。

3. 优化的模式成果 通过对比宁夏园艺产业园和天津滨海国际花卉科技园设施园艺工程模式先进性—现实性评价指标，可以发现质量水平、抗自然风险能力、融资能力和社会可持续性等指标的评价结果较低是造成宁夏园艺产业园的设施园艺工程模式的先进性较差的原因，造成这些结果的原因是多方面的：

首先，该园区的设施装备水平一般，造成自身抵抗自然风险的能力颇为薄弱，并且环境控制水平较差，导致产品品质不高，影响了整体效益及可持续发展能力。

其次，由于经营主体为合作组织下的单个农户，组织形式分散，产业链仅覆盖设施园艺生产环节，使得该模式下融资能力和社会可持续性较差；另一方面农户自身由于装备升级改造的成本巨大，对设施园艺的资金投入意愿不强。

但该模式目前比较符合我国设施园艺发展的国情，是目前主流的模式，因此，一方面需要通过新技术、新装备、新设施的示范带头作用，鼓励农户对设施装备进行升级改造；另一方面应强化农户合作组织的作用，通过集体的力量增强其融资能力和社会可持续性。

天津滨海国际花卉科技园无论在模式的先进性还是模式的现实性上，均取得较好的成绩，该类型模式为我国设施园艺未来的发展方向，但现阶段存在投资过大、土地集中流转困难的现实障碍。

（二）基于主体需求及产品种类的模式构建与优化方法应用

1. 基本情况介绍 何氏水产成立于1995年，主要从事淡水鲈鱼、鳜鱼、草鱼、黑鱼、鲶鱼、罗非鱼等淡水活鱼的省内批发和省外经销。早期在广州黄沙水产交易市场建立一家经营店面，后来面对北方市场对健康淡水活鱼的巨大需求，为了打破寄生市场只能在100～200km以内开展业务的空间局限，同时规避批发市场产品质量难以保障的弊端，经过十几年的探索，逐步转型发展成为了一家专业的中高端淡水活鱼（占95%）经销和物流服务企业。

目前占地面积达5万亩，经营品种中除了原有品种（淡水鲈鱼和鳜鱼的经营总量已占到广东省淡水鲈鱼和鳜鱼流通总量的60%）之外，还增加了鮰鱼、黄颡鱼（150～200g重，主打家庭消费市场）等新型品种，流通半径已覆盖到全国内陆地区的各个中心城市，其中在北京（京深、大洋路、四季青批发市场）、上海（铜川批发市场）、西安、成都、福州等城市的销量最大，约占总销量的50%。自有中型活鱼运输车36辆，与第三方物流公司合作，共有大型冷藏式牵引运输车16辆，年运输量可达4万t（约占广东省的1/5）；自建产地商品化处理车间，内含产地分拣分级作业台、淋水过秤辅助台、产地暂养设施、半自动包装流水线等，同时通过引进、开发，配套应用了活鱼梯度降温、循环过滤水活鱼暂养、生物菌水质净化等多项先进技术；此外，在当地政府的政策支持下，还自建了淡水活鱼质量安全自检实验室。

未来何氏水产主要有四个方面的发展计划，一是扩大规模，力争3年内实现日销量40万kg的规模目标；二是建立基地，预在江苏、湖北等地分别建立淡水鲈鱼、鳜鱼和四大家鱼的养殖基地，形成产销互动、互联网络；三是对接超市，一种方案在选定区域与100个超市培建产销关系，而后按照区域总量进行统一配送，另一种方案借鉴温氏模式，在选定区域（如北京）直接设立自己的销售网点（已经开始实施），增设小盒精品包装直销业务；四是融资上市，利用融措资金购置先进设备，进一步做强成本优势，同时依托物流联网，打造“何氏”品牌。

2. 工程模式的集成优化分析　从何氏水产的发展历程来看，在工程模式上，其采用了先改建再扩建的优化路径，整个过程可以划分为三个阶段（图4-16）：

第一阶段是起步阶段，早期何氏水产就定位于中高端淡水活鱼的经销和运输，但受当时的规模、市场，以及自身投资和运营能力的限制，采用的工艺水平和装备设施等级还相对较低，所以其起步模式属于中端低配型工程模式。

第二阶段是成长前期阶段，经过几年发展，经营规模不断扩大、投资和运营能力持续增强，此时何氏水产已经从经销大户发展成为从事经销和运输服务业务的地方龙头企业，品种档次有所拓展和提高，流体工艺已经覆盖到整个链条，配套的装备设施等级也大幅度提升，此时何氏水产已经从原有模式过渡到了中端适度型工程模式。

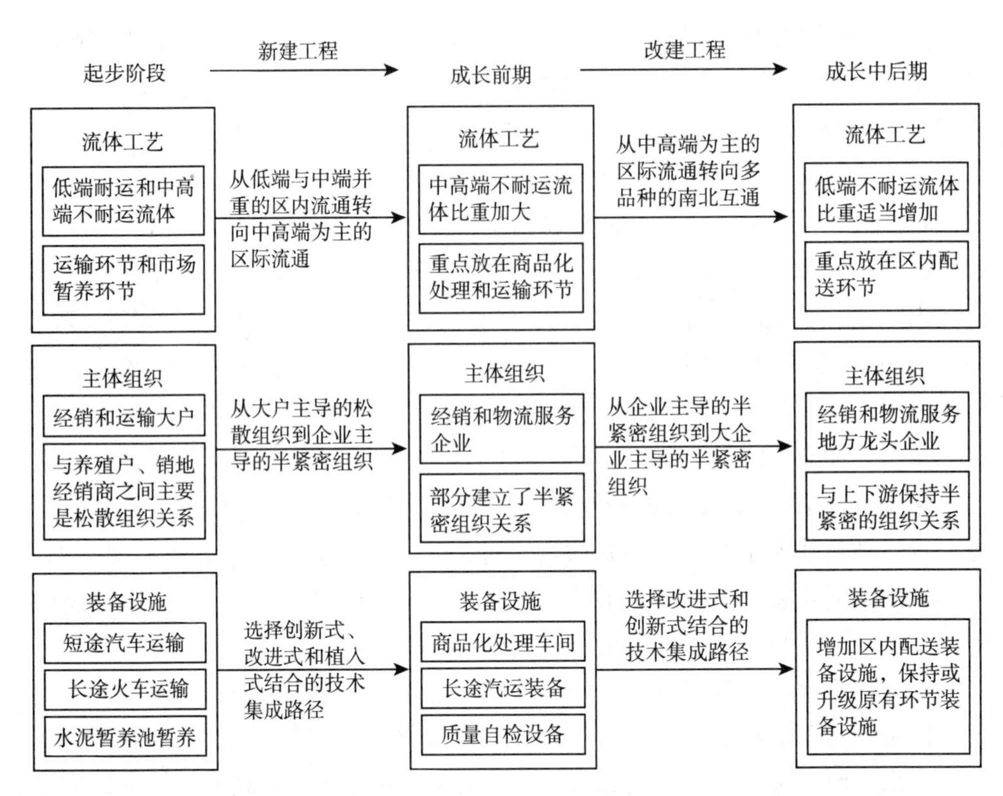

图 4-16　淡水活鱼流通装备与设施工程模式的集成优化分析（以何氏水产为例）

第三阶段是成长中后期阶段，结合未来的发展目标和实施计划，何氏水产还要在原有难于南鱼北运业务的基础上，开发北鱼南运的服务业务，这样流体结构会进一步调整，四大家鱼所占比重可能会适当增加，产地商品化处理、长途运输、市场暂养等环节的工艺水平及其配套装备设施等级仍保持在适度中高端淡水活鱼的配置水准，但增加了区内配送、质量安全自检等新的功能，所以此时何氏水产的工程模式能够达到中端高配型的水平。

从起步阶段到成长前期阶段，何氏水产主要选用了新建工程的优化路径，过程中主要选择的是创新式、改进式和植入式相结合的技术集成路径。早期何氏水产经营的淡水活鱼主要在产地 100～200km 范围内进行流通，在流体工艺、主体组织、装备设施上能够达到低水平匹配协同，但是与下一阶段开展区际流通的需求目标相比还存在较大差距，主要的约束在于自身的投资和运营能力。对此，经过多年积累，随着自身投资和运营能力逐步达到目标要求，在流体工艺、装备设施上，何氏水产开展了一次性的整体规划、整体投入。在产地商品化处理环节主要采用创新式的技术集成路径，即通过自己的实践探索和经验总结，提出了对淡水活鱼商品化处理的功能需求，而后通过设计、组装、配套、试验，建立起了自己的商品化处理车间。在运输环节主要采用改进式和植入式相结合的技术集成路径，即借鉴农产品冷链物流技术，改进形成适合自身条件的淡水活鱼低温休眠运输技术，再引进配套适合农产品冷链物流的通用运输车辆，共同完成淡水活鱼的长途运输功能。淡水活鱼质量安全自检实验室建立与运输环节类似（技术集成的详细过程见第三章相关内容）。

从成长前期阶段到成长中后期阶段，何氏水产主要选用了改建工程的优化路径，过程中主要选择的是植入式和创新式相结合的技术集成路径。成长前期，在流体工艺、主体组织、装备设施上，何氏水产已经能够达到较高水平的匹配协同，但是由于与上游生产供货商、下游经销商之间还存在较大程度的松散组织关系，不仅容易引起成本、价格波动，而且难以保障产品的质量安全，所以从全产业链条来看，还存在着较大不匹配、不协同之处，而其约束主要在于自身的运营能力和获取的政策支持。对此，一方面何氏水产不断提高自身组织化程度，提升精益化管理水平，扩大并巩固自身的成本优势，通过对上下游合作伙伴让利，吸引大户来建立长期、稳定的供销合作关系（目前在上游生产主要与5家大户合作，下游环节主要与各地批发市场经销大户合作）。另一方面何氏水产进一步延伸自身的产业链条，结合对未来需求的预估和产业的变化，提出增加区内配送功能和淡水活鱼质量安全自检功能，进而采用植入式和创新式相结合的技术集成路径，通过引用已有技术，改进开发形成新的技术，并组装配套与之匹配的装备设施。

3. 工程模式的评价优化

（1）模式评价指标体系。根据农产品流通装备与设施工程模式效果评价指标体系框架，结合何氏水产的实际状况，筛选建立了三级评价指标，包括5个一级指标，11个二级指标，三级指标是将9个二级指标（各环节之间协同程度和对区域环境适应程度两项指标除外）再分解到起鱼、商品化处理、运输、装卸、暂养等5个流通环节（为了简化操作，暂将配送纳入运输环节计算，质量安全检测环节不纳入计算）。见表4-22。

表4-22 典型淡水活鱼流通装备与设施工程模式效果评价指标

一级指标	二级指标	三级指标
性能功效	实用性	起鱼技术实用性
		商品化处理技术实用性
		运输技术实用性
		装卸技术实用性
		暂养技术实用性

（续）

一级指标	二级指标	三级指标
性能功效	先进性	起鱼技术实用性
		商品化处理技术实用性
		运输技术实用性
		装卸技术实用性
		暂养技术实用性
	稳定性	起鱼技术实用性
		商品化处理技术实用性
		运输技术实用性
		装卸技术实用性
		暂养技术实用性
经济性	成本	起鱼成本
		商品化处理成本
		运输成本
		装卸成本
		暂养成本
	损耗	起鱼损耗
		商品化处理损耗
		运输损耗
		装卸损耗
		暂养损耗
安全性	品质	起鱼品质
		商品化处理品质
		运输品质
		装卸品质
		暂养品质
	安全	起鱼安全
		商品化处理安全
		运输安全
		装卸安全
		暂养安全
生态性	能耗	起鱼能耗
		商品化处理能耗
		运输能耗
		装卸能耗
		暂养安全

（续）

一级指标	二级指标	三级指标
生态性	排放	起鱼排放
		商品化处理排放
		运输排放
		装卸排放
		暂养排放
适宜性	各环节之间协同程度	—
	对区域环境适应程度	—

（2）评价指标权重。

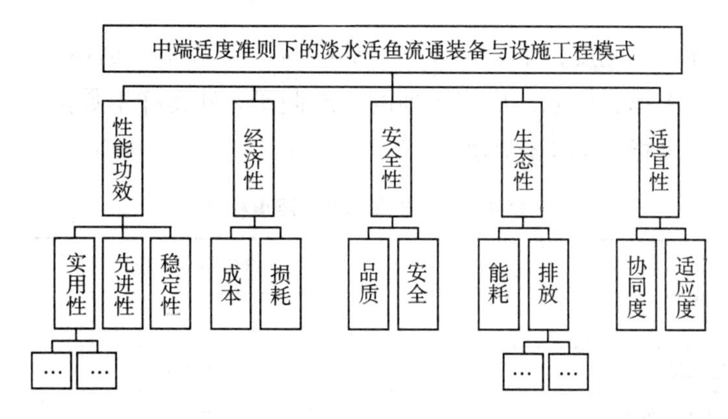

图 4－17　典型淡水活鱼流通装备与设施工程模式效果评价指标权重确定

根据农产品流通装备与设施工程模式效果评价指标权重方法（图 4－17），按照完备性准则，建立两两比较判断矩阵，确定各级评价指标权重。综合 20 位专家打分结果，统计计算得到典型淡水活鱼流通装备与设施工程模式评价指标权重值，见表 4－23。

表 4－23　典型淡水活鱼流通装备与设施工程模式效果评价指标权重

一级指标	权重	二级指标	权重	三级指标	权重
性能功效	0.24	实用性	0.33	起鱼	0.088
		先进性	0.33		
		稳定性	0.33		
经济性	0.40	成本	0.67	商品化处理	0.257
		损耗	0.33		
安全性	0.14	品质	0.67	运输	0.413
		安全	0.33		

（续）

一级指标	权重	二级指标	权重	三级指标	权重
生态性	0.08	能耗	0.50	装卸	0.088
		排放	0.50		
适宜性	0.14	各环节之间协同程度	0.67	暂养	0.154
		对区域环境适应程度	0.33		

（3）评价指标测度标准。

①性能功效指标测度标准。与农产品流通装备与设施工程模式效果评价指标中性能功效指标测度方法和定性测度标准相同，并对上述七个流通环节均适用。

②经济性指标测度标准。对于经济性指标，部分指标运用统计计算方法，通过对北京、天津、山东、广东等地的实地调研，获得样本数据，再经过统计计算，得到三级指标的量化测度标准，见表 4－24、表 4－25。

表 4－24　成本指标的测度标准

成本		标准等级（元/kg）		
		5	3	1
起鱼成本		<0.11	0.11～0.15	>0.15
商品化处理成本		—	—	—
运输成本	长途运输	<1.39	1.39～1.85	>1.85
	中途运输	<0.48	0.48～0.64	>0.64
	短途运输	<0.29	0.29～0.38	>0.38
装卸成本		<0.033	0.033～0.044	>0.044
暂养成本		<0.285	0.285～0.38	>0.38
配送成本		<0.29	0.29～0.38	>0.38
质量检测成本		—	—	—

注：5 分表示该环节成本低于平均成本的 16%，3 分表示该环节成本在低于平均成本 16%和高于平均成本 12%之间，1 分表示该环节成本高于平均成本 12%。具体计算公式如下，如有其他计算方式，只要等价均可视为合理。

成本＝装备设施折旧＋人工成本＋相关费用＋能源消耗

装备设施折旧＝装备设施购置价格×（1－折旧率）/折旧年限

人工成本＝每月人员工资×雇佣月数

相关费用包括信息中介费、装备设施维修费和保险费、运输过路费和超载费、房租等。

能源消耗包括水费、电费、燃油费、加冰费、充氧费等。

表 4 - 25　损耗指标的测度标准

成本		标准等级（元/kg）		
		5	3	1
起鱼损耗		<0.03	0.03～0.05	>0.05
商品化处理损耗		<0.03	0.03～0.05	>0.05
运输损耗	长途运输	<0.10	0.10～0.20	>0.30
	中途运输	<0.05	0.05～0.10	>0.10
	短途运输	<0.03	0.03～0.05	>0.05
装卸损耗		<0.02	0.02～0.03	>0.03
暂养损耗		<0.03	0.03～0.05	>0.05
配送损耗		<0.03	0.03～0.05	>0.05
质量检测损耗		—	—	—

注：具体计算公式如下，如有其他计算方式，只要等价均可视为合理。

损耗＝（伤亡鱼体数量＋失重鱼体数量）/流通鱼体总量

③安全性指标测度标准。对于安全性指标，主要依据农业部标准（《无公害食品水产品中有毒有害物质限量（NY 5073—2001）》及《无公害食品水产品中渔药残留限量（NY 5070—2002）》），将其中品质性指标作为定性指标供专家打分参考，安全指标采取“一票否决”制。详见表 4 - 26、表 4 - 27。

表 4 - 26　品质指标的测度标准

品质指标	标准等级		
	5	3	1
体态	体表有光泽，鳞片完整，不易脱落，表面黏液透明，呈固有色泽，无异味；眼球饱满；腮丝清晰	体表光泽较差，鳞片易脱落，表面黏液多不透明，带有发酵气味或腥味；眼角膜起皱，稍变浑浊；腮色变暗，呈淡红或褐色	体表暗淡无光泽，鳞片易脱落，表面黏液污秽，有腐臭味；眼球塌陷，角膜浑浊；腮色呈褐色
活动	活体，在水中生猛、活跃	活体，在水中不活跃	假死亡，有翻白迹象

注：参阅《水产品保鲜储运与检验》。

表 4 - 27　安全指标的测度标准

安全指标	检测项目	检测标准
药物残留	氯霉素	不得检出
	孔雀石绿	不得检出
	硝基呋喃	不得检出
	喹乙醇	不得检出
	甲基睾丸酮	不得检出
	磺胺类	≤0.1（mg/kg）

（续）

安全指标	检测项目	检测标准
微生物	细菌总数	个/g≤106
	大肠菌群	个/100 g≤30
	副溶血性弧菌	不得检出

④生态性指标测度标准。对于生态性指标，部分能耗指标按定量指标做统计计算处理（由于样本数据不全，部分指标不能做定量处理，这里参考农产品流通工程模式效果评价指标测度标准确定方法，暂用专家打分方法做定性处理）；对于汽车运输和配送环节，可依据汽车排放国际通用标准，采取“一票否决”制，其他环节用专家打分方法做定性处理。见表 4－28、表 4－29。

表 4－28　能耗指标的测度标准

流通环节		标准等级（元/kg）		
		5	3	1
起鱼能耗		—	—	—
商品化处理能耗		—	—	—
运输损耗	长途运输	<0.85	0.85～0.97	>0.97
	中途运输	<0.25	0.25～0.29	>0.29
	短途运输	<0.10	0.10～0.12	>0.12
装卸能耗		—	—	—
暂养能耗		<0.055	0.055～0.064	>0.064
配送能耗		<0.10	0.10～0.12	>0.12
质量检查能耗		—	—	—

注：5 分表示该环节成本低于平均能耗的 7%，3 分表示该环节成本在低于平均能耗 7%和高于平均能耗 7%之间，1 分表示该环节成本高于平均能耗 7%。具体计算公式如下，如有其他计算方式，只要等价均可视为合理。

能耗＝燃油单价×耗油量＋用电单价×耗电量＋用水单价×耗水量＋用氧单价×耗氧量

表 4－29　排放指标的测度标准

参考标准	车类	CO (g/km)	HC (g/km)	NOx (g/km)	HC＋NOx (g/km)	PM (g/km)
欧洲Ⅲ号	汽油车	2.3	0.2	0.15	—	—
	柴油车	0.64	—	0.5	0.56	0.05
欧洲Ⅳ号	汽油车	1	0.1	0.08	—	0.025
	柴油车	0.5	—	0.25	0.3	—

⑤适宜性指标测度标准。对于生态性指标，与农产品流通工程模式效果评

价指标中适宜性指标测度标准确定方法相同。

⑥一级和二级评价指标测度标准汇总。根据三级指标的测度标准，运用专家打分与统计计算相结合的方法，可逐级计算得出二级、一级评价指标的测度标准，详见表4-30、表4-31。根据一级评价指标的测度标准，再进行加权计算，便可得到典型淡水活鱼流通工程模式效果分别隶属于优、中、差的标准值域。当对特定工程模式效果进行评价时，其得分所属的值域所对应的标准等级，即是此工程模式的效果等级。

表4-30　典型淡水活鱼流通工程模式效果评价指标测度标准（二级）

一级指标	二级指标	标准等级	值域
性能功效	实用性	优	3.690～5.000
		中	2.345～3.690
		差	1.000～2.345
	先进性	优	4.340～5.000
		中	2.413～4.340
		差	1.000～2.413
	稳定性	优	4.134～5.000
		中	2.567～4.134
		差	1.000～2.567
经济性	成本	优	4.391～5.000
		中	2.567～4.391
		差	1.000～2.567
	损耗	优	4.068～5.000
		中	2.501～4.068
		差	1.000～2.501
安全性	品质	优	4.259～5.000
		中	2.501～4.259
		差	1.000～2.501
	安全	可行	1
		不可行	0
生态性	能耗	优	3.980～5.000
		中	2.567～3.980
		差	1.000～2.567
	排放	可行	1
		不可行	0

（续）

一级指标	二级指标	标准等级	值域
适宜性	各环节之间协同程度	优	5
		中	3
		差	1
	对区域环境适应程度	优	5
		中	3
		差	1

表 4-31　典型淡水活鱼流通工程模式效果评价指标测度标准（一级）

一级指标	标准等级	值域
性能功效	优	4.051～5.000
	中	2.439～4.051
	差	1.000～2.439
经济性	优	4.283～5.000
	中	2.545～4.283
	差	1.000～2.545
安全性	优	3.174～5.000
	中	2.001～3.174
	差	1.000～2.001
生态性	优	2.490～5.000
	中	1.784～2.490
	差	1.000～1.784
适宜性	优	4.334～5.000
	中	2.334～4.334
	差	1.000～2.334

由此可得典型淡水活鱼流通工程模式效果评价的隶属标准值域，见表4-32。

表 4-32　典型淡水活鱼流通工程模式效果隶属标准值域

工程模式	标准等级	值域
隶属度	优	3.936～5.000
	中	2.353～3.936
	差	1.000～2.353

（4）评价结果对比。根据三个发展阶段所采用的流体工艺、主体组织、装

备设施状况，调研采集相关数据，可计算得到其三类工程模式的效果对比（表4-33）。

表4-33　典型淡水活鱼流通工程模式效果结果对比

工程模式	一级指标	各项指标得分	综合得分及隶属等级
起步阶段 中端低配型工程模式	性能功效	1.832	2.000 （差）
	经济性	2.094	
	安全性	2.104	
	生态性	2.433	
	适宜性	1.666	
成长前期 中端适度型工程模式	性能功效	3.773	3.827 （中）
	经济性	4.496	
	安全性	3.379	
	生态性	2.295	
	适宜性	3.333	
成长中后期 中端高配型工程模式	性能功效	4.185	4.108 （优）
	经济性	4.525	
	安全性	3.383	
	生态性	2.088	
	适宜性	4.667	

注：第一阶段和第三阶段的调研数据采集还不完整，暂时采用专家打分方法做评价方法实验。第二阶段采集数据较为全面，能够将定性分析与定量分析相结合，可以相对完整地完成对评价方法实验。

由表4-33可以看出，评价结果与定性判断、理论推导和何氏水产实际情况都相符合，可以证明该评价方法具有较好的科学性和有效性，但还需加大样本数量，增加重复实验次数，提高评价方法的普适性。

（5）模式优化成果。以广东何氏水产物流服务公司为例，通过对其集成优化过程的深入剖析和实验验证，以及前期对其他模式的调研总结，可以得到以下结论。

低端低配型、中端低配型和高端低配型工程模式，整体现代化水平还相对较低，适合做起步模式；中端适度型工程模式，整体现代化水平大幅度提高，并对自身向更高等级的工程模式发展留有接口，所以适合做路径模式；而低端高配型、中端高配型、高端高配型工程模式，已经达到全面现代化水平，有能力与国外发达国家的先进工程模式相对接，所以在国内适合做领先模式。

对于低端低配型和低端高配型的工程模式，由于其主要出现在产地，故此类工程模式的进一步优化，更多需要在经销大户、流通合作社等组织化程度较高主体的积极响应下，由当地政府加大投入力度，重点在拉网起鱼技术普及、产地暂养设施建设、产地商品化处理中心建设、中小型活鱼运输车辆购置等方面给予政策投资或补贴支持。

对于高端低配型和高端高配型的工程模式，由于其主要出现在大企业或企业集团中，故此类工程模式的进一步优化，更多需要中央政府投资支持，当地政府适当补贴，企业自身加大投入，科教机构积极参与，重点在淡水活鱼运输或暂养技术参数研究、新型淡水活鱼运输或暂养技术研发、(基于企业标准的)行业或国家标准制定、淡水活鱼流通加工结合配套等方面有所突破。

对于中端低配型、中端高配型和中端适度型的工程模式，由于其在产地、销地或大企业中都可能存在，故此类工程模式的进一步优化，更多需要产地和销地政府联合引导，行业组织积极提供服务，经销大户或物流企业自身加大投入，重点在大中型运输车辆燃油补贴、节能减排技术引进开发、淡水活鱼质量安全自检实验室建设等方面能够有所突破。

参 考 文 献

何传启．2012. 中国农业现代化的政策重点［C］．中国科学院中国现代化研究中心、北京大学世界现代化进程研究中心．农业与现代化——第十期中国现代化研究论坛论文集．

钱学森．1988. 论系统工程（增订本）［M］．长沙：湖南科学技术出版社．

钱学森．2001. 创建系统学［M］．太原：山西科学技术出版社．

沈滢．2007. 现代技术评价理论与方法研究［D］．长春：吉林大学．

陶鼎来．2002. 中国农业工程［M］．北京：中国农业出版社．

王裕雄，林岗．2012. 刘易斯拐点时期的中国农业：特征与对策［J］．中共中央党校学报，16（6）：64－67.

温家宝．2012. 中国农业和农村的发展道路［J］．求是（2）：3－10.

魏宏森，曾国屏．1995. 试论系统的层次性原理［J］．系统辩证学学报（1）：42－47.

王伟．2006. 多体动力学仿真优化集成及其文档生成技术的研究［D］．青岛：山东科技大学．

王丽琴．2007. 生命周期评价与生命周期成本的集成与优化研究［D］．武汉：华中科技大学．

张桃林．2012. 以农业机械化支撑和引领农业现代化［J］．求是（14）：41－43.

张德常．2010. 产业多样性的理论与实证研究［D］．上海：复旦大学．

张扬．2007. 工程中的技术集成研究［D］．长沙：湖南大学．

钟永光，钱颖，于庆东，等．2006. 系统动力学在国内外的发展历程与未来发展方向［J］．河南科技大学学报（自然科学版）（4）：101－104.

张雨石．2006. 产业供应链下库存与运输系统集成优化研究［D］．大连：大连海事大学．

朱明．2003. 我国农业工程科技创新与农业产业化［J］．农业工程学报，19（1）：7－10.

第五章　农业工程技术标准体系框架的构建方法

第一节　农业工程技术标准体系概述

一、内涵

标准体系是一定范围内的标准按其内在联系形成的科学的有机整体（图5-1）。标准体系是标准化工作的纲领性文件，是组织标准的制订、修订和管理的基本依据。目的是为了规范标准工作的秩序，避免标准之间的不配套、不协调和组成的不合理，减少标准之间的重复和矛盾。在没有建立标准化体系框架之前，任何技术标准的研究和编制将可能是无序的、盲目的，不但不能有效指导生产，提高效率，反而会导致市场的混乱以及有限资金的浪费。标准体系表一般由“标准体系框架图”、“专业标准体系表”、“标准项目说明”三部分构成。

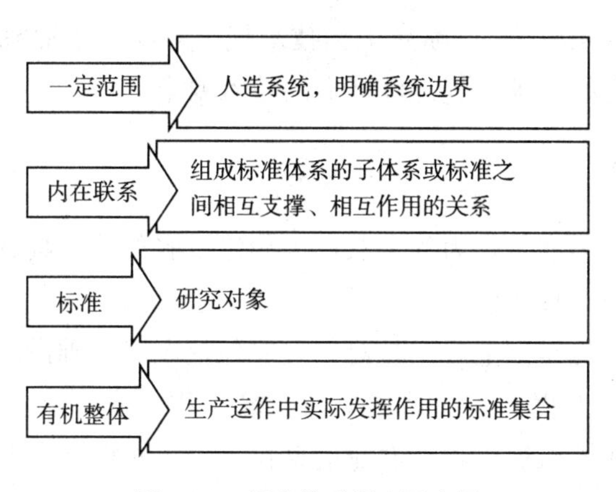

图5-1　标准体系概念要点图

农业工程技术标准体系是农业工程建设、管理的技术依据。农业工程技术标准体系是指为了实现农业工程技术标准化目标，将有关的标准按其内在联系形成科学的有机整体，具有目的性、协调性、层次性、系统性和发展性等特点。农业工程技术标准是为在农业工程领域内获得最佳秩序，对各类工程需要协调统一的技术事项所制定的共同的、重复使用的依据和准则，它经协商一致并由一个公认机构审查批准，以科学技术和实践经验的综合成果为基础，以保证农业工程的安全、质量、环境和公众利益为核心，以促进最佳社会效益、经济效益、环境效益和最佳效率为目的。

（一）农业工程技术标准体系的范围

农业工程技术标准体系的范围，是指农业工程技术标准化系统能发挥作用的有效范围，是简化、统一、协调、优化的农业工程技术标准化领域。农业工程技术活动涉及面非常广泛，要组织各个方面，协作配合好，单靠行政手段去推动是很困难的。因此，需要通过标准化手段去实现，应用标准化协调相关的专业。越是涉及面广、分工越细，标准化的作用就越突出。

（二）内在联系

内在联系是组成农业工程技术标准体系的子体系或标准之间的相互支撑、相互作用的关系。有共性与个性标准之间的上下层关系，也有同层标准之间的引用关系。

上层标准是适用性较广的共性标准，尤其是原则性、方法性的基础标准，对下层标准有指导作用。下层标准在继承上层标准共性特征的基础上，规定了更具针对性的细节条款。例如《节水灌溉工程技术规范》适用于所有节水灌溉工程，包括喷灌、滴灌等。《喷灌工程技术规范》在节水灌溉工程技术规范的基础上，针对喷灌的要求，规定该标准的技术要求。

（三）研究对象

农业工程技术标准是指为各类农业工程建设服务的，具有重复特性的或需要共同遵守的事项。具体包括三方面：

一是从农业工程类别上看，其对象主要包括农田基础设施工程、农业机械化工程、设施农业工程、农产品加工与贮藏工程、农产品流通装备与设施工程、农产品生产环境保护工程、农业信息化工程等。根据专业特点和内涵，每一个专业门类又可划分为若干方面。农业工程类别就是专业门类。

二是从功能序列上看，根据标准的特性和实际需求界定，包括技术标准、产品标准、建设标准和管理标准。

三是从需要统一的内容上看，包括下列几点：

①工程技术术语、符号、代号、量与单位。

②有关产品和工程建设的试验、检验和评定等方法；工程建设中的有关安全、卫生和环境保护的技术要求。

③涉及工程建设勘察、规划、设计、施工（包括安装）及验收等的技术要求。

④工程建设信息技术要求以及工程项目管理要求等。

（四）有机整体

标准体系是由标准组成的有机整体，强调子体系及组成元素之间的支撑协调关系。标准体系中的标准，具有规律性、稳定性、技术性。但是体系作为一个有机整体，具有目标性、整体性、层次性。根据标准的适用范围，恰当地将标准安排在不同的层次上。一般应尽量扩大标准的适用范围，或尽量安排在高层次上，即应在大范围内协调统一的标准不应在数个小范围内各自确定，达到体系组成尽量合理简化。

二、目的与意义

近年来，农业工程科学技术领域不断扩展，并不断向纵深方向延伸，为我国农业和农村经济的发展发挥了重要作用，为促进由传统农业向现代农业的转变作出了重大贡献。随着生产发展和技术进步，每年都有许多农业工程的新建和改、扩建项目。这些工程建设项目水平的高低，直接关系到工程建设的质量、原材料及能源的消耗、经济效益等，也关系到国民经济的可持续发展。同时，随着国际市场的需求和经济全球化，企业会更多地走向国外，需要建立更好的标准规范参与国际竞争。国务院科学技术教育领导小组第十次会议提出：技术标准是科学技术发展的基础，要尽快完善国家技术标准体系，改变目前我国技术标准建设滞后的现状，推动经济结构调整、产业升级和对外经济贸易的发展。因此，制定一批农业工程技术标准，及时修订已落后的原有标准，形成覆盖农业工程建设全局的、科学的、先进的标准体系十分必要。

农业工程技术标准体系依存和服务于我国农业工程技术学科的发展，根据农业工程技术标准体系的需求和约束条件，总体目标可以概括为：在可获得的资源条件下，制定、修订国际国内农业工程技术标准，向农业工程技术领域提供一个规范领域重复性事物、概念和行为的有效基础文件系统——具有结构化的农业工程技术标准集，并使其付诸实施，在领域内发挥作用，以保证建设、获取的农业工程技术达到规定的要求。农业工程技术标准体系覆盖农业工程技术涉及的领域，贯穿于这个领域的各个方面和环节，具有先进性、稳定性和实用性，实现其对农业工程技术领域各个方面有效的控制和资源共享，保障农业工程行业整体的协调和兼容，发挥系统的整体和集成效应。

建立农业工程技术标准体系，可以促进农业工程技术标准的改革与发展，有利于保护国内市场，开拓国际市场；可以为编制农业工程技术标准中长期规划提供依据；可以提高标准化管理水平，在标准体系的统一规划和指导下，确保标准编制工作的秩序，减少标准之间的重复和矛盾，解决农业工程技术标准在发展中不协调、不配套、组成不合理等问题。农业工程技术标准体系有一定的前瞻性和权威性，是指导今后一定时期内标准的制定修订、立项以及科学管理的基本依据。

三、研究现状与存在的问题

发达国家农业工程技术标准工作主要特点是建立了以企业协会为标准实施主体的自愿性标准体系，大量的标准从实际需要出发，十分注重基础技术研究，对农产品的投入品、生产过程、生产标准等进行认证，成立了比较完善的标准管理机构和运行机制，并逐渐建立了各自符合 WTO、TBT 的产品技术壁垒。这些经验对我国建立和实施农业工程技术标准体系具有十分重要的借鉴作用。以美国为例，美国政府不主导自愿性标准的制定，不操控任何一个民间标准化团体，但积极支持民间标准化的发展，美国的标准体系比较分散，被分成无数独立的私有标准制定组织支持的行业。美国农业工程标准主要由美国农业工程师协会（American Society of Agricultural Biological Engineers，简称 ASABE）落实实施。ASABE 标准是美国国家技术标准战略的重要组成部分，在世界农业生产领域中，发挥越来越重要的作用。包括：美国（ASABE）农业工程标准分农业工程综述（general engineering agriculture），农业设备（agricultural equipment），草场围栏（turf and landscape equipment），农业电气电子（electrical and electronic），食品加工工程（food and process engineering），农业建筑结构、畜禽养殖及环境（structures，livestock，and environment），农业水土资源管理（soil and water resource management）七个方面。

农业工程技术建设标准化是促进我国农业工程发展的重要技术基础，是规范农业工程建设和管理、保障安全的有效措施，也是我国农业工程向着现代化迈进的重要标志。我国工程技术建设标准主要实行“统一管理，分工负责”的体制，包括国家标准、行业标准、地方标准和企业标准。20 世纪 60 年代初，国务院颁发了《工农业产品和工程建设技术标准管理办法》、国家计委颁发了《关于通用的设计标准规范制定和修订工作的通知》和《设计、施工规范统一用语和用词的几点意见》，标志着农业工程技术建设标准化初步形成。20 世纪 60 年代末至 70 年代，工程技术标准化工作发展缓慢，几乎没有新的标准、理论形成。20 世纪 80 年代末至 90 年代，工程技术标准化快速发展，特别是“全国标准定额工作会议”的召开，对工程技术标准化的全面发展起到了巨大的推动作用，到 20 世纪 90 年代末，形成大量的工程技术标准，如《育苗技术规程》（GB/T 6001—1985）、《奶牛饲养标准》（NY/T 34—1986）、《中小型集约化养猪场建设》（GB/T 17824.1—1999）、《中小型集约化养猪场商品肉猪生产技术规程》（GB/T 17824.5—1999）等标准。21 世纪以后，农业工程技术标准在设施农业、农业机械、畜禽养殖、农田水利等行业已相对完善。如俞宏军（2005）研究了中国工厂化农业技术标准体系框架，刘颖等（2010）研究了设施园艺的技术标准，刘丹（2005）研究了农业机械化标准体系框架。其中，农业机械化标准体系于 2010 年成为国家的正式规划。但是关于农田基础设施、农产品产地加工与贮藏、农产品流通、农产品生产环境保护和农业信息化及农业仪器装备等方面的农业工程标准体系还未成形，迫切需要构建农业工程技术标准体系来指导和规范现代农业工程建设。

第二节　农业工程技术标准体系框架的构建方法

一、目标与原则

农业工程技术标准是根据需要确定的，随着农业工程技术的发展，标准之间会不同程度地存在着不协调、不配套、内容构成不合理、相互重复或矛盾等问题，同时，由于缺乏对标准之间内在关系的科学分析和对农业工程技术发展趋势的深入研究，农业工程技术标准的制定、修订工作也存在着预见性不强等问题。我国经济在发展，科学技术在进步，建设领域在不断拓展，新技术、新材料、新工艺、新设备在大量涌现，迫切需要农业工程技术标准不断地得到补充和完善。因此，有必要构建科学合理的农业工程技术标准体系，逐步解决农业工程技术标准发展中的问题，推动农业工程技术标准体系的健康发展。

目前农业工程技术标准中需要解决的问题：

①重新评价和清理现有的标准，提出标准制定、修订项目，使绝大多数农业工程技术流程都有标准相对应，从而达到全面质量控制的目的。

②构建全国范围内的农业工程技术标准体系框架，为农业工程技术主管部门科学管理及有效指导农业工程技术工作提供技术保障和支持。

③构建完善各专业分体系，为各专业领域的管理工作提供依据，也为研究该领域技术应用提供重要参考。

农业工程技术标准体系的构建应遵循以下基本原则：

（1）以科学发展观为统领，满足建设资源节约型、环境友好型社会的要求，适应社会主义市场经济发展的需要，有利于农业工程技术标准化工作的科学管理。

（2）标准体系要适应农业工程建设发展的需要，并具有一定的前瞻性。在标准体系中确定的标准项目和标准内容应反映科学技术、生产建设的经验和先进成果，有利于促进技术进步，促进成熟可靠的新技术、新工艺、新材料和新设备的推广和采用。

（3）以统筹兼顾，突出重点，系统集成，全程追溯为原则，从而达到结构优化、数量合理、全面覆盖、减少重复和矛盾，做到以最小的资源投入获得最大的标准化效果，全面反映农业工程建设对标准的要求，并为今后发展留有余地。

二、思路与方法

体系构建前，应明确体系构建的目标，明确体系为“谁”而建，需求是什么，要解决什么问题。同时应深入调查研究我国经济、科学、技术及管理的发展动态，各领域内现行标准和发展情况、对国际主要国家的标准及有关资料进行分析，作为构建标准体系的基础。

在体系构建初步分析中，针对具体体系，为了尽快明确目标，可从以下五个方面的问题来展开：

①研究什么问题？对象系统的要素是什么？

②系统边界和环境如何？

③分析的是什么时候的情况？

④决策者、行动者、所有者等关键主题是谁？

⑤如何实现系统的目标状态。

基于以上初步分析所做的准备工作，完成农业工程技术标准体系的结构框架，即完成标准体系的专业门类、层次结构和功能序列。

专业门类的划分是确定标准体系框架的前提，因为标准专业划分不清是造成标准体系重复交叉和庞杂的原因之一。要充分考虑农业工程技术领域的特点，以及体系构建完成后要达到的目标，从而确定体系的分类组合。专业划分可按照学科要求或技术流程等来确定。

功能序列是为实现农业工程技术专业的有关目标和任务，所开展的农业工程活动。一要按照建设过程或流程。如农产品产地加工与贮藏工程，包括综合技术、产品处理、管理、服务、技术方法、装备及综合利用等。二要按所属学科要求。如农田基础设施工程，包括水源工程、灌排工程、道路工程、供电工程等。

层次结构是确定标准体系的核心，标准之间存在着相互约束、相互协调配合等复杂的关系，体系层次结构的分类必须科学合理。体系层次划分不清是造成标准体系重复交叉和庞杂的主要原因之一。针对同一个标准化对象制定多层次标准，不但造成体系的交叉重复而且使标准无法有效实施，无法实现标准化的目标，无法提高标准体系的效率。通过标准体系的分层，可以比较清楚地掌握哪些标准是基本的，哪些标准是从属的；哪些标准是通用的，通用的范围有多大；哪些标准是专用的，专用到何种程度，以及各种标准之间的配套关系。标准体系的层次主要分为基础标准、通用标准和专用标准。基础标准是本体系中各类标准应统一遵守的标准，也是体系中最基本的标准。通用标准是指在标准体系中，在某一定范围内通用的标准或从专用标准中提升的标准。专用标准是指某个方面的单一标准，是针对某一具体标准化对象或作为通用标准的补充、延伸制定的专项标准。

在构建具体标准体系时，可根据体系的实际情况进行选择。可采取系统工程理论中多方案比较的方法，从多种可行方案或替代方法中得出最优解或满意解。标准体系框架可以采用印度威尔曼提出的标准体系三维结构。三维结构是一个空间的思维概念，对标准的定位更加科学和准确，三维坐标相交可得出标准分体系或具体标准，表现得更为直观。在每一个专业标准体系内，专业标准体系结构图均以三维结构图表示。

根据标准体系的构建目标，进入标准体系的标准也不同，标准选择的基本原则为：

①在国民经济发展的总目标和总方针指导下，体现国家、行业、地方的技术经济需要。

②适应工程建设和科学技术发展的需要。

③从实际出发，保证重点，统筹兼顾。

标准体系中标准选择的原理与标准化工作原理基本一致，即：统一、简化、协调、择优。各标准不是孤立的，而是相互联系、相互渗透、相互依存的。统一是前提，简化是手段，协调是基础，择优是核心。

体系构建后，主要进行标准体系的实施。体系的实施有宏观和微观两方面的含义。从宏观层面来看，标准体系作为标准发展的蓝图和规划，其实施是一项复杂的系统工程，涉及国家标准化活动的方方面面。从微观层面来看，标准体系的有机组成要素是标准，标准的实施也是标准体系实施的重要方面。标准体系的实施与具体的标准实施不同。标准的实施是在生产、贸易、管理过程中应用标准，按照标准的要求去作，是一个主题相对简单和单一的行为过程。

在标准管理体制上，要与我国市场经济发展的进程相适应，运行上要随着科学技术的快速发展，标准制定程序、维护机制等能快速灵敏。同时要发挥市场的作用，做到主管部门、标准制定、修订部门、企业等有关方面职责明确，分工协作、协调一致。标准体系的实施分析在本书中不作为重点。

标准体系构建过程如图 5－2 所示。

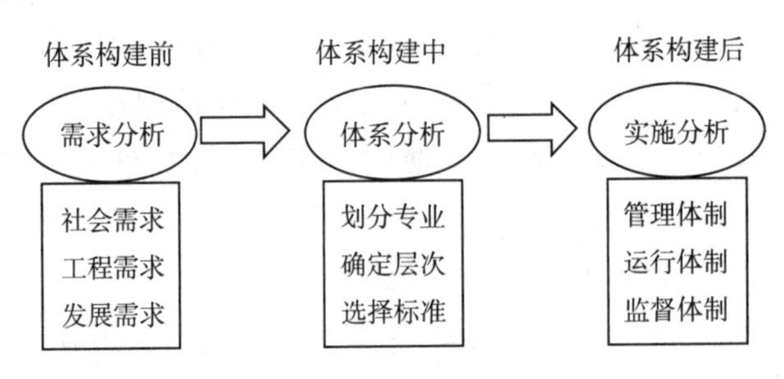

图 5－2　标准体系构建过程图

三、方法应用

基于以上对农业工程技术标准体系的分析，选取农业工程技术标准体系框架结构、农田基础设施工程标准体系框架结构、设施农业工程标准体系框架结构和农产品产地加工与贮藏工程标准体系框架结构为例进行说明。

（一）农业工程技术标准体系框架结构

专业划分依托农业工程技术分类的结果，大类上从农田基础设施、农业机械化、设施农业、农产品产地加工贮藏、农产品流通、农产品产地环境、农业信息化七方面来进行构建。在每一个专业内又划分若干小类。

功能序列的划分是按照农业工程技术标准的内容，将其划分为不同性质标准的分类方法。技术标准是指农业工程建设中需要协调统一的技术要求所指定的标准。产品标准是对产品的结构、规格、性能、质量和检验方法所作的技术规定。建设标准是指农业工程项目决策阶段的标准，主要是农业工程项目建设的可行性和可能性的标准。管理标准是指管理机构行使其管理职能的标准。功能序列的划分与门类结合紧密，要进行适当增减。

层次结构，主要是确定各层次标准的分类组合。基础标准是指在农业工程专业范围内作为其他标准的基础并普遍使用，具有广泛指导意义的术语、符号、计量单位、图形、模数、基本分类、基本原则等的标准，如农业工程术语标准等。通用标准是指针对某一类标准化对象制定的覆盖面较大的共性标准，可作为制定专用标准的依据，如通用的安全、卫生与环保要求，通用的质量要求，通用的设计、施工要求与试验方法，以及通用的管理技术等。专用标准是指针对某一具体标准化对象或作为通用标准的补充、延伸制定的专项标准，它的覆盖面一般不大，如某种工程的勘察、规划、设计、施工、安装及质量验收的要求和方法，某个范围的安全、卫生、环保要求，某项试验方法，某类产品的应用技术以及管理技术等。

农业工程技术标准体系的三维框架结构如图 5－3 所示。

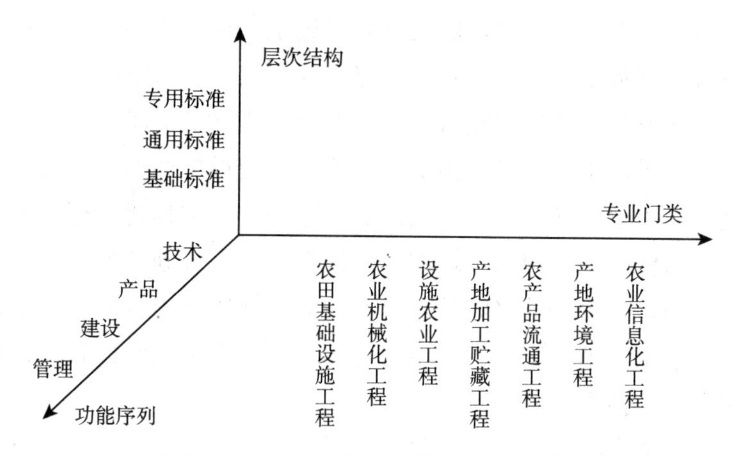

图 5－3　农业工程技术标准体系三维结构图

（二）农田基础设施工程标准体系框架结构

1. 体系说明　农田基础设施是农业物质基础设施的核心，是以农田为主导的直接促进农产品生长的农业物质条件，包括耕作田块、灌溉与排水、农田道路、农田防护与生态环境保护、农田输配电、农业机械化服务设施，每一部分涉及的内容见表 5－1。

表 5－1　农田基础设施工程领域

耕作田块	耕作田块修筑
	耕作层地力保持
灌溉与排水工程	水源
	输水
	排水
	渠系建筑物
	泵站
农田道路工程	田间道路
	生产路

（续）

农田防护与生态环境保护工程	农田林网
	沟道治理
农田输配电工程	农田输电
	农田配电
农业机械化配套工程	农业机械库棚
	农机维修站

根据农田基础设施的含义，农田基础设施工程标准体系应包括耕作田块工程标准、灌溉与排水工程标准、农田道路工程标准、农田防护林工程标准、农田输配电工程标准和农业机械化服务设施配套工程标准。制定和完善农田基础设施工程标准体系，用以促进农田基础设施工程建设标准的改革与发展，提高农田基础设施使用效率和效益；为编制农田基础设施工程建设标准中长期规划提供依据；提高标准化管理水平，在标准体系的统一规划和指导下，确保标准编制工作的秩序，减少标准之间的重复和矛盾，解决农田基础设施工程建设标准在发展中不协调、不配套、组成不合理等问题。农田基础设施工程建设标准体系有一定的前瞻性和权威性。

2. 体系框架结构图 （图 5-4）

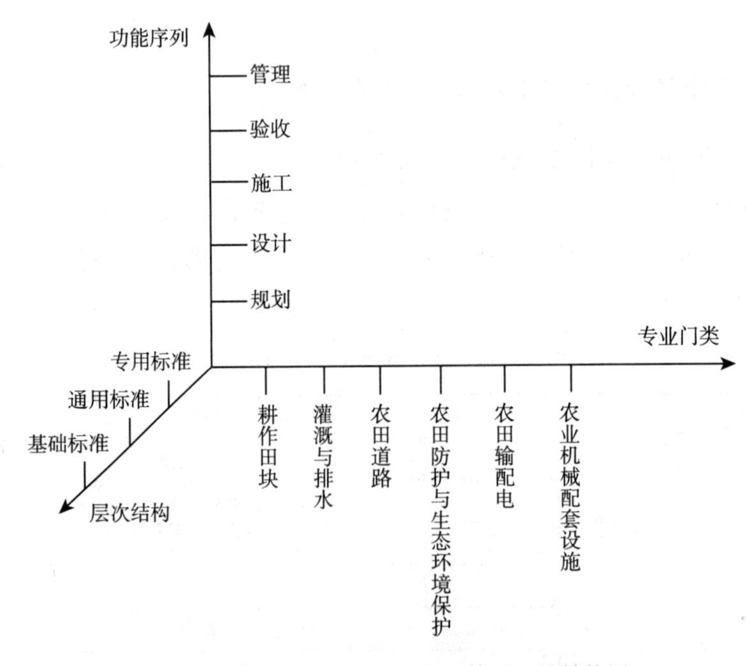

图 5-4　农田基础设施工程标准体系三维结构图

（1）专业门类。根据农田基础设施的含义，农田基础设施工程标准体系包括耕作田块工程标准、灌溉与排水工程标准、农田道路工程标准、农田防护林工程标准、农田输配电工程标准和农业机械配套设施工程标准。

（2）功能序列。以技术标准、产品标准、建设标准、管理标准为统领，主要包括规划、设计、施工、验收、管理等环节。

（3）层次。一定范围内一定数量的共性标准的集合，反映了各项标准之间的内在联系。本标准体系将标准分为三个层次：基础标准、通用标准和专用标准。

3. 标准明细表　农田基础设施工程标准明细表，是农田基础设施工程专业标准体系的组成部分。主要包含两个方面的内容：一是涵盖了农田基础设施工程标准研制过程中应引用、参考的国家标准及相关行业标准；二是提出今后一段时期该行业建设过程应研制的标准项目。农田基础设施工程标准明细表样式见表 5－2，农田基础设施工程标准体系明细表示例见附录 1。

表 5－2　标准明细表样式

总序号	体系号	标准名称	标准编号	编制状态	主持机构	备注

表 5－2 中：

①总序号。标准明细表的序列编号，作为明细表的唯一标识。

②体系号。在标准体系中的编号，可以标识具体标准。

标准体系号由标准体系分类号和标准顺序号组成。标准体系分类号由标准的专业门类编码、功能序列编码和层次编码组成，采用英文字母与阿拉伯数字混合编写，即标准的专业门类编码以两个大写英文字母表示，功能序列编码以一个小写的英文字母表示，层次编码以一位阿拉伯数字表示。标准顺序号以两位阿拉伯数字表示。标准体系号的书写形式如下：

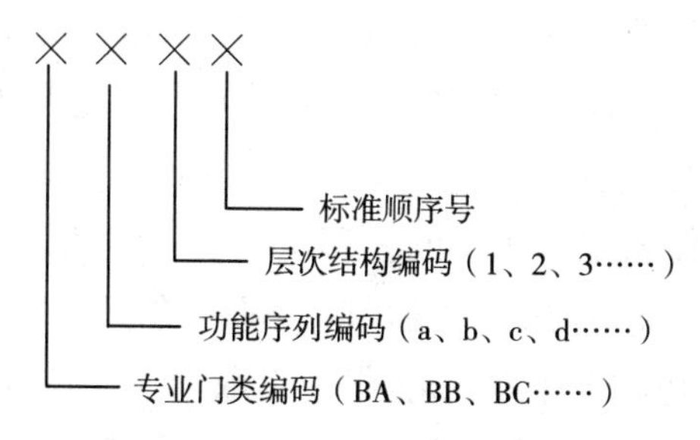

③标准名称。标准的中文名称。

④标准编号。已发布或拟编标准的标准号。

⑤编制状态。已编、在编、拟编。已编，表示该标准是已经颁布的该行业的国家标准或行业标准；在编，表示该标准是正在编制的国家标准或行业标准；拟编，表示该标准是近期计划制定的国家标准或行业标准。

⑥主持机构。标准的主编部门。

⑦备注。本标准的情况说明。

(三) 设施农业工程标准体系框架结构

1. 体系说明 设施农业领域主要分为设施园艺和设施畜牧两部分（暂没有收入设施水产标准）。按照园艺、畜牧产品的生产链条又将设施园艺、畜牧工程标准分为设施、装备与种植、养殖等二级专业门类。在此基础上，收集国内现行的设施园艺与设施畜牧国家与行业标准，分别构建标准明细表，并进行统计。对各专业门类（包括二级门类）、层次与专业序列赋予不同的代码，按照不同的标准内容、属性进行分类，构建设施园艺与设施畜牧标准体系表，撰写编制说明，初步完成设施农业工程技术标准框架体系的构建。

我国现有设施园艺标准有国家标准、农业行业标准和机械行业标准，也有一些地区和企业分别制定了地方标准和企业标准。这些标准的制定，反映了时代特色和标准需求的广泛性，也反映出多部门参与的特点。我国设施园艺领域标准化工作还处在初期阶段，各类标准正有待研究制定。标准体系的建设规划有必要研究领域内的技术特点、各类工作对标准的需求、标准体系覆盖范围、标准化对象的属性、标准间的相互联系、标准体系的结构等，在研究的基础上建立起有机统一的标准体系。标准体系的建立是设施园艺领域各项事业科学、健康、持续发展的基本保证。

设施园艺领域标准的研究和发展重点方向应从规范术语和技术文件的表达形式出发，制定设施园艺工程设计规范、建设规范、施工规范和验收规范，制定温室专用配套设备规范，建立温室覆盖材料应用标准、温室环境测试和温室性能评价标准等。同时，设施园艺标准体系表的构建也应当考虑现有国家基础性标准在温室建设过程的作用和采用的情况，并且一并纳入到标准体系表之中。一个完整的标准体系是一个不断完善更新和持续改进的系统，体系表需要反映技术的不断发展趋势，是动态的，应当随时更新。

近年来我国设施畜牧行业的标准化工作取得了很大成就，标准的内容涵盖了畜禽养殖环境的生产工艺、畜禽舍建筑、环境条件要求、环境调控设备、饲养设备以及生产管理等各个方面，对提升我国畜牧业生产水平、规范畜禽养殖业起到了很好的作用。但就总体而言，以往制定的相关标准，更多的是从行业自律、确保生产正常进行的角度提出的，而对于生产过程中的能耗问题，以及如何进一步挖掘潜力、提高畜牧业的生产和经济效益等方面的关注程度还考虑不足。到目前为止，我国还没有形成畜牧业的节能技术标准体系框架，与节能相关的技术标准还十分缺乏。虽然现行的一些标准涉及了相关的一些内容，但尚缺乏系统性，一些标准之间的条款重复严重，对实际生产的指导意义十分有限。面对全球能源供求矛盾的日益突出，如何做好行业的节能增效，促进养殖业的健康和可持续发展，建立我国畜牧业的节能技术标准体系就愈显紧迫。

我国设施畜牧业标准体系建设存在着以下主要问题：

①缺乏节能型畜禽养殖设施设备标准化体系。

②对技术标准化的重视程度不够，缺乏专门的部门来统一协调。

③生产企业参与程度低，建设过程缺乏标准化设计。

④畜禽养殖生产缺乏质量或环境认证标准，缺乏监督、认可保护和行业自律。

针对以上问题，在构建我国节能型设施畜牧工程标准体系时要切实遵从以下指导思想：在满足畜禽规模化健康养殖必要的环境条件下，尽可能降低设施设备能耗，实现能源的高效利用，实现环境、效益、节能的协调发展，促进现代畜牧业生产效率和经济效益的提高，确保我国畜禽养殖业健康、快速、持续发展。同时，在建设我国节能型畜牧工程标准体系的过程中要确保以下指导原则：结合我国目前的养殖条件和技术水平，着重就规模化养殖生产条件下，畜牧场规划设计和建设中的畜禽舍建筑设施、畜禽饲养设备、环境调控设施设备、粪污处理设施设备等设施装备与节能相关的各个环节，以及设施设备运行过程中的能耗需求与能源利用等内容，进行范围界定。体系要力求覆盖可预见的畜禽养殖领域的节能技术。

此外，要加大管理体系、操作规范、检测方法、产品质量等方面的研究投入，选择成熟的技术，转化成技术标准。要将各项标准和技术进行集成，贯穿于产业链的全过程，实现在整个生产过程的标准化。标准化作为一个相对独立的边缘学科，畜禽养殖环节节能体系的标准化也是一个系统的理论体系，并且在我国幅员广阔的生产区域推广应用，必然有着众多新的需要解决的问题，因此，应深入研究标准化的基础理论，标准化的应用理论等。还要研究世界各国节能型畜禽生产标准体系的发展状况，研究如何与国际接轨等内容和问题。

为了形成覆盖农业工程建设全局的、科学的、先进的标准体系的目标，依据《标准体系表编制原则和要求》，将设施农业工程技术标准体系结构从行业门类、专业序列和层次结构三种途径来划分。同时，依据《标准化工作指南 第1部分 标准化和相关活动的通用词汇》、《中华人民共和国标准化法》、《国民经济行业分类》和《全国设施农业发展“十二五”规划（2011—2015年）》等，分别收入设施园艺工程与设施畜牧工程标准进行设施农业工程技术标准体系的编制，没有收入设施水产工程标准。按照园艺、畜牧产品的生产链条又将设施园艺、畜牧工程标准分为设施、装备与种植、养殖等二级专业门类。最后，根据以上分类方法分别编制设施园艺、设施畜牧工程标准体系表。

现有设施农业的设施与装备标准的制定，反映了时代特色和标准需求的广泛性，也反映出多部门参与的特点。具有现代化水平的设施农业工程与产品不可能是某项单一技术的成果，它是集各类学科技术、多个部门互相配合共同组织完成的系统工程。设施农业的设施与装备领域就集中了生物、气象、环境、卫生防疫、建筑、材料、动力机械、电子计算机工程等多学科技术，需要科研、设计、生产、施工、试验等多方面互相配合，产品的生产和工程的建设涉及多个行业、多个企业，联系网遍及全国。这就更加要求建立相互配合、相互协调的秩序。标准化工作不仅要制定单一的、具体的标准，还要建立起由若干具有内在联系的标准组成的标准系统，也就是标准体系。研究设施农业领域标准体系构成和编制标准体系表，是进行该领域标准规划、安排制定、修订标准计划和标准研究计划的重要科学依据，是了解、掌握相关联的国际、国内标准整体状况的主要途径，可以促进设施农业标准化工作按计划、分步骤、有条不紊和相互协调地发展。标准体系的建立也是设施农业设施与装备领域各项事业科学、健康、持续发展的基本保证。

2. 体系结构图 依据《标准体系表编制原则和要求》，标准体系结构图可从专业门类、专业序列和层次结构三种途径来划分（图5-5）。

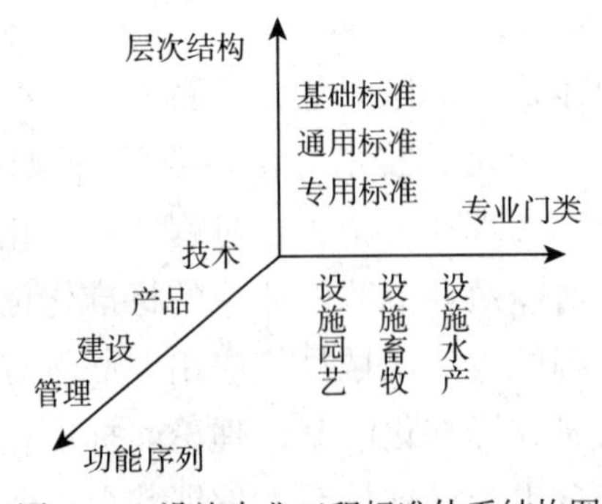

图5-5 设施农业工程标准体系结构图

（1）专业门类。按照标准的对象进行分类，包括设施园艺、设施养殖和设

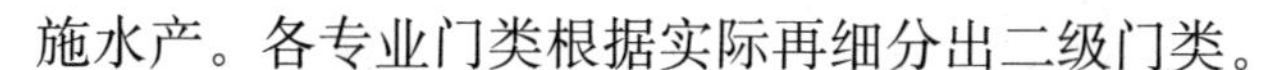

施水产。各专业门类根据实际再细分出二级门类。

（2）功能序列。围绕产品（或服务）、过程的标准化建设，按生命周期阶段的序列，或空间序列等编制得出序列状标准体系结构图。由于本标准体系是技术标准和建设标准的统一，在专业序列结构中，包含了技术、产品、建设和管理等标准。

（3）层次结构。体系表的纵向按标准的适用范围和共性程度将标准分成三个层次，即基础标准、通用标准和专用标准。基础标准指与其他标准都有联系的术语、图例、制图标准等；通用标准指覆盖面较宽的标准；专用标准指内容较单一、覆盖面较窄的标准。

3. 标准明细表　设施农业工程标准明细表，是设施农业工程专业标准体系的组成部分。主要包含两个个方面的内容：一是涵盖了标准研制过程中应引用、参考的国家标准及相关行业标准。二是提出今后一段时期该行业建设过程应研制的标准项目。设施农业工程标准明细表见附录 2。

参　考　文　献

标准体系编制原则和要求［S］. GB/T19000—2008：3. 2. 1.

刘丹. 2002. 我国农机化标准体系框架研究［D］. 北京：中国农业大学.

刘颖，高寿利，程堂仁，等. 2010. 设施园艺技术标准研究［J］. 温室园艺（8）：13-21.

俞宏军. 2005. 中国工厂化农业技术标准体系框架研究［D］. 北京：中国农业大学.

岳高峰，连祖明，邢立强. 2011. 标准体系理论与实务［M］. 北京：中国计量出版社：24-28.

住房和城乡建设部标准定额司. 2011. 中国工程建设标准化发展研究报告［M］. 北京：中国建筑工业出版社：160-186.

附　　录

附录 1　农田基础设施工程标准体系明细表

（1）耕作田块标准。

附表 1 - 1　耕作田块标准表

体系号*（略）	标准名称	标准编号	编制状态	主持机构
	土地开发整理项目常用术语、计量单位和符号		拟编	
	基本农田术语标准		拟编	
	高标准农田术语标准		拟编	
	农用地质量分等规程	GB/T 28407—2012	已编	国土资源部
	土地勘测定界规程	TD/T 1008—2007	已编	国土资源部
	土地开发整理规划编制规程	TD/T 1011—2000	已编	国土资源部
	土地开发整理项目规划设计规范	TD/T 1012—2000	已编	国土资源部
	土地开发整理项目施工规范		拟编	
	土地开发整理项目验收规程	TD/T 1013—2000	已编	国土资源部
	土地开发整理项目运行、维护及其安全技术规范		拟编	
	土地开发整理项目管理规范		拟编	
	基本农田建设设计规范		拟编	
	基本农田建设施工及验收规范		拟编	
	基本农田维护管理规范		拟编	
	高标准农田设施设计规范		在编	建设部
	高标准农田建设项目运行维护管理规范		拟编	
	高标准基本农田建设标准	TD/T 1033—2012	已编	国土资源部
	高标准农田建设标准	NY/T 2148—2012	已编	农业部
	高标准农田工程施工及验收规范		拟编	
	土地复垦勘测技术规范		拟编	
	土地复垦规划编制规程		拟编	
	土地复垦技术标准		拟编	
	土地复垦工程施工验收标准		拟编	
	土地复垦项目实施管理规程		拟编	
	土地复垦环境保护规划规范		拟编	

* 体系号仅适用于农田基础设施工程标准体系明细表。

（2）灌溉与排水标准。

附表 1-2 灌溉与排水标准表

体系号（略）	标准名称	标准编号	编制状态	主持机构
	水源工程施工技术术语标准		拟编	
	农业灌溉水源工程术语		拟编	
	小型蓄水、引水和提水工程术语标准		拟编	
	小型蓄水、引水和提水工程勘测规范		拟编	
	小型蓄水、引水和提水工程规划编制规程		拟编	
	小型蓄水、引水和提水工程设计规范		拟编	
	小型蓄水、引水和提水工程施工规范		拟编	
	小型蓄水、引水和提水工程验收规程		拟编	
	小型蓄水、引水和提水工程鉴定规范		拟编	
	小型蓄水、引水和提水工程运行、维护及其安全技术规范		拟编	
	小型蓄水、引水和提水工程加固规范		拟编	
	小型蓄水、引水和提水工程拆除规范		拟编	
	小型蓄水、引水和提水工程管理规范		拟编	
	雨水集蓄利用工程技术规范	SL 267—2001	已编	水利部
	橡胶坝蓄水工程建设技术规范		拟编	
	蓄水设施工艺设备安装检验规范		拟编	
	塘坝勘测规程		拟编	
	塘坝规划编制规程		拟编	
	塘坝设计规程		拟编	
	塘坝施工规程		拟编	
	塘坝验收规程		拟编	
	塘坝鉴定规程		拟编	
	塘坝运行、维护及其安全技术规程		拟编	
	塘坝加固规程		拟编	
	塘坝拆除规程		拟编	
	塘坝管理规程		拟编	
	碾压式土石坝设计规范	SL 274—2001	已编	水利部
	碾压式土石坝施工技术规范	DL/T 5129—2001	已编	国家经贸委
	小水窖勘测规程		拟编	
	小水窖规划编制规程		拟编	
	小水窖设计规程		拟编	

（续）

体系号（略）	标准名称	标准编号	编制状态	主持机构
	小水窖施工规程		拟编	
	小水窖验收规程		拟编	
	小水窖鉴定规程		拟编	
	小水窖运行、维护及其安全技术规程		拟编	
	小水窖加固规程		拟编	
	小水窖拆除规程		拟编	
	小水窖管理规程		拟编	
	闸坝勘测规程		拟编	
	闸坝规划编制规程		拟编	
	闸坝设计规程		拟编	
	闸坝施工规程		拟编	
	闸坝验收规程		拟编	
	闸坝鉴定规程		拟编	
	闸坝运行、维护及其安全技术规程		拟编	
	闸坝加固规程		拟编	
	闸坝拆除规程		拟编	
	闸坝管理规程		拟编	
	橡胶坝技术规程	SL 227—1998	已编	水利部
	引水堰坝勘测规程		拟编	
	引水堰坝规划编制规程		拟编	
	引水堰坝设计规程		拟编	
	引水堰坝施工规程		拟编	
	引水堰坝验收规程		拟编	
	引水堰坝鉴定规程		拟编	
	引水堰坝运行、维护及其安全技术规程		拟编	
	引水堰坝加固规程		拟编	
	引水堰坝拆除规程		拟编	
	引水堰坝管理规程		拟编	
	泵站设计规范	GB/T 50265	已编	水利部
	泵站施工规范	SL 234—1999	已编	水利部
	泵站技术管理规程	SL 255—2000	已编	水利部
	泵站技术改造规程	SL 254—2000	已编	水利部
	光伏提水工程技术规程	SL 540—2011	已编	水利部
	风力提水工程技术规程	SL 343—2006	已编	水利部

（续）

体系号（略）	标准名称	标准编号	编制状态	主持机构
	提水设施工艺设备安装检验规范		拟编	
	农村小型河道治理规程		拟编	
	农桥（涵）勘测规程		拟编	
	农桥（涵）规划编制规程		拟编	
	农桥（涵）设计规程		拟编	
	农桥（涵）施工规程		拟编	
	农桥（涵）验收规程		拟编	
	农桥（涵）鉴定规程		拟编	
	农桥（涵）运行、维护及其安全技术规程		拟编	
	农桥（涵）加固规程		拟编	
	农桥（涵）拆除规程		拟编	
	农桥（涵）管理规程		拟编	
	水库水文泥沙观测规范	SL 339—2006	已编	水利部
	水库调度设计规范	GB/T 20587—2010	已编	水利部
	水库大坝安全评价导则	SL 258—2000	已编	水利部
	小型病险水库除险加固		拟编	
	小型灌排泵站更新改造		拟编	
	农用水泵安全技术要求	NY 643—2002	已编	农业部
	中性灌区续建配套与节水改造		拟编	
	机井技术规范	SL 256—2000	已编	水利部
	农田水利技术术语	SL 56—2005	已编	水利部
	灌溉与排水工程施工技术术语标准		拟编	
	灌区规划规范	GB/T 50509—2009	已编	水利部
	灌溉与排水工程勘测规范		拟编	
	灌溉与排水工程规划编制规程		拟编	
	灌溉与排水工程设计规范	GB 50288—1999	已编	水利部
	灌溉与排水工程施工规范		拟编	
	灌溉与排水工程验收规程		拟编	
	灌溉与排水工程鉴定规范		拟编	
	灌溉与排水工程运行、维护及其安全技术规范		拟编	
	灌溉与排水工程加固规范		拟编	
	灌溉与排水工程拆除规范		拟编	
	灌溉与排水工程技术管理规程	SL/T 246—1999	已编	水利部
	灌溉排水工程初步设计报告编制规程	SL 533—2011	已编	水利部

（续）

体系号（略）	标准名称	标准编号	编制状态	主持机构
	灌溉与排水工程设施规划规范		拟编	水利部
	防洪标准	GB 50201—1994	已编	水利部
	灌溉与排水渠系建筑物设计规范		在编	水利部
	渠系建筑物管理规范		拟编	
	渠道防渗工程技术规范	SL 18—2004	已编	水利部
	渠系工程抗冻胀设计规范	SL 23—1991	已编	水利部
	5000kW 以下的机电排灌站改造规程		拟编	
	中型灌区节水配套改造项目设计规范		拟编	
	大型灌区技术改造规程	SL 418—2008	已编	水利部
	旱地灌溉规划与设计规范		拟编	
	节水灌溉工程技术规范	GB/T 50363—2006	已编	建设部
	节水灌溉工程验收规范	GB/T 50769—2012	在编	水利部
	节水灌溉技术规范	SL 207—1998	已编	水利部
	农田低压管道输水灌溉工程技术规范	GB/T 20203—2006	已编	水利部
	微灌工程技术管理规程		拟编	
	微灌工程技术规范	GB/T 50485—2009	已编	建设部
	喷灌工程技术规范	GB/T 50085—2007	已编	建设部
	喷灌与微灌工程技术管理规程	SL 236—1999	已编	水利部
	排洪工程设计规范		拟编	
	渡槽施工及验收规范		拟编	
	农桥施工及验收规范		拟编	
	倒虹吸管施工及验收规范		拟编	
	跌水与陡坡施工及验收规范		拟编	
	农田排水工程技术规范	SL/T 4—2006	已编	水利部
	农田排水试验规范	SL 13—2004	已编	水利部
	再生水灌溉技术规范		已编	水利部
	牧区草地灌溉与排水技术规范	SL 334—2005	已编	水利部
	灌溉渠道系统量水规范	GB/T 21303—2007	已编	水利部

（3）农田道路标准。

附表 1-3　农田道路标准表

体系号（略）	标准名称	标准编号	编制状态	主持机构
	道路工程术语标准	GBJ 124—1988	已编	交通部
	田间道路工程术语标准		拟编	农业部
	土地整理项目田间道路单元工程质量等级评定标准	试行	已编	国土资源部
	田间道路工程建设技术规范		拟编	
	田间道路工程勘测规范		拟编	
	田间道路工程规划编制规程		拟编	
	田间道路工程设计规范		拟编	
	田间道路工程施工规范		拟编	
	田间道路工程验收规范		拟编	
	田间道路工程鉴定规范		拟编	
	田间道路工程运行、维护及其安全技术规范		拟编	
	田间道路工程加固规范		拟编	
	田间道路工程拆除规范		拟编	
	田间道路工程管理规范		拟编	
	田间道路养护规程		拟编	
	田间道路照明标准		拟编	
	生产路设计规程		拟编	
	机耕道设计规程		拟编	
	设施农业园区道路设计规程		拟编	
	田间道路路基设计规程		拟编	
	田间道路地基与基础设计规程		拟编	
	旱田道路设计规程		拟编	
	水田道路设计规程		拟编	
	农业机械田间行走道路技术规范		试行	国土资源部

（4）农田防护与生态环境保护标准。

附表 1-4　农田防护与生态环境保护标准表

体系号（略）	标准名称	标准编号	编制状态	主持机构
	农田防护林术语标准		拟编	农业部
	农田防护林工程勘测规范		拟编	
	农田防护林工程规划编制规程		拟编	
	农田防护林工程设计规范	GB/T 50817—2013	试行	建设部

（续）

体系号（略）	标准名称	标准编号	编制状态	主持机构
	农田防护林工程施工规范		拟编	
	农田防护林工程验收规范		拟编	
	农田防护林工程鉴定规范		拟编	
	农田防护林工程运行、维护及其安全技术规范		拟编	
	农田防护林工程加固规范		拟编	
	农田防护林工程拆除规范		拟编	
	农田防护林工程管理规范		拟编	
	水源涵养林建设规范	GB/T 26903—2011	已编	国家林业局
	农田防护林采伐作业规程	LY/T 1723—2008	已编	国家林业局
	农田防护林工站建设技术规程		拟编	
	农田防护林育苗基地与设施建设技术规程		拟编	

（5）农田输配电标准。

附表 1-5　农田输配电标准表

体系号（略）	标准名称	标准编号	编制状态	主持机构
	田间供电术语标准		拟编	农业部
	农村水电供电区．电力发展规划导则	SL 22—1992	已编	水利部
	农村水电供电区电力系统设计导则	SL 222—1999	已编	水利部
	田间供电工程勘测规范		拟编	
	田间供电工程规划编制规程		拟编	
	田间供电工程设计规范		拟编	
	田间供电工程施工（安装）规范		拟编	
	田间供电工程验收规范		拟编	
	田间供电工程鉴定规范		拟编	
	田间供电工程运行、维护及其安全技术规范		拟编	
	田间供电工程加固规范		拟编	
	田间供电工程拆除规范		拟编	
	田间供电工程管理规范		拟编	
	田间临时用电设施拆除规程		拟编	
	田间临时用电设施安装规程		拟编	
	农灌供电设施维护技术规程		拟编	
	田间供电施工安全技术导则		拟编	农业部

（续）

体系号（略）	标准名称	标准编号	编制状态	主持机构
	农电网单边带电子线载波机技术条件	SJT 10121—1991	已编	电子工业部
	农村低压电力技术规程	DL/T 499—2001	已编	国家电力公司
	田间供电设施保养技术规范		拟编	
	农用电力设施设计规范		拟编	

（6）农业机械配套设施标准。

附表 1-6 农业机械配套设施标准表

体系号（略）	标准名称	标准编号	编制状态	主持机构
	农业机械机库棚设施设计规范		拟编	
	农机场库棚建设规范		拟编	
	农业机械维修站设计规范		拟编	
	农业机械维修站建设技术规程		拟编	

附录 2 设施农业工程标准体系明细表

附表 2-1 设施园艺工程技术标准体系表

总序号	体系号*	标准名称	标准编号	编制状态	备注
基础标准 1					
管理					
	DAd1.	设施园艺工程术语	GB/T 23393—2009	已编	
	DBd1.	温室工程术语	JB/T 10292—2001	已编	
通用标准 2					
技术 a					
	DAa2.	日光温室效能评价规范	NY/T 1553—2007	已编	
	DAa2.	农业温室结构设计荷载规范		拟编	
	DAa2.	温室设施环境调控技术规程		拟编	
	DAa2.	设施种植土地整理技术规程		拟编	
产品 b					
建设 c					
	DAc2.	大棚建设标准		拟编	
管理 d					
	DAd2.	日光温室和塑料大棚结构与性能要求	JB/T 10594—2006	已编	
专用标准 3					
技术 a					
	DAa3.	温室通风降温设计规范	GB/T 18621—2002	已编	
	DAa3.	温室结构设计荷载	GB/T 18622—2002	已编	
	DAa3.	温室通风设计规范	NY/T 1451—2007	已编	
	DAa3.	连栋温室采光性能测试方法	NY/T 1936—2010	已编	
	DAa3.	日光温室结构	JB/T 10286—2001	已编	
	DAa3.	连栋温室结构	JB/T 10288—2001	已编	
	DAa3.	温室电气布线设计规范	JB/T 10296—2001	已编	
	DAa3.	日光温室技术条件	NY/T 610—2002	修订	
	DAa3.	日光温室建设技术规范		拟编	

* 体系号仅适用于设施农业工程标准体系明细表。

（续）

总序号	体系号	标准名称	标准编号	编制状态	备注
	DAa3.	拱棚建设技术规范		拟编	
	DAa3.	塑料大棚建设技术规范		拟编	
	DBa3	农用塑料薄膜安全使用控制技术规范	NY/T 1224—2006	已编	
	DBa3	温室透光覆盖材料防露滴性测试方法	NY/T 1452—2007	已编	
	DBa3	温室蔬菜穴盘精密播种机技术条件	NY/T 1823—2009	已编	
	DBa3	穴灌播种机质量评价技术规范	NY/T 1825—2009	已编	
	DBa3	温室覆盖材料保温性能测定方法	NY/T 1831—2009	已编	
	DBa3	温室湿帘风机系统降温性能测试方法	NY/T 1937—2010	已编	
	DBa3	温室灌溉系统设计规范	NY/T 2132—2012	已编	
	DBa3	温室湿帘—风机降温系统设计规范	NY/T 2133—2012	已编	
	DBa3	蔬菜清洗机洗净度测试方法	NY/T 2135—2012	已编	
	DBa3	温室加热系统设计规范	JB/T 10297—2001	已编	
	DBa3	温室控制系统设计规范	JB/T 10306—2001	已编	
	DBa3	纸质湿帘质量评价技术规范		制定	
	DBa3	蔬菜清洗机耗水量测试方法		制定	
产品 b					
	DAb3.	菱镁复合材料农用大棚架	WB/T 1012—2012	已编	
	DAb3.	温室用聚碳酸酯中空板	NY/T 1362—2007	已编	
	DAb3.	温室用铝箔遮阳保温幕	NY/T 1363—2007	已编	
	DBb3.	温室齿条开窗机	NY/T 1364—2007	已编	
	DBb3.	温室齿条拉幕机	NY/T 1365—2007	已编	
	DBb3.	残地膜回收机作业质量	NY/T 1227—2006	已编	
	DBb3.	农业灌溉设备微喷带	NY/T 1361—2007	已编	
	DBb3.	温室覆盖材料安装与验收规范塑料薄膜	NY/T 1966—2010	已编	
	DBb3.	湿帘降温装置	JB/T 10294—2001	已编	
	DBb3.	温室大棚卷膜通风机构安装验收规范		制定	
	DBb3.	温室用卷膜器质量评价技术规范		制定	
	DBb3.	大棚卷帘机安全技术要求		制定	
	DBb3.	日光温室用保温被质量评价技术规范		制定	
	DBb3.	日光温室自动灌溉控制装置质量评价技术规范		制定	
建设 c					
	DAc3.	寒地节能日光温室建造规程	GB/T 19561—2004	废止	

（续）

总序号	体系号	标准名称	标准编号	编制状态	备注
	DAc3.	寒地节能日光温室建造规程	JB/T 10595—2006	已编	
	DAc3.	温室钢结构安装与验收规范	NY/T 1832—2009	已编	
	DAc3.	日光温室主体结构施工与安装验收规程	NY/T 2134—2012	已编	
	DAc3.	连栋温室建设标准	NYJT 06—2005	修订	
	DBc3.	温室防虫网设计安装规范	GB/T 19791—2005	已编	
	DBc3.	温室透光覆盖材料安装验收规范 玻璃温室		制定	
	DBc3.	温室大棚卷膜通风机构安装验收规范		制定	
	DBc3.	温室加温系统安装与验收规程		制定	
	DBc3.	温室灌溉系统安装验收规范		制定	
	DBc3.	日光温室设施装备安装检验规范		拟编	
	DBc3.	拱棚设备安装检验规范		拟编	
	DBc3.	塑料大棚设备安装检验规范		拟编	

附表 2-2　设施畜牧工程技术标准体系表

总序号	体系号	标准名称	标准编号	编制状态	备注
基础标准 1					
管理					
	EAd1.	畜禽环境术语	GB/T 19523.1—2004	已编	
	EAd1.	实验动物 环境及设施	GB 14925—2010	已编	
	EAd1.	节能畜禽养殖设施与设备符号与标识		拟编	
	EAd1.	节能畜禽养殖设施与设备 术语		拟编	
	EBd1.	挤奶设备 词汇	GB/T 5981—2005	已编	
	EBd1.	环境污染防治设备术语	GB/T 19493—2004	已编	
	ECd1.	家禽生产性能名词术语和度量统计方法	NY/T 823—2004	已编	
通用标准 2					
技术 a					
	EAa2.	畜禽场场区设计技术规范	NY/T 682—2003	已编	
	EAa2.	畜禽舍环境调控技术规程		拟编	
	EAa2.	畜禽场防疫设施设计规范		拟编	
	EAa2.	节能型羊舍建筑设计规范		拟编	

（续）

总序号	体系号	标准名称	标准编号	编制状态	备注
	EAa2.	节能型畜禽场建筑设计通则		拟编	
	EBa2.	牧畜药浴机械 试验方法	JB/T 7140.3—1993	已编	
	EBa2.	动物防疫消毒机 试验方法	GB/T 24688—2009	已编	
	EBa2.	农业机械 厩肥撒施机 环保要求和试验方法	GB/T 25401—2010	已编	
	ECa2.	规模化猪场生产技术规程	GB/T 304—2002	已编	
	ECa2.	畜禽养殖业污染防治技术规范	HJ/T 81—2001	已编	
	ECa2.	种畜禽调运检疫技术规范	GB 16567—1996	已编	
	ECa2.	畜类屠宰加工通用技术条件	GB/T 17237—2008	已编	
	ECa2.	家禽及禽肉卫生质量综合监控技术措施		制定	
产品 b					
	EAb2.	实验动物环境及设施	GB 14925—2001	已编	
建设 c					
	EAc2.	畜禽场建设技术规范		拟编	
管理 d					
	EAd2.	中小型集约化养猪场兽医防疫工作规程	GB/T 17823—1999	修订	
	EAd2.	中小型集约化养猪场环境参数及环境管理	GB/T 17824.4—1999	修订	
	EAd2.	畜禽场环境污染控制技术规范	NY/T 1169—2006	已编	
	EAd2.	畜禽场环境质量评价准则	GB/T 19523.2—2004	已编	
	EAd2.	畜禽场环境质量标准	NY/T 388—1999	已编	
	EAd2.	畜禽场环境质量及卫生控制规范	NY/T 1167—2006	已编	
	EAd2.	无公害畜禽肉产地环境要求	GB/T 18407.3—2001	修订	
	EAd2.	无公害乳与乳制品产地环境要求	GB/T 18407.5—2003	修订	
	EAd2.	绿色食品 产地环境技术条件	NY/T 391—2000	修订	
	EAd2.	规模化畜禽养殖场沼气工程设计规范	NY/T 1222—2006	已编	
	EAd2.	规模化畜禽养殖场沼气工程运行、维护及其安全技术规程	NY/T 1221—2006	已编	
	ECd2.	畜禽养殖业污染物排放标准	GB 18596—2001	已编	
	ECd2.	畜禽病害肉尸及其产品无害化处理规程	GB 16548—1996	已编	
	ECd2.	病害动物和病害动物产品生物安全处理规程	GB 16548—2006	已编	
	ECd2.	畜禽产地检疫规范	GB 16549—1996	已编	
	ECd2.	无公害食品 畜禽饮用水质	NY 5027—2001	已编	
	ECd2.	畜禽粪便安全使用准则	NY/T 1334—2007	已编	

（续）

总序号	体系号	标准名称	标准编号	编制状态	备注
	ECd2.	畜禽粪便无害化处理技术规范	NY/T 1168—2006	已编	
	ECd2.	畜禽粪便干燥机质量评价技术规范	NY/T 1144—2006	已编	
	ECd2.	肉用家禽饲养 HACCP 管理技术规范	NY/T 1337—2007	已编	
	ECd2.	肉用家畜饲养 HACCP 管理技术规范	NY/T 1336—2007	已编	
	ECd2.	动物免疫接种技术规范	NY/T 1952—2010	已编	
	ECd2.	无规定动物疫病区 高致病性禽流感监测技术规范	NY/T 2074—2011	已编	
	ECd2.	无规定动物疫病区 口蹄疫监测技术规范	NY/T 2075—2011	已编	
	ECd2.	家禽饲养卫生条件		制定	
	ECd2.	畜牧生产节能作业要求		拟编	
专用标准 3					
技术 a					
	EAa3.	中小型集约化养猪场经济技术指标	GB/T 17824.2—1999	修订	
	EAa3.	畜禽场场地设计技术规范	NY/T 682—2003	已编	
	EAa3.	规模猪场生产技术规程	GB/T 17824.2—2008	已编	
	EAa3.	规模猪场环境参数及环境管理	GB/T 17824.3—2008	已编	
	EBa3.	猪用自动饮水器 试验方法	JB/T 9783.2—1999	已编	
	EBa3.	孵化机．试验方法	JB/T 9809.2—1999	已编	
	EBa3.	牲畜药浴机械 技术条件	JB/T 7140.2—1993	已编	
	EBa3.	挤奶设备技术要求	GB/T 8186—1987	已编	
	EBa3.	挤奶设备 试验方法	GB/T 8187—2005	已编	
	EBa3.	编结网围栏 试验方法	JB/T 7138.4—1993	已编	
	ECa3.	中小型集约化养猪场商品肉猪生产技术规程	GB/T 17824.5—1999	修订	
	ECa3.	奶牛饲养标准	NY/T 34—2004	已编	
	ECa3.	鸡饲养标准	NY/T 33—2004	已编	
	ECa3.	细毛羊饲养技术规程	NY/T 677—2003	已编	
	ECa3.	商品肉鸡生产技术规程	GB/T 19664—2005	已编	
	ECa3.	肉羊饲养标准	NY/T 816—2004	已编	
	ECa3.	猪饲养标准	NY/T 65—2004	已编	
	ECa3.	种公牛饲养管理技术规程	NY/T 1446—2007	已编	

（续）

总序号	体系号	标准名称	标准编号	编制状态	备注
	ECa3.	瘦肉型猪饲养标准	NY/T 65—1987	废止	
产品 b					
	EAb3				
	EBb3	畜牧机械．产品型号编制规则	JB/T 8581—1997	已编	
	EBb3	中双链刮板输送机用刮板	MT/T 323—2005	已编	
	EBb3	畜禽防疫车	GB 7222—1987	已编	
	EBb3	饲养场设备 厩用粪肥刮板输送机	JB/T 10131—1999	已编	
	EBb3	饲养场设备 厩用金属栅板	JB/T 10130—1999	已编	
	EBb3	仔猪电热板	NY/T 535—2002	已编	
	EBb3	猪用自动饮水器	JB/T 9783.1—1999	已编	
	EBb3	猪用饲养隔离器	NY 818—2004	已编	
	EBb3	鸡用链式喂料机 产品质量分等（内部使用）	JB/T 51225—1999	已编	
	EBb3	养鸡设备 蛋鸡鸡笼和笼架	JB/T 7729—2007	已编	
	EBb3	养鸡设备 螺旋弹簧式喂料机	JB/T 7728—2007	已编	
	EBb3	养鸡设备 叠层式电热育雏器	JB/T 7726—2007	已编	
	EBb3	养鸡设备 牵引式刮板清粪机	JB/T 7725—2007	已编	
	EBb3	养鸡设备 乳头式饮水器	JB/T 7720—2007	已编	
	EBb3	养鸡设备 电热育雏保温伞	JB/T 7719—2007	已编	
	EBb3	养鸡设备 杯式饮水器	JB/T 7718—2007	已编	
	EBb3	鸡用饲养隔离器	NY 819—2004	已编	
	EBb3	机械式牲畜药浴池	JB/T 8402—1996	已编	
	EBb3	牲畜药浴机械 型式与基本参数	JB/T 7140.1—1993	已编	
	EBb3	剪羊毛机 型式与基本参数	JB/T 7881.2—1999	已编	
	EBb3	挤奶设备 结构与性能	GB/T 8186—2005	已编	
	EBb3	散装乳冷藏罐	GB/T 10942—2001	已编	
	EBb3	贮奶罐	GB/T 13879—1992	已编	
	EBb3	畜禽场通风设备标准		拟编	
	EBb3	畜禽场光照设备标准		拟编	
	EBb3	畜禽场加温设备标准		拟编	
	EBb3	畜禽场降温设备标准		拟编	
	EBb3	畜禽场湿度调节设备标准		拟编	
	EBb3	畜禽场消毒设备标准		拟编	
	EBb3	畜禽场运输设备标准		拟编	

（续）

总序号	体系号	标准名称	标准编号	编制状态	备注
建设 c					
	EAc3.	中小型集约化养猪场建设	GB/T 17824.1—1999	国家	
	EAc3.	草原围栏建设技术规程	NY/T 1237—2006	已编	
	EAc3.	集约化养鸡场建设标准	NYJ/T 05—2005	已编	
	EAc3.	种鸡场建设标准	NYJ/T 02—2005	已编	
	EAc3.	集约化养猪场建设标准	NYJ/T 04—2005	已编	
	EAc3.	种猪场建设标准	NYJ/T 03—2005	已编	
	EAc3.	种牛场建设标准	NYJ/T 01—2005	已编	
	EAc3	规模猪场建设	GB/T 17824.1—2008	已编	
	EAc3	种羊场建设标准	NY/T 2169—2012	已编	
	EAc3	集约化养鸡场建设标准	NYJ/T 05—2005	修订	
	EAc3	集约化养猪场建设标准	NYJ/T 04—2005	修订	
	EAc3	标准化肉牛养殖小区建设标准		制定	
	EAc3	标准化肉羊养殖小区建设标准		制定	
	EAc3	种兔场建设标准		制定	
	EBc3	养鸡机械设备安装技术条件	NY/T 649—2002	修订	
管理 d					
	EAd3.	良好农业规范 第 6 部分：畜禽基础控制点与符合性规范	GB/T 20014.6—2005	已编	
	EAd3.	良好农业规范 第 11 部分：畜禽公路运输控制点与符合性规范	GB/T 20014.11—2005	已编	
	EAd3	奶牛场卫生规范	GB 16568—2006	已编	
	EAd3	奶牛场卫生及检疫规范	GB 16568—1996	已编	
	EAd3	种公猪站建设技术规范	NY/T 2077—2011	已编	
	EAd3	标准化养猪小区项目建设规范	NY/T 2078—2011	已编	
	EAd3	标准化奶牛养殖小区项目建设规范	NY/T 2079—2011	已编	
	EAd3	种畜禽环境卫生标准		制定	
	EBd3	编结网围栏 架设规范	JB/T 10129—1999	已编	
	EBd3	畜禽粪便固液分离机质量评价技术规范		制定	
	ECd3.	高产奶牛饲养管理规范	NY/T 14—1985	已编	
	ECd3.	良好农业规范 第 9 部分：生猪控制点与符合性规范	GB/T 20014.9—2005	已编	

（续）

总序号	体系号	标准名称	标准编号	编制状态	备注
	ECd3.	良好农业规范 第 8 部分：奶牛控制点与符合性规范	GB/T 20014. 8—2005	已编	
	ECd3.	良好农业规范 第 7 部分：牛羊控制点与符合性规范	GB/T 20014. 7—2005	已编	
	ECd3.	良好农业规范 第 1 部分：术语	GB/T 20014. 1—2005	已编	
	ECd3.	良好农业规范 第 10 部分：家禽控制点与符合性规范	GB/T 20014. 10—2005	已编	
	ECd3	蛋鸡饲养 HACCP 管理技术规范	NY/T 1338—2007	已编	
	ECd3	肉牛育肥良好管理规范	NY/T 1339—2007	已编	
	ECd3	奶牛场 HACCP 饲养管理规范	NY/T 1242—2006	已编	

图书在版编目（CIP）数据

农业工程技术集成理论与方法 / 朱明著．—北京：中国农业出版社，2013.2
ISBN 978-7-109-17729-1

Ⅰ.①农… Ⅱ.①朱… Ⅲ.①农业技术-研究 Ⅳ.①S

中国版本图书馆 CIP 数据核字（2013）第 050346 号

中国农业出版社出版
（北京市朝阳区农展馆北路 2 号）
（邮政编码 100125）
责任编辑 周 珊 何致莹

中国农业出版社印刷厂印刷 新华书店北京发行所发行
2013 年 2 月第 1 版 2013 年 7 月北京第 2 次印刷

开本：787mm×1092mm 1/16 印张：14
字数：270 千字
定价：36.00 元